柳井美紀&できるシリーズ編集部

インプレス

できるシリーズは読者サービスが充実！

わからない操作が解決

できるサポート

本書購入のお客様なら**無料**です！

書籍で解説している内容について、電話などで質問を受け付けています。無料で利用できるので、分からないことがあっても安心です。なお、ご利用にあたっては220ページを必ずご覧ください。

詳しい情報は 220ページへ

ご利用は3ステップで完了！

ステップ1 書籍サポート番号のご確認

対象書籍の裏表紙にある6けたの「書籍サポート番号」をご確認ください。

ステップ2 ご質問に関する情報の準備

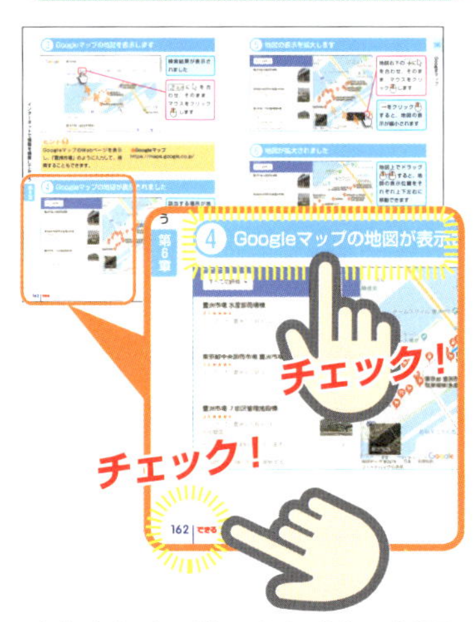

あらかじめ、問い合わせたい紙面のページ番号と手順番号などをご確認ください。

ステップ3 できるサポート電話窓口へ

●電話番号（全国共通）

0570-000-078

※月〜金　10:00〜18:00
土・日・祝休み
※通話料はお客様負担となります

以下の方法でも受付中！

- インターネット
- FAX
- 封書

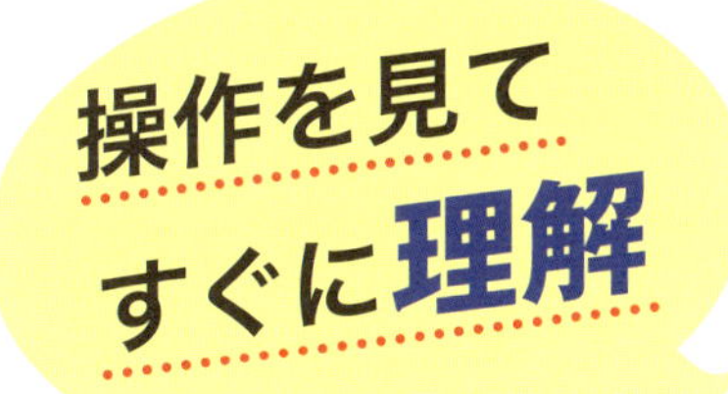

できるネット 解説動画

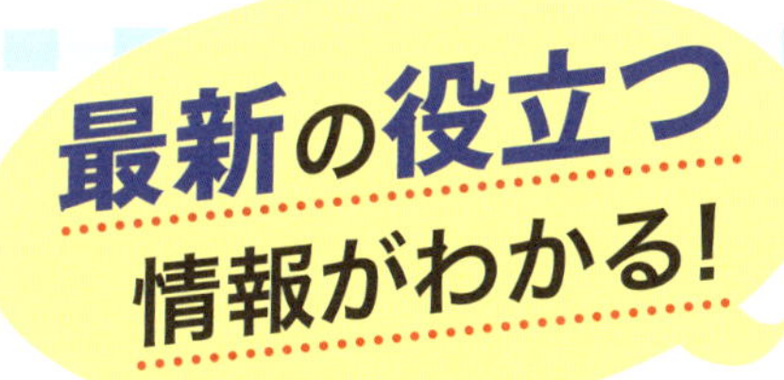

レッスンで解説している操作を動画で確認できます。画面の動きがそのまま見られるので、より理解が深まります。動画を見るには紙面のQRコードをスマートフォンで読み取るか、以下のURLから表示できます。

本書籍の動画一覧ページ
https://dekiru.net/choexcel2019

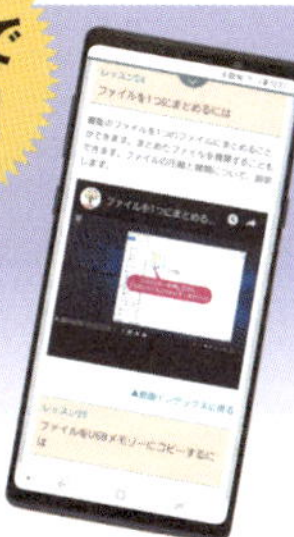

最新の役立つ情報がわかる!

できるネット

新たな一歩を応援するメディア

「できるシリーズ」のWebメディア「できるネット」では、本書で紹介しきれなかった最新機能や便利な使い方を数多く掲載。コンテンツは日々更新です!

パソコンはもちろん
スマートフォンでも読みやすい

●主な掲載コンテンツ

- Apple/Mac/iOS
- Windows/Office
- Facebook/Instagram/LINE
- Googleサービス
- サイト制作・運営
- スマホ・デバイス

https://dekiru.net

ご購入・ご利用の前にお読みください

本書は、2019年8月現在の情報をもとに「Microsoft Excel 2019」の操作方法について解説しています。
本書の発行後に「Microsoft Excel 2019」の機能や操作方法、画面などが変更された場合、本書の掲載内容通りに操作できなくなる可能性があります。
本書発行後の情報については、弊社のWebページ(https://book.impress.co.jp)などで可能な限りお知らせいたしますが、すべての情報の即時掲載ならびに、確実な解決をお約束することはできかねます。
本書の運用により生じる、直接的、または間接的な損害について、著者ならびに弊社では一切の責任を負いかねます。あらかじめご理解、ご了承ください。

本書で紹介している内容のご質問につきましては、できるシリーズの無料電話サポート「できるサポート」にて受け付けております。ただし、本書の発行後に発生した利用手順やサービスの変更に関しては、お答えしかねる場合があります。また、本書の奥付に記載されている初版発行日から3年が経過した場合、もしくは解説する製品やサービスの提供会社がサポートを終了した場合にも、ご質問にお答えしかねる場合があります。できるサポートのサービス内容については220ページの「できるサポートのご案内」をご覧ください。なお、都合により「できるサポート」のサービス内容の変更や「できるサポート」のサービスを終了させていただく場合があります。あらかじめご了承ください。

練習用ファイルについて

本書で使用する練習用ファイルは、弊社Webサイトからダウンロードできます。
練習用ファイルと書籍を併用することで、より理解が深まります。

▼練習用ファイルのダウンロードページ
https://book.impress.co.jp/books/1119101058

用語の使い方

本文中では、「Microsoft Office Excel 2019」のことを「エクセル2019」または「エクセル」と記述しています。なお、本文中で使用している用語は、基本的に実際の画面に表示される名称に則っています。

本書の前提

本書の各レッスンは、「Microsoft Windows 10」に「Office Home & Business 2019」がインストールされているパソコンで、インターネットに常時接続されている環境を前提に画面を再現しています。お使いの環境と画面解像度が異なることもありますが、基本的に同じ要領で進めることができます。

まえがき

「以前からエクセルを使ってみたいと思っていたのだけど」「エクセルは難しそう……」「仕事で使えば便利と聞いたのだが」そのような話をセミナーで多くの方から伺います。エクセルを使ったことのない方でも一度は「エクセル」という言葉を耳にしたことがあるのではないでしょうか？

しかし、「エクセルはワープロと違い、最初の画面から、どのように使っていいか分からない」「エクセルは計算が得意だと聞くが、難しいことを勉強しないといけないのか？」という言葉も、エクセルを学ぼうとする方々から繰り返しいただくことがあります。

本書は「超入門」シリーズの１冊として、パソコン初心者の方でも、エクセルの仕組みや基本を無理なく学べるように企画された書籍です。

本書では、多くのパソコンに搭載されているマイクロソフトの「Micrsoft Excel 2019（マイクロソフト エクセル 2019）を使い、パソコンを初めて触る方でも、エクセルの操作の基本から、入力、計算の基本、表の見た目を整える、グラフを作成する、印刷を実行するところまで、エクセルの基本的な機能をひと通り学べます。

また、無料の練習用ファイルが用意されているので、レッスンの途中からでも紙面と同じ操作をスムーズに進められます。さらに、各レッスンの動画解説も用意されています。インターネットに接続していれば、各レッスンでどのような操作をして、どのように画面が変わるのかを動画で確認できます。

最後に、本書を執筆するにあたり、「初めてエクセルを使う方のために分かりやすく説明したい」と、こだわりを持って超入門シリーズに取り組んでくださったできるシリーズ編集部の皆さん、そのほか本書の制作を支えてくださった方々に心から感謝致します。

2019 年 8 月

柳井 美紀

本書の読み方

本書では、大きな画面をふんだんに使い、大きな文字ですべての操作をていねいに解説しています。はじめてパソコンを使う人でも、迷わず安心して操作を進められます。

レッスン
見開き2ページを基本に、やりたいことを簡潔に解説します。

操作はこれだけ
ひとつのレッスンに必要な操作です。レッスンで行なう操作のポイントがわかります。

動画で見る
QRコードを読み取るとレッスンの操作を動画で見られます。

キーワード
機能名やサービス名などのキーワードからレッスン内容がわかります。

概　要
レッスンの目的を理解できるように要点を解説します。

左ページのつめでは、章タイトルでページを探せます。

ポイント
レッスンの概要や操作の要点を図解でていねいに解説します。概要や操作内容をより深く理解することで、確実に使いこなせるようになります。

レッスン10 セルの文字を消してみよう

動画で見る

キーワード データの消去　練習用ファイル レッスン10.xlsx

セルに入力した数字や文字などのデータは、入力を確定した後、いつでも消せます。データを消す前には、アクティブセルの位置を確認し、どのデータが消去の対象となるかを確認することを習慣付けましょう。セルに長い文字列やけた数の多い数字が入力されていても、Delete キーを1回押せば内容を消せます。

第2章 データを入力してみよう

操作はこれだけ　合わせる　クリック　消去する

Delete キーでセルのデータを消去します

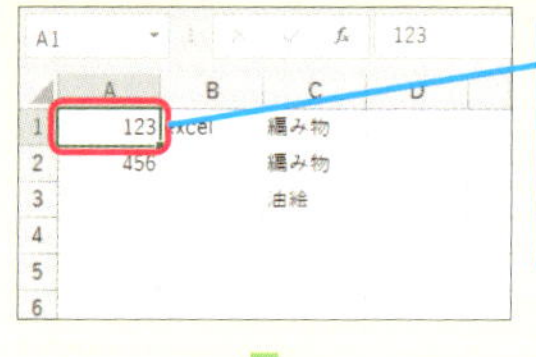

消したいデータのセルをアクティブセルにします

Delete キーを押します

アクティブセルのデータが消えます

● セルのデータの消去
アクティブセルの数字や文字といったデータは、Delete キーを押せば消すことができます。

ヒント
エクセルでは、セルを選択しているときに Delete キーを押すと、選択されているセルの内容全体が消えます。ワードなどのワープロソフトと違い、セル内の文字が1文字ずつ消去されるわけではありません。

64 できる

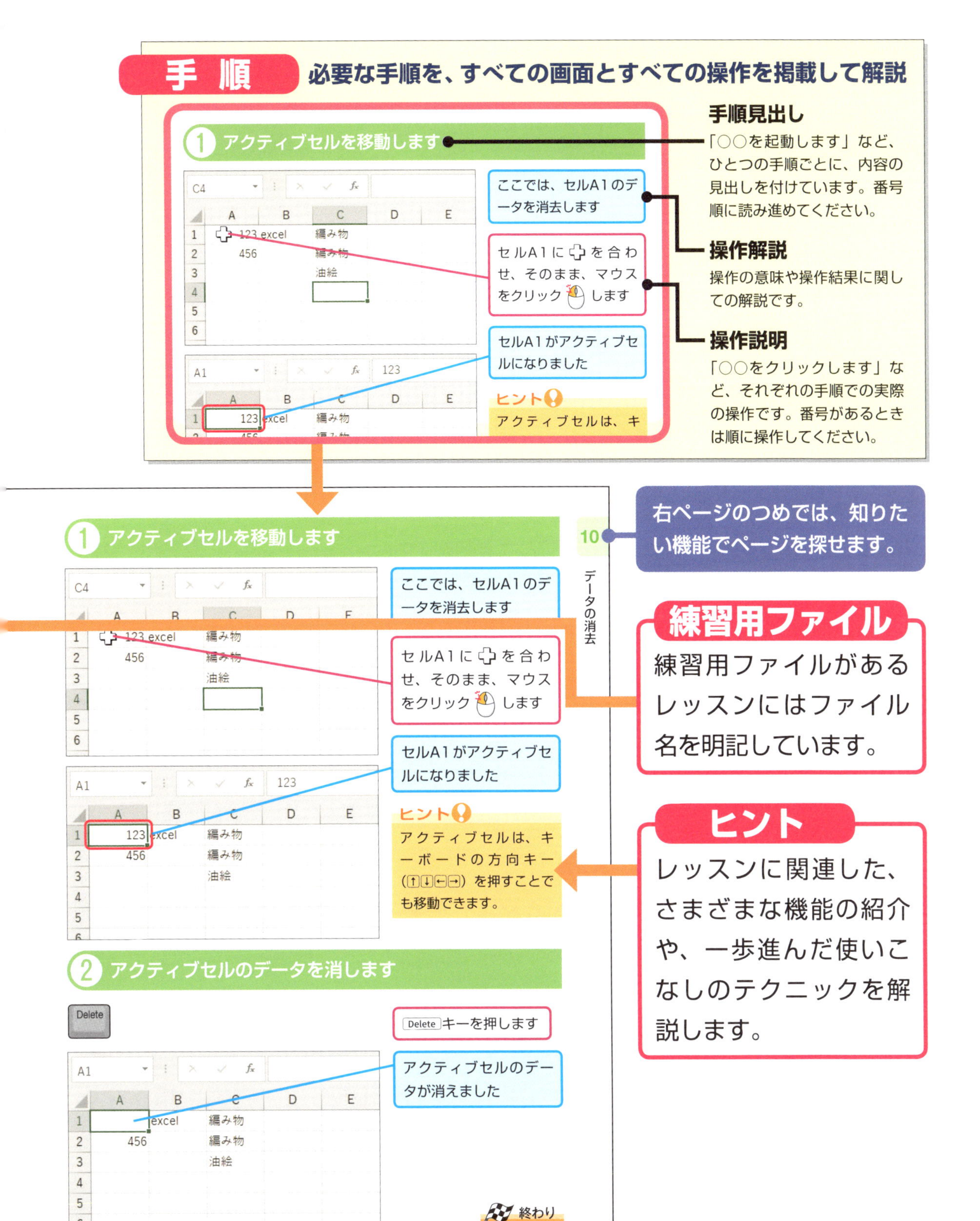

手順
必要な手順を、すべての画面とすべての操作を掲載して解説
1 アクティブセルを移動します
ここでは、セルA1のデータを消去します
セルA1に を合わせ、そのまま、マウスをクリック します
セルA1がアクティブセルになりました
ヒント
アクティブセルは、キ
手順見出し
「○○を起動します」など、ひとつの手順ごとに、内容の見出しを付けています。番号順に読み進めてください。
操作解説
操作の意味や操作結果に関しての解説です。
操作説明
「○○をクリックします」など、それぞれの手順での実際の操作です。番号があるときは順に操作してください。
右ページのつめでは、知りたい機能でページを探せます。
10
データの消去
1 アクティブセルを移動します
ここでは、セルA1のデータを消去します
セルA1に を合わせ、そのまま、マウスをクリック します
セルA1がアクティブセルになりました
ヒント
アクティブセルは、キーボードの方向キー(↑↓←→)を押すことでも移動できます。
練習用ファイル
練習用ファイルがあるレッスンにはファイル名を明記しています。
ヒント
レッスンに関連した、さまざまな機能の紹介や、一歩進んだ使いこなしのテクニックを解説します。
2 アクティブセルのデータを消します
Delete
Deleteキーを押します
アクティブセルのデータが消えました
終わり
できる 65

目次

パソコンの基本操作

パソコンを使うには、操作を指示するための「マウス」、文字を入力するための「キーボード」について知っておく必要があります。実際にレッスンを読み進める前に、それぞれの名称と操作方法を理解しておきましょう。

マウスの動かし方

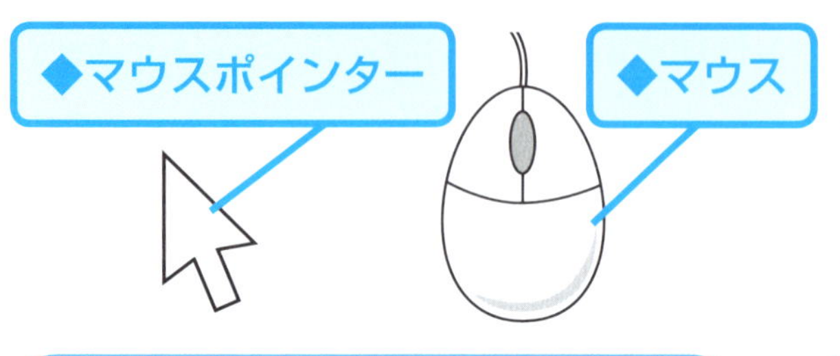

マウスを机の上など平らな場所に置き、軽く握ってゆっくりと滑らせると、パソコンの画面上にあるマウスポインター（ ）が移動します。

マウスを滑らせます

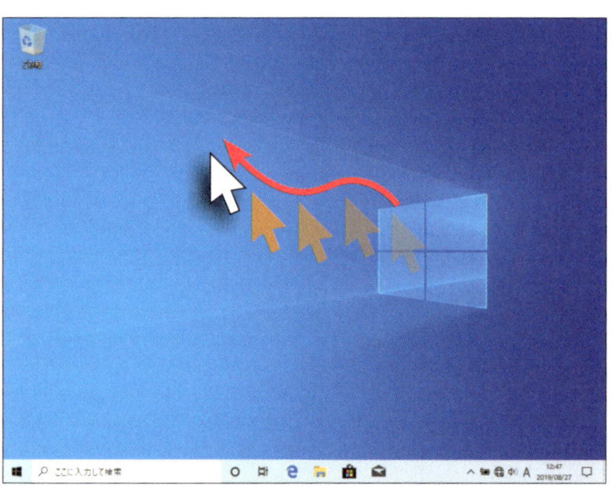

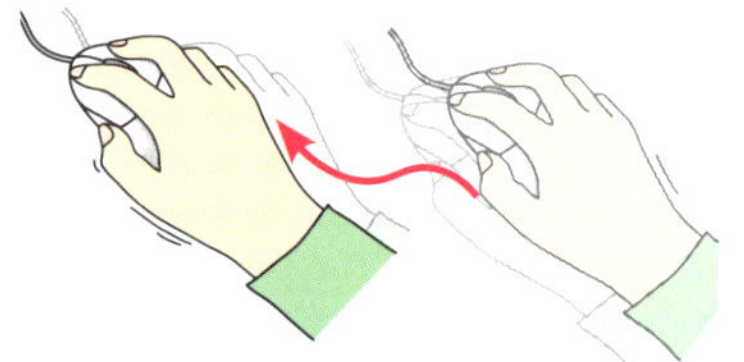

マウスを机の上などの平らな場所に置いて滑らせると、マウスの動きに合わせてマウスポインター（ ）が動きます

マウスを持ち上げます

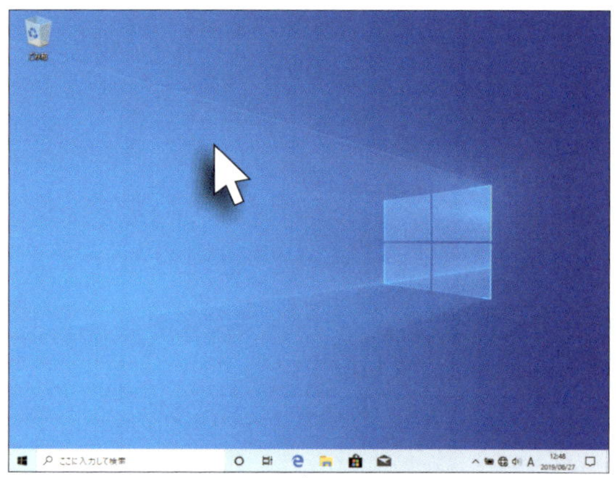

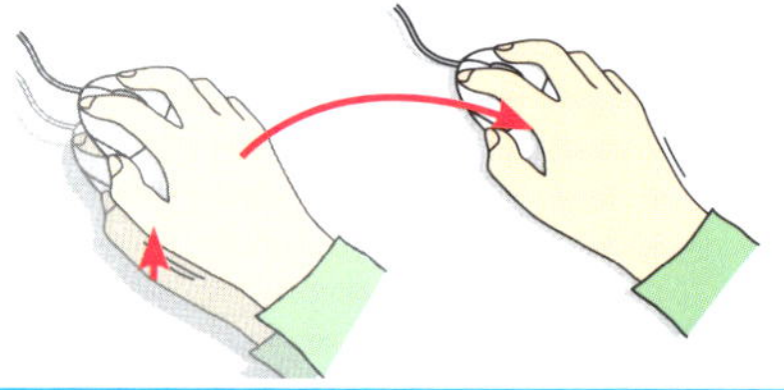

場所が狭いときはマウスを持ち上げて動かします。マウスを持ち上げている間は、マウスポインター（ ）は動きません

マウスの使い方

クリックします

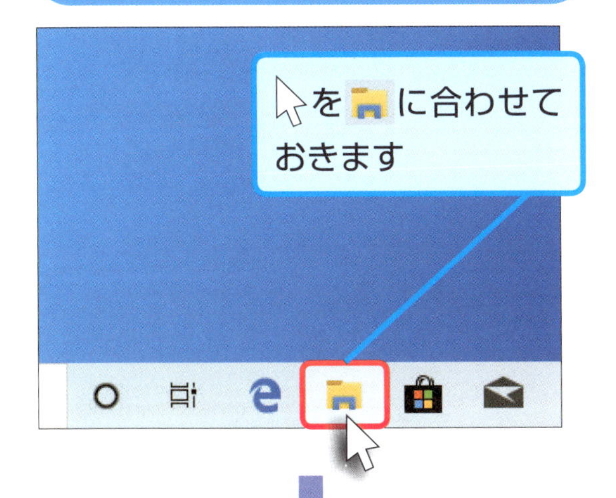

カチッ！

マウスの左ボタンをカチッと1回、軽く押す「クリック」をします

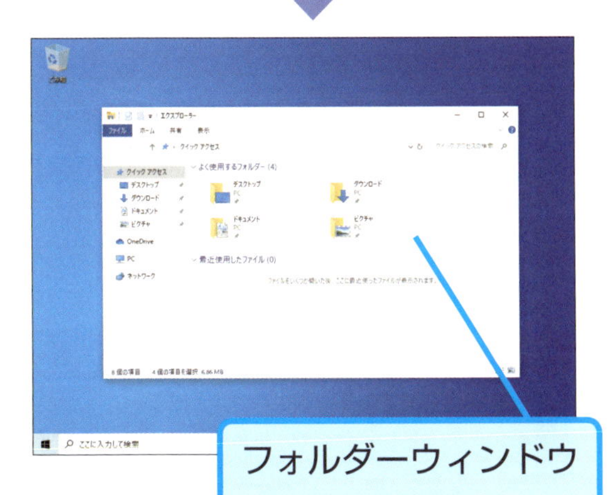

ダブルクリックします

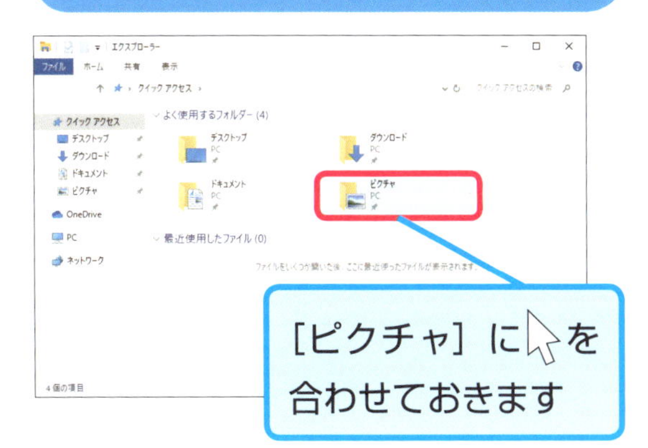

カチッ！
カチッ！

マウスの左ボタンをカチカチッと2回、続けて押す「ダブルクリック」をします

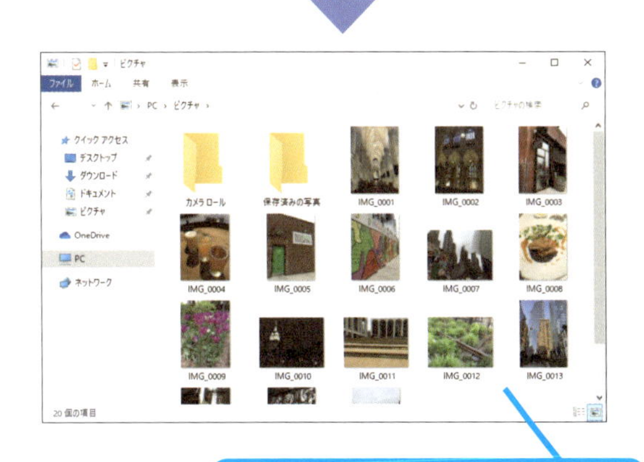

ドラッグします

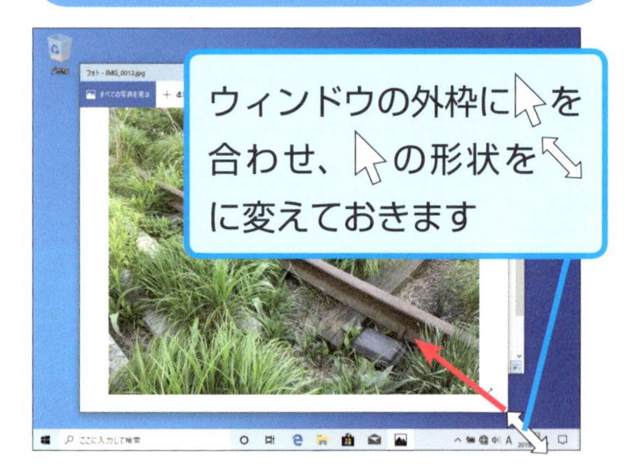

ウィンドウの外枠に〔マウスポインター〕を合わせ、〔マウスポインター〕の形状を〔両矢印〕に変えておきます

マウスの左ボタンを押したままの状態で、目的の位置まで〔マウスポインター〕を動かし、マウスから指を離す「ドラッグ」をします

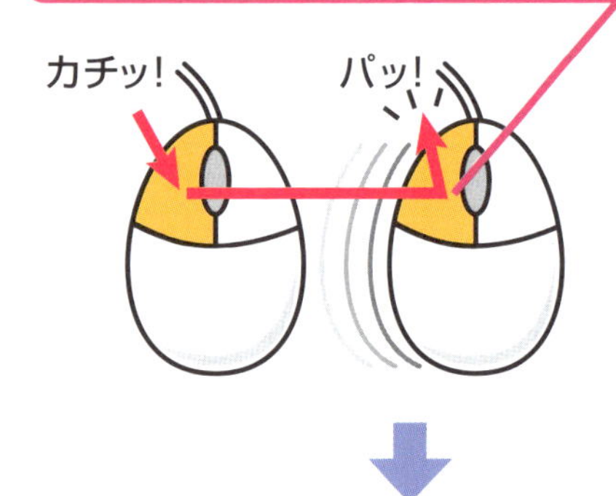

ウィンドウのサイズが変更されます

右クリックします

写真の画面に〔マウスポインター〕を合わせておきます

マウスの右ボタンをカチッと1回、軽く押す「右クリック」をします

写真を操作するメニューが表示されます

本書で使う主なキーの名前

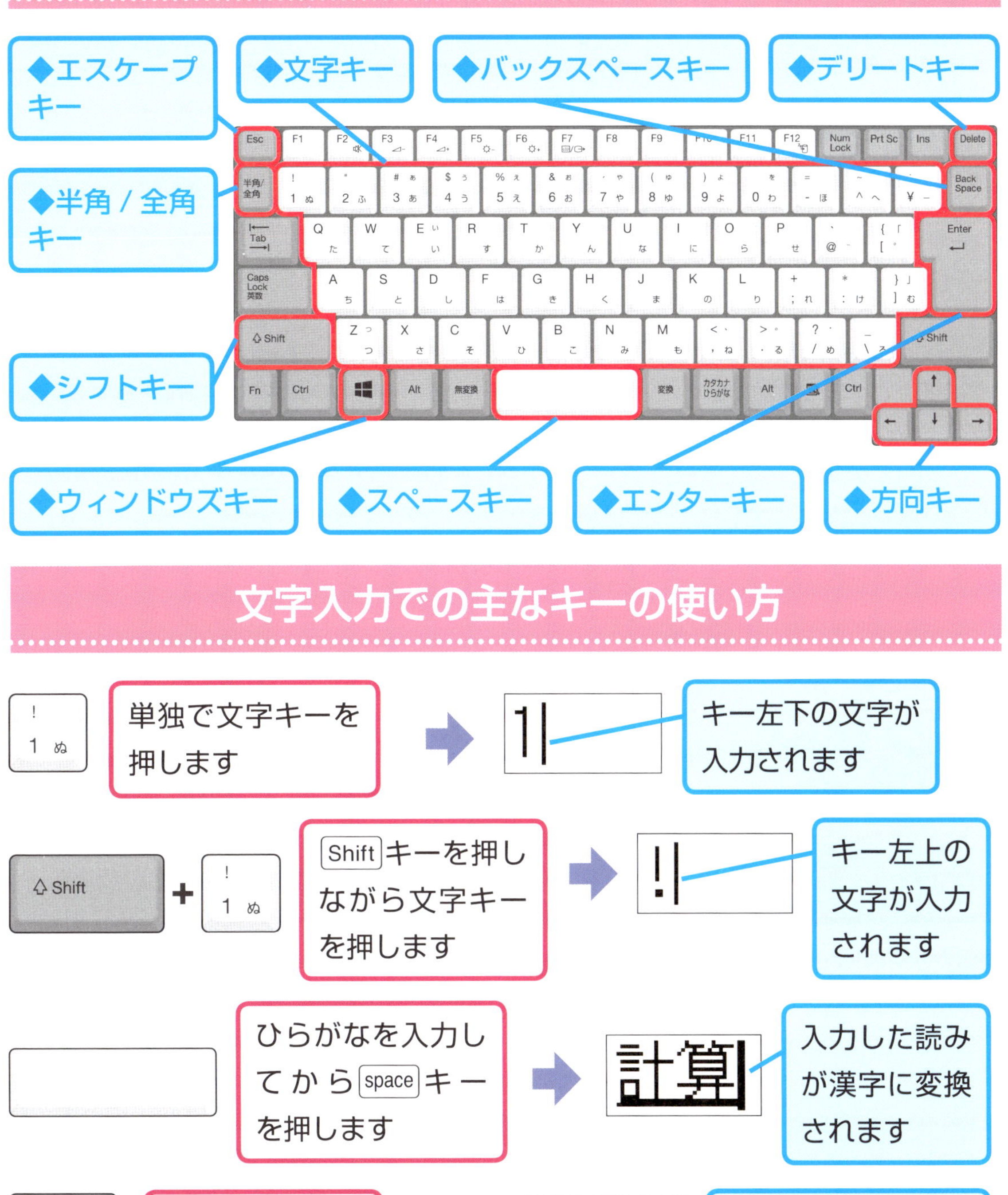

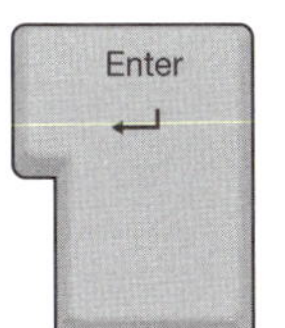

Enterキーを押します

計算

変換した漢字が確定されます

練習用ファイルのダウンロード方法

本書では、レッスンの操作をすぐに試せる無料の練習用ファイルを用意しています。練習用ファイルは、ZIP形式で圧縮しています。練習用ファイルを利用するときは、このページを参考にダウンロードとファイルの展開を実行してください。

1 練習用ファイルのダウンロードページを表示します

Webブラウザーで4ページに記載されているURLを入力し、書籍のWebページを表示しておきます

ダウンロード に合わせ、そのまま、マウスをクリックします

2 保存の確認画面を表示します

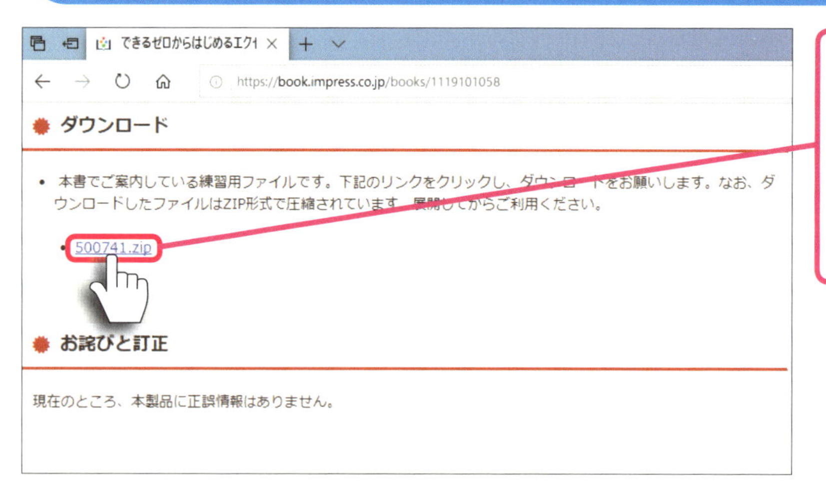

500741.zip に合わせ、そのまま、マウスをクリックします

3 練習用ファイルのダウンロードを実行します

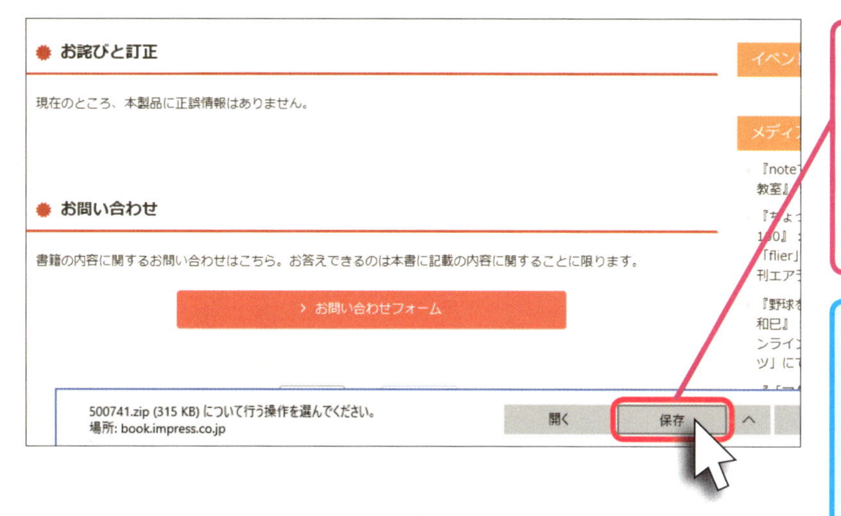

保存 に を合わせ、そのまま、マウスをクリック します

操作の選択画面が表示されたときは、[保存] ボタンをクリック します

4 練習用ファイルが保存されたフォルダーを開きます

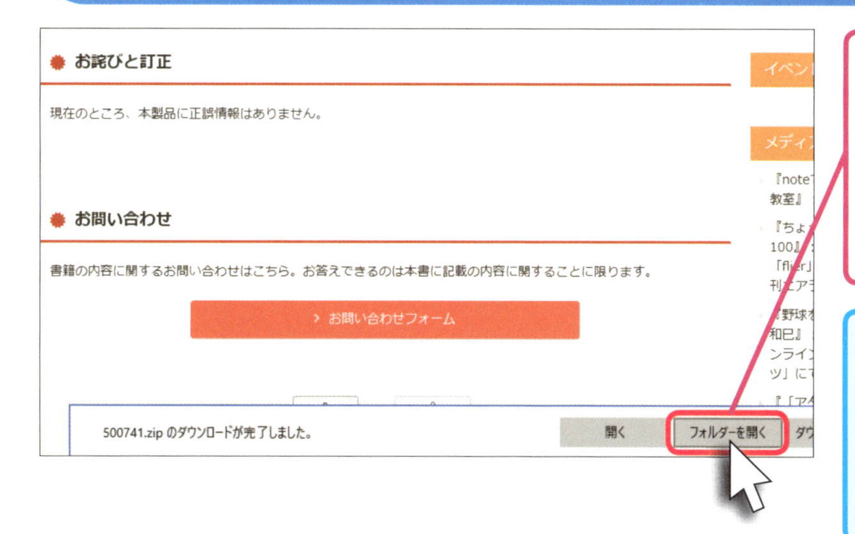

フォルダーを開く に を合わせ、そのまま、マウスをクリック します

標準の設定では、[ダウンロード] フォルダーにファイルが保存されます

次のページに続く ▶▶▶

5 練習用ファイルが保存されたフォルダーが表示されました

ダウンロードしたZIPファイルを展開します

500741 に を合わせ、そのまま、マウスをクリック します

6 ファイルの展開を実行します

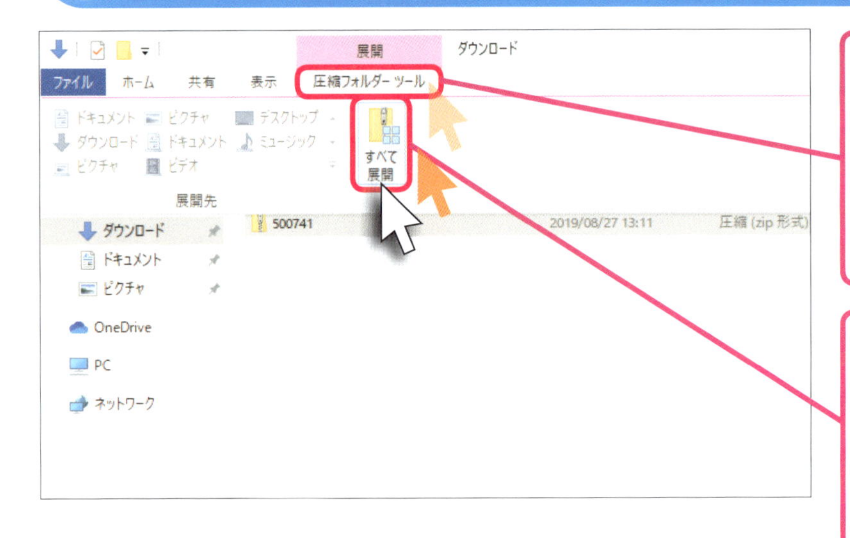

❶ 圧縮フォルダー ツール に を合わせ、そのまま、マウスをクリック します

❷ に を合わせ、そのまま、マウスをクリック します

7 展開先のフォルダーを確認します

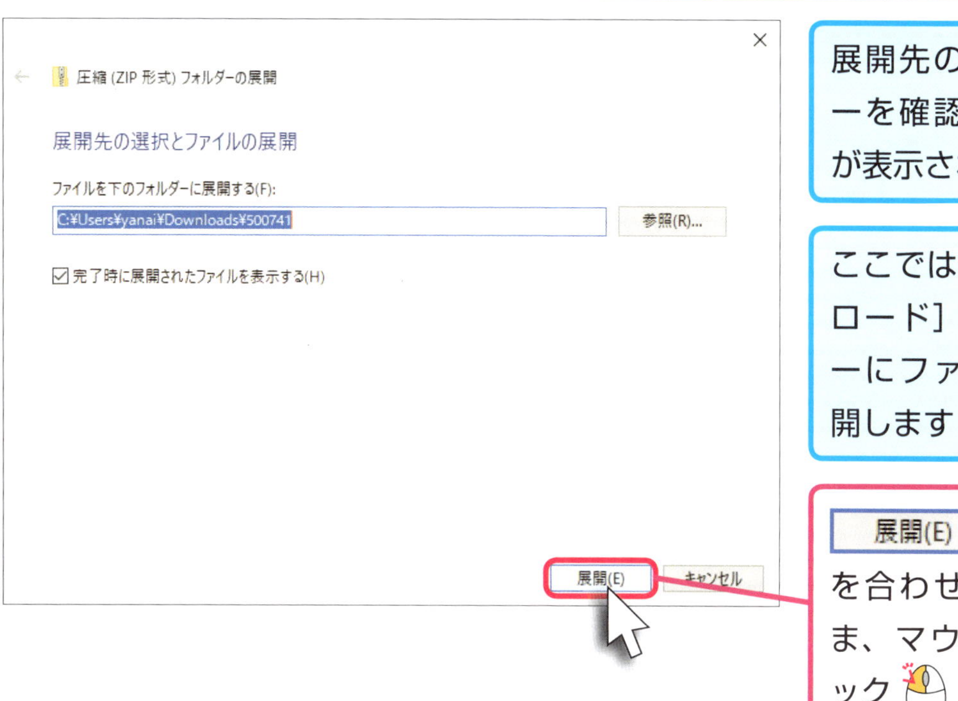

展開先のフォルダーを確認する画面が表示されました

ここでは、[ダウンロード] フォルダーにファイルを展開します

展開(E) に を合わせ、そのまま、マウスをクリック します

8 ファイルの展開が完了しました

練習用ファイルのフォルダーを開きます

500741 に を合わせ、そのまま、マウスをダブルクリック します

次のページに続く ▶▶▶

⑨ 練習用ファイルのフォルダーが表示されました

必要に応じて、[ドキュメント] フォルダーなどに移動しておきます

ヒント

ダウンロードした練習用ファイルは、章ごとのフォルダーに分かれています。空白のブックから操作するレッスンは、練習用ファイルを用意していないので注意してください。また、手順通りに操作すると、[ダウンロード] フォルダーにフォルダーが作成されますが、自分が操作しやすいフォルダーに移動しても構いません。

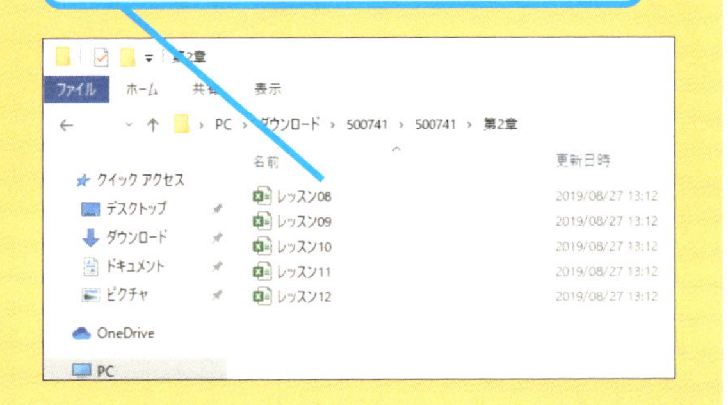

レッスン番号のファイル名になっています

第1章

エクセルを始めよう

エクセルは、表やグラフの作成のほか、計算ができるソフトウェアで、仕事や家庭で便利に利用できます。この章では、エクセルでできることをはじめ、とても簡単な操作でカレンダーを作る方法を通して、エクセルがどのように役立つソフトウェアなのかを紹介します。

この章の内容

レッスン1 エクセルを使うと何ができるの？

キーワード 表計算ソフト

エクセルは「表計算ソフト」という種類のソフトウェアで、表を作成して計算をするのが得意です。数字を集計したり、その数字をグラフにして視覚的に表示したり、表を利用してカレンダーを作ったりするなど、さまざまな目的に幅広く利用できます。まずはじめに、エクセルで具体的に何ができるのかを紹介します。

エクセルでできること

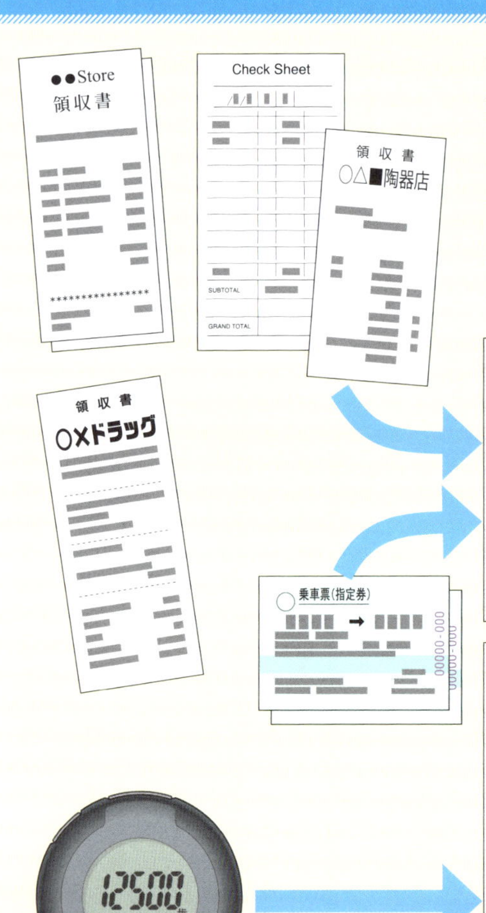

●表を作って計算や集計ができる

請求書の品目や金額などの情報を「データ」として扱います。データを整理してからエクセルに入力すれば、簡単に一覧表を作成できます。作成した表の情報を集計をして、合計や平均を計算できます。

月別予算　2019年7月29日

	10月	11月	12月	平均
編み物	¥4,056	¥3,000	¥4,500	¥3,852
油絵	¥5,000	¥12,500	¥3,500	¥7,000
テニス	¥5,250	¥5,250	¥5,250	¥5,250
本	¥3,000	¥7,500	¥8,000	¥6,167
合計	¥17,306	¥28,250	¥21,250	

週末ランニング記録表

日付	目的地	距離
2019/9/21	A公園往復	6,250
2019/9/22	A公園往復	5,460
2019/9/28	山麓往復	11,250
2019/9/29	A公園往復	6,250
2019/10/5	海沿い往復	9,540
2019/10/6	A公園往復	5,820
2019/10/12	河川敷往復	15,850
2019/10/13	山麓往復	12,045

表からグラフを簡単に作成できる

文字や数字を入力して作成した表から、簡単にグラフを作成できます。数字をグラフという形で視覚化すると、ひと目で内容の比較ができて、分かりやすくなります。

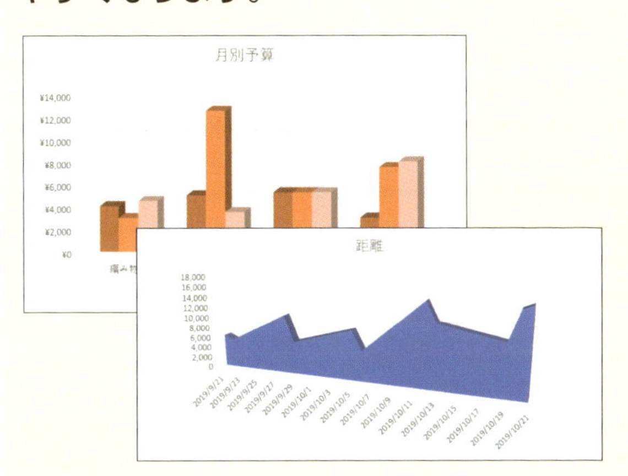

実用的な表を無料で作成できる

ひな形を利用して、簡単な操作で表を作成する機能があります。パソコンをインターネットに接続していれば、カレンダーや送り状、財務表、タイムシートなど、さまざまな表をすぐに作成できます。

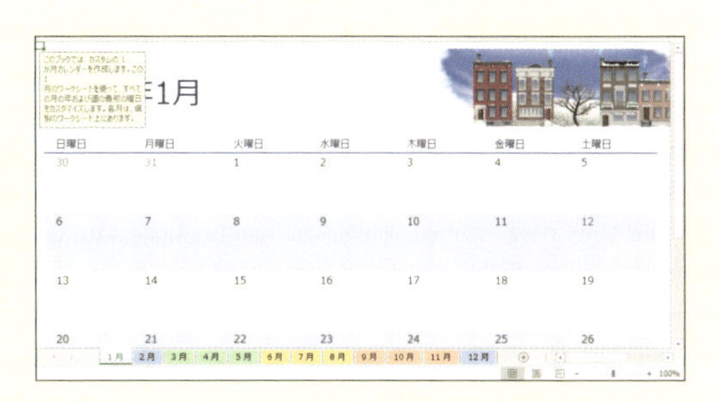

表やグラフを簡単に印刷できる

エクセルで作成した表やグラフを紙の書類として保管したいとき、パソコンに接続したプリンターを使って、用紙に印刷できます。

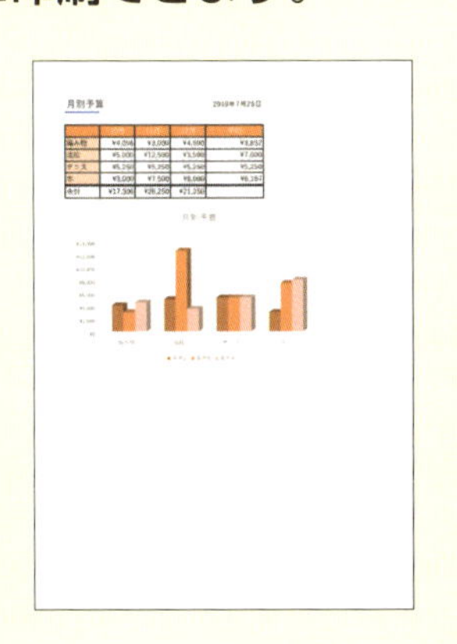

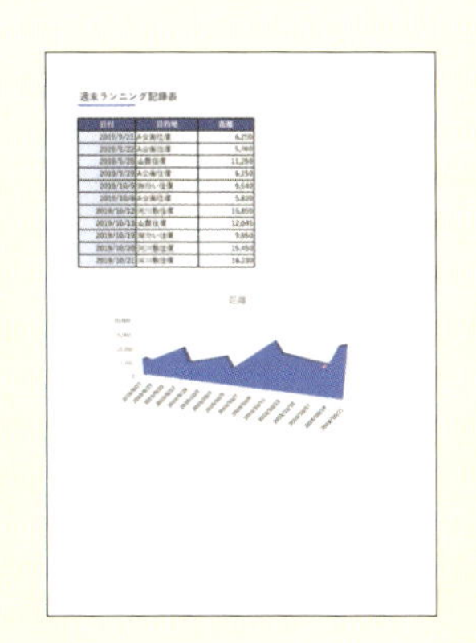

レッスン 2 さあ、エクセルを使ってみよう

キーワード [スタート] メニュー

エクセルをウィンドウズ 10で使うには、[スタート] メニューから [Excel] をクリックして起動します。エクセルを起動すると、エクセルのスタート画面が表示されます。[空白のブック]をクリックすると、四角いマス目が並ぶ、表が表示されます。これがエクセルの基本画面です。

操作はこれだけ 合わせる  クリック 

[スタート] メニューからエクセルを起動します

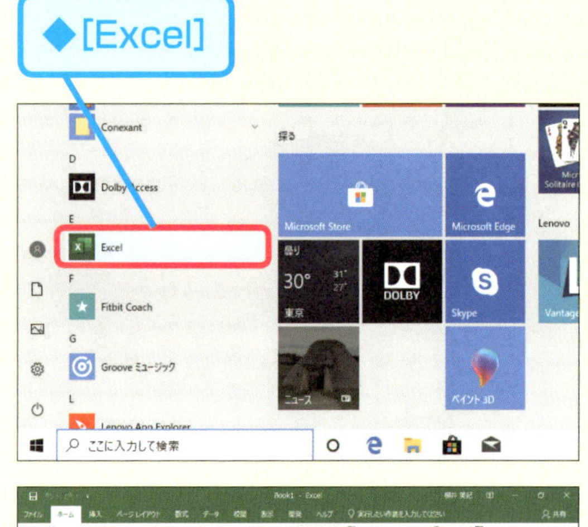

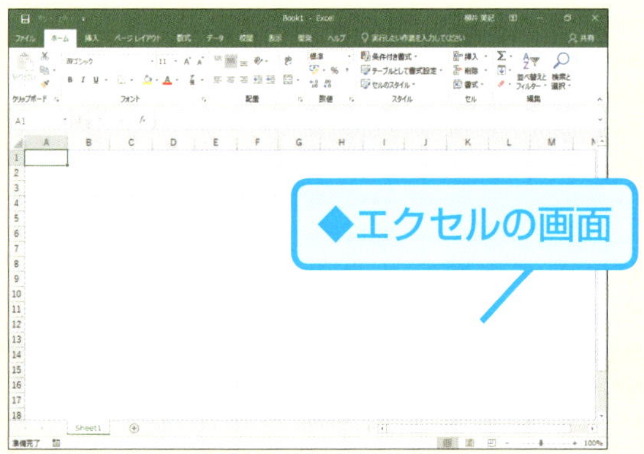

● [スタート] メニューが操作の基点

[スタート] ボタンをクリックして表示される [スタート] メニューからは、パソコンで利用できるソフトウェア（アプリ）や機能を起動できます。エクセルは、[スタート] メニューの [Excel] をクリックして起動します。

● エクセルの画面

エクセルで空白のブックや保存済みのブックを開くと、縦横の線に区切られた四角いマス目が並ぶ大きな表が表示されます。この画面に文字や数値を入力します。

① [スタート] メニューを表示します

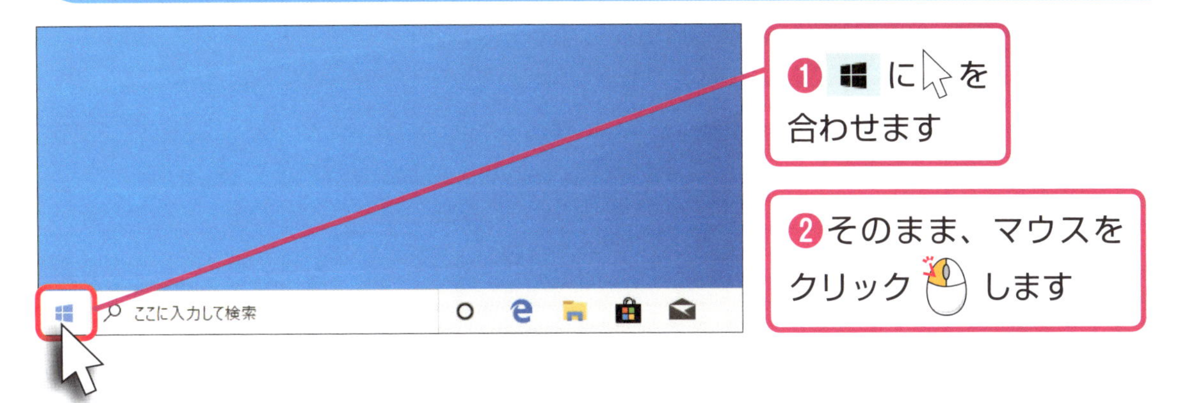

❶ ■ に を合わせます

❷そのまま、マウスをクリック します

② エクセルを起動します

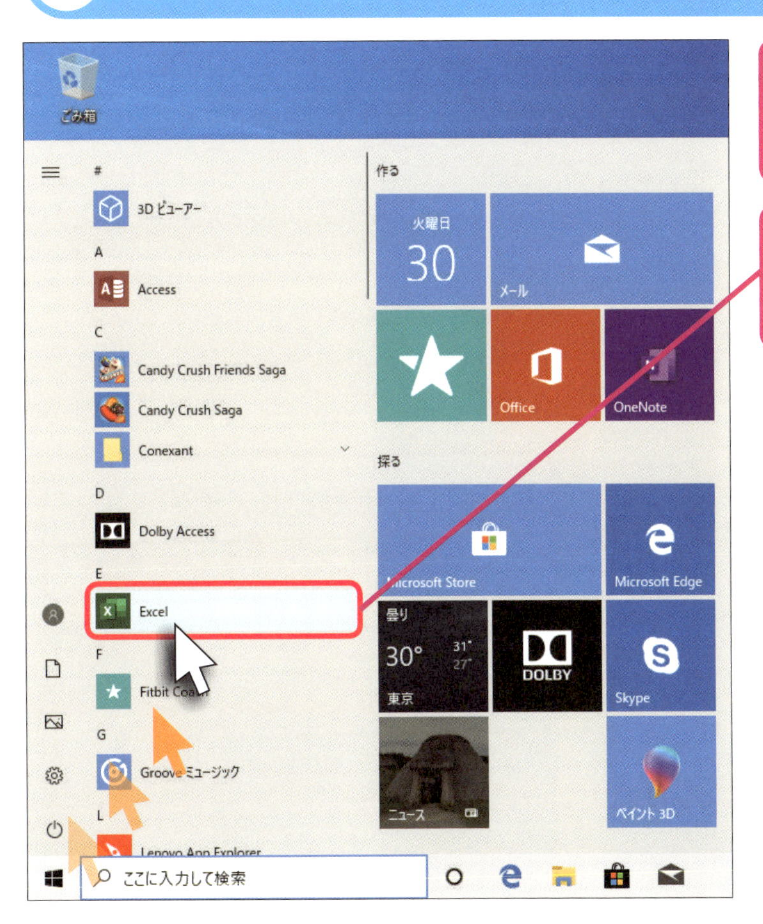

❶ [Excel] に を合わせます

❷そのまま、マウスをクリック します

次のページに続く▶▶▶

3 白紙のワークシートを表示します

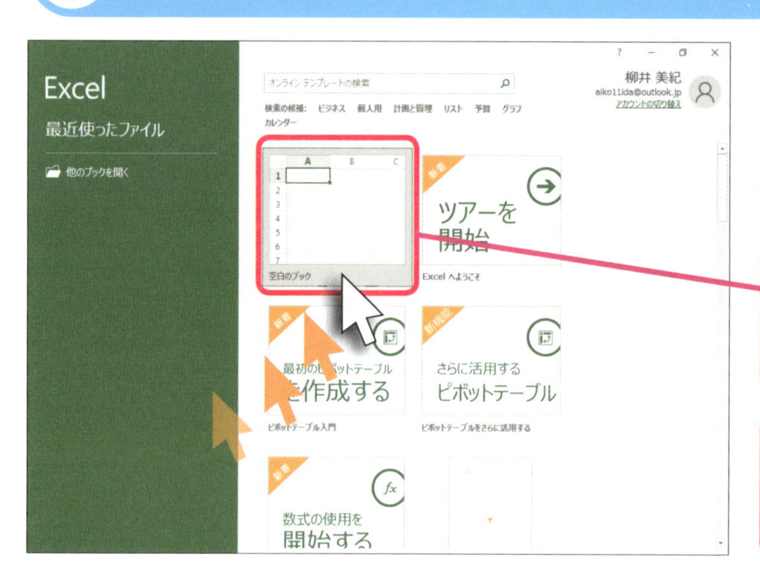

エクセルが起動し、エクセルのスタート画面が表示されました

❶［空白のブック］に を合わせます

❷そのまま、マウスをクリック します

ヒント

［スタート］メニューに多くのアプリが表示されるような場合、一覧からExcelのアイコンを探すのは大変です。［検索ボックス］を利用すると、エクセルが簡単に起動できます。検索ボックスをクリックし、「Excel」と入力して Enter キーを押すと、上部に検索結果としてExcelが表示されるので、そこにマウスポインターを合わせてクリックします。

❶ここに「Excel」と入力します

❷ に を合わせ、そのまま、マウスをクリック します

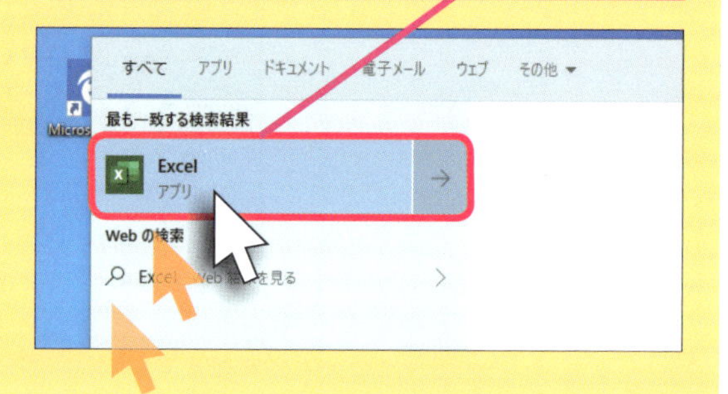

④ 白紙のワークシートが表示されました

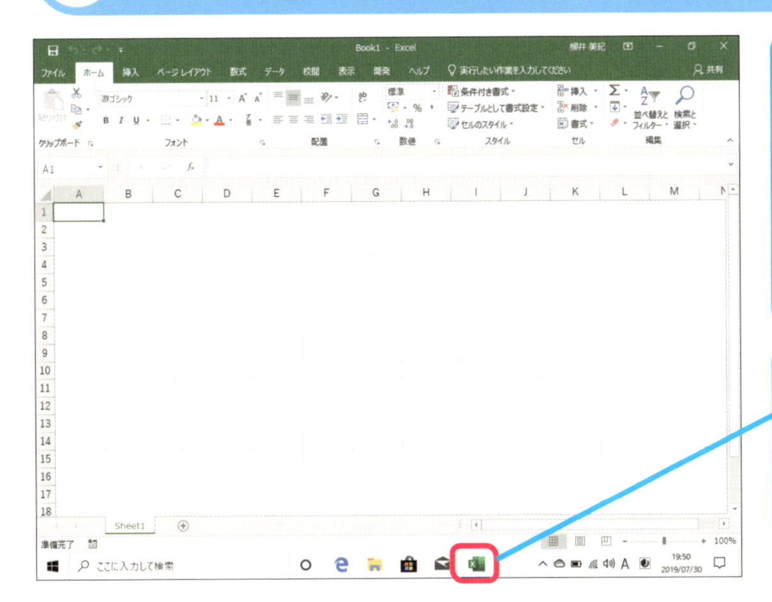

多くのマス目がある画面が表示されれば、エクセルに文字や数字を入力する準備が完了します

エクセルの起動中は の右側に が表示されています

ヒント

エクセルを繰り返し使う場合、タスクバーにエクセルのボタンを常に表示させておくと便利です。タスクバーにエクセルのボタンを表示するには、エクセルを起動した状態で表示されるタスクバーのボタンを右クリックして、［タスクバーにピン留めする］をクリックします。

❶タスクバーの に を合わせ、そのまま、マウスを右クリック します

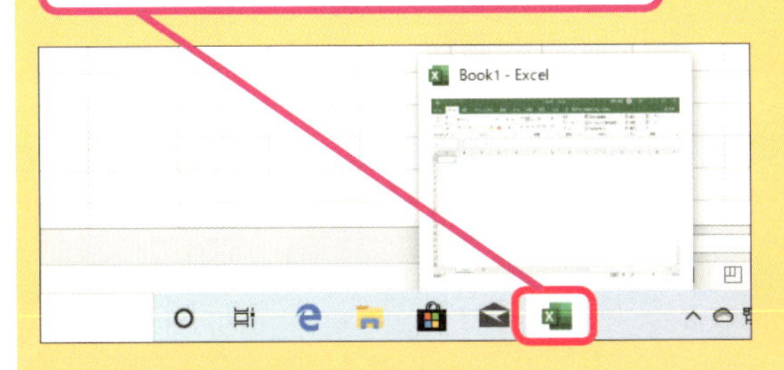

❷ タスクバーにピン留めする に を合わせ、そのまま、マウスをクリック します

レッスン 3

エクセルの画面を確認しよう

キーワード エクセルの画面

エクセルが起動すると、画面の中央に縦横の線に区切られたマス目がたくさん表示されます。マス目の一番上にはアルファベット、一番左には数字が表示されています。マス目の上側には、カラフルなボタンがあります。このボタンを利用して、表の見ためを整えたり、グラフを作成したりすることができます。

エクセルの画面

◆[ファイル]タブ

エクセルで作った表やグラフの印刷、ファイルの保存、保存したファイルの読み込みなどに使うタブです

◆セル

画面にある1つ1つのマス目のことを「セル」と言います

◆アクティブセル

太い枠で囲まれたセルを「アクティブセル」と言います。このアクティブセルの中に数字や文字を入力できます。「アクティブセルを別のセルに移動し、入力する」という作業を繰り返すことで、表を作成します

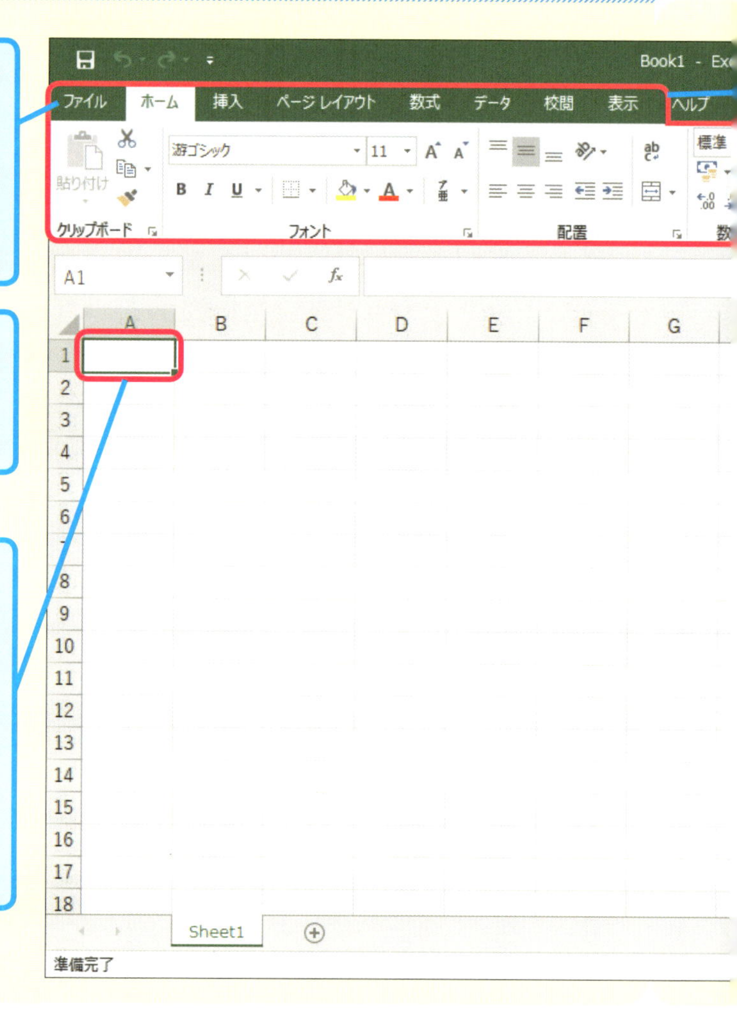

エクセルのセル（画面にあるマス目）の上のどこでもいいので、マウスを置いてみましょう。[矢印]の形状が[十字]になります。これが、ワークシート上での基本的なマウスポインターの形状です。

ワークシート上では[矢印]の形状が[十字]に変わります

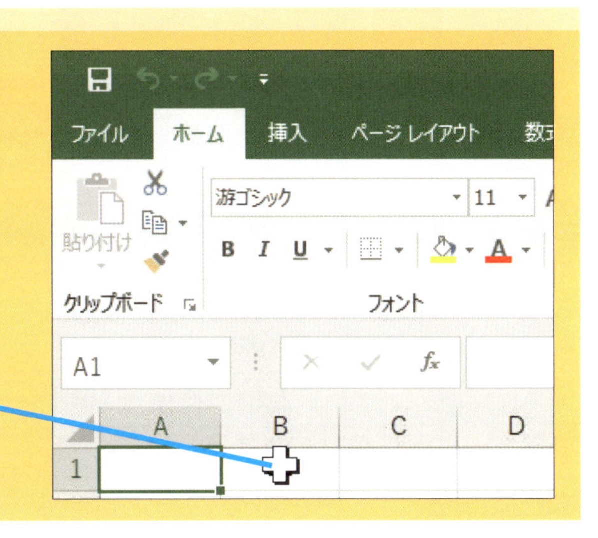

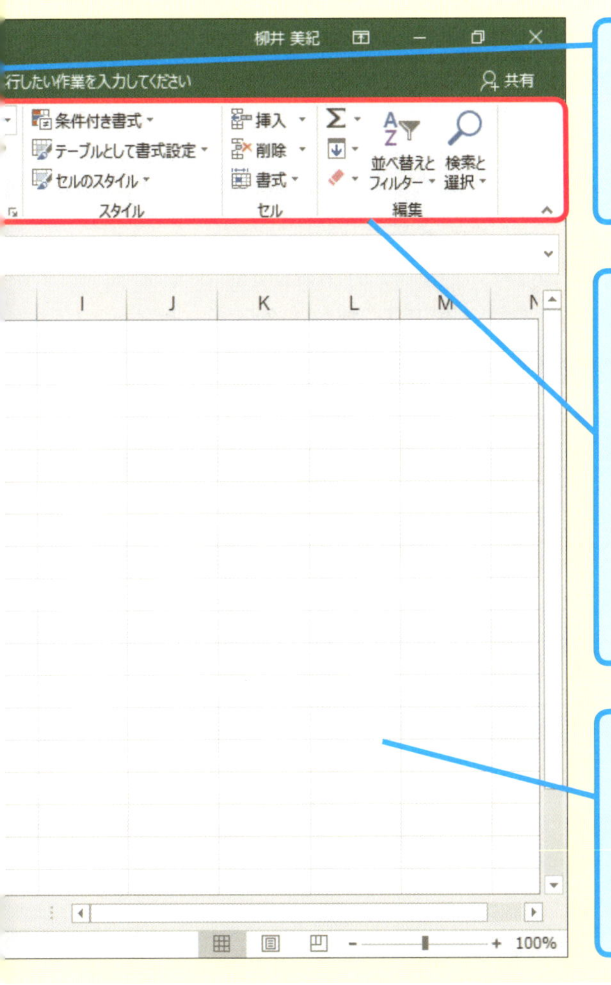

◆タブ

よく似た機能を集めたボタンが「タブ」にまとめられています。タブをクリックすると、リボンの表示が切り替わります

◆リボン

表やグラフの見ためを変更するなど、エクセルでできることがタブごとにボタンで登録されています。画面の大きさによってボタンの形が変わります

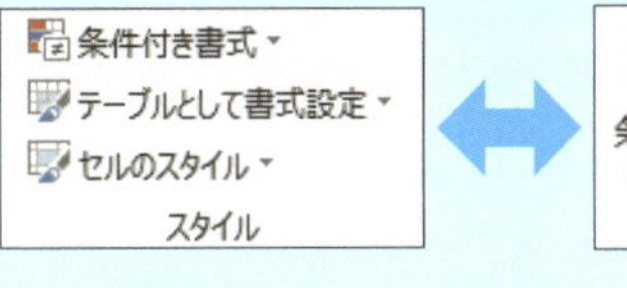

◆ワークシート

セルがたくさん集まった1つのまとまりを「ワークシート」と言います。1枚の大きな模造紙に縦横の線を引いたイメージで、ワークシートの上に表やグラフを作ります

レッスン4

簡単な操作でカレンダーを作ろう

キーワード 新規作成、テンプレート

エクセルでは、簡単な操作でカレンダーや送り状、計画表などの表を作成できます。「テンプレート」という機能を利用すると、項目をクリックするだけで、その選択した内容が反映された見栄えのする実用的な表があっという間に出来上がります。そのテンプレートを利用して、カレンダーを作成してみましょう。

操作はこれだけ

合わせる  クリック 

作成したいテンプレートを選びます

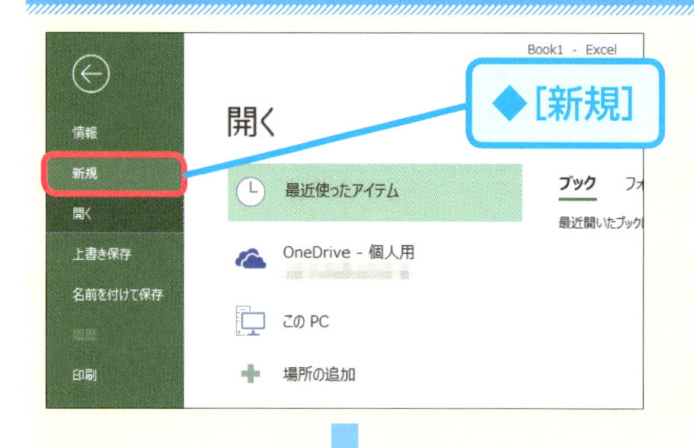

●新規

ワークシートが表示されている状態からカレンダーを作成するには、「テンプレート」の選択画面を表示します。[ファイル] タブをクリックし、[新規] をクリックすると、テンプレート一覧が画面右側に表示されます。

●テンプレートの選択

エクセルのテンプレート（ひな型）を利用すると、実用的な表を簡単に作成できます。項目をクリックするだけで、カレンダーや送り状など見栄えのする実用的な表が作れます。

注　意

テンプレートは、マイクロソフトのページからダウンロードします。パソコンがインターネットに接続されていないと、この機能は利用できません

① [ファイル] タブをクリックします

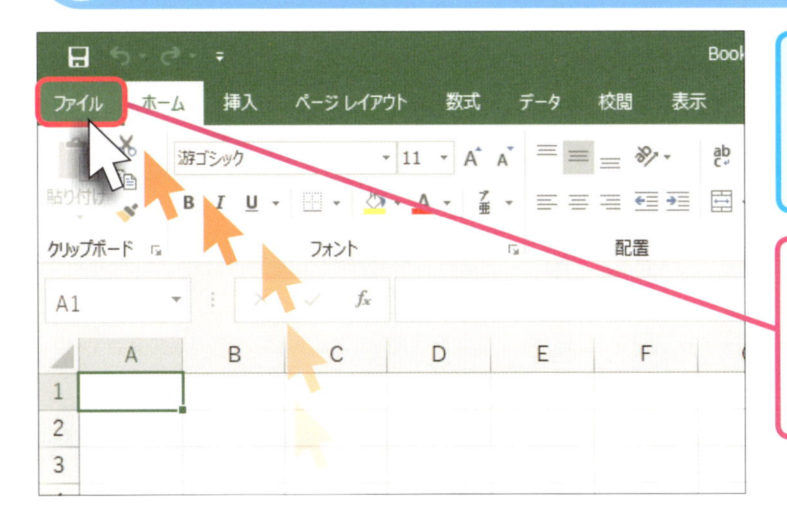

マイクロソフトのページからカレンダーのテンプレートを入手します

ファイル に を合わせ、そのまま、マウスをクリック します

② [新規] の画面を表示します

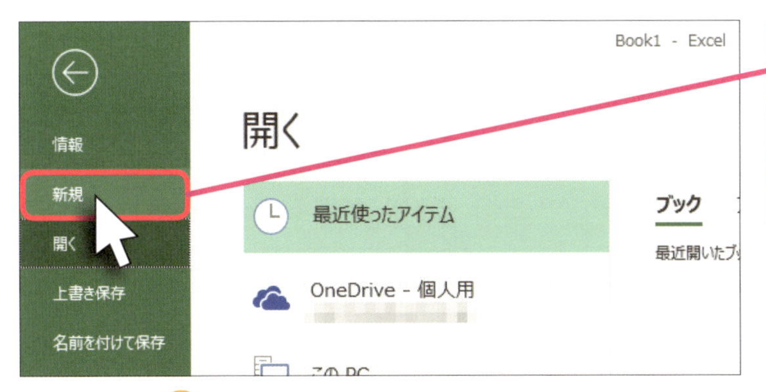

新規 に を合わせ、そのまま、マウスをクリック します

ヒント

エクセルを起動後に表示される画面でも、テンプレートの選択ができます。レッスン❷ではスタート画面からエクセルを起動し、[空白のブック] をクリックして白紙のワークシートを表示しましたが、エクセルのスタート画面の一覧からテンプレートをクリックしたり、検索したりすることもできます。

スタート画面でテンプレートを開けます

次のページに続く

3 [カレンダー] のテンプレートを表示します

カレンダー に を合わせ、そのまま、マウスをクリック します

カレンダー が表示されていないときは、次ページのヒント！を参考にキーワードを入力します

4 [万年カレンダー] のテンプレートを表示します

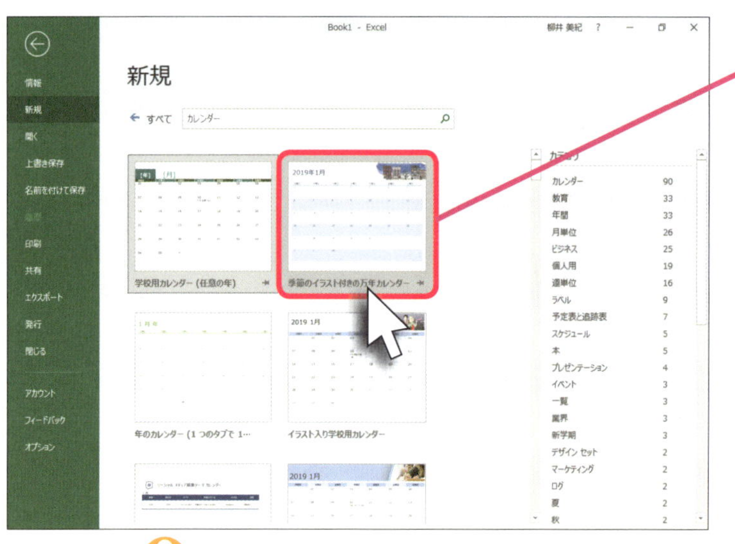

ここに を合わせ、そのまま、マウスをクリック します

ヒント！

手順3で［カレンダー］をクリックすると、手順4の検索ボックスに［カレンダー］と入力され、カレンダーのテンプレート一覧がインターネットから検索されます。検索結果のテンプレートの種類は変更されることがあるので、同じカレンダーが表示されない場合は、一覧から任意のテンプレートをクリックして、手順5の操作を行ってください。

5 テンプレートをダウンロードします

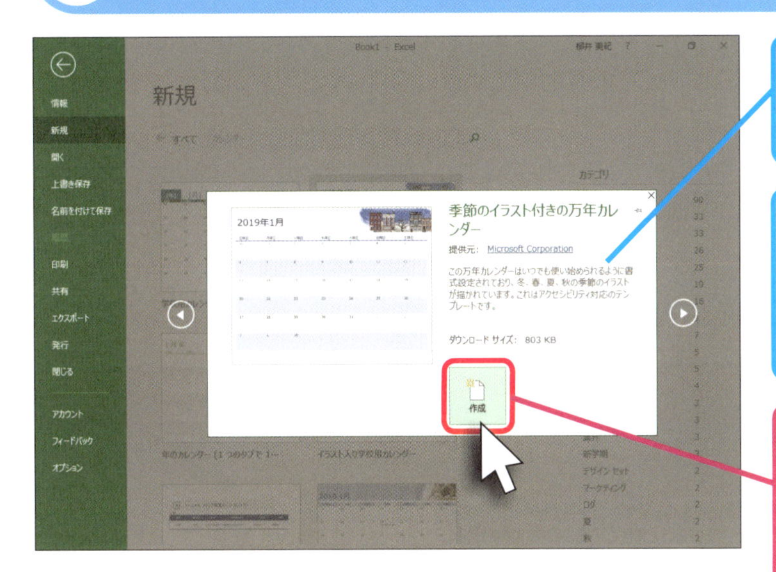

選択したテンプレートの説明が表示されました

をクリックすると、別のカレンダーが表示されます

[作成] にを合わせ、そのまま、マウスをクリックします

ヒント

エクセルでは、さまざまなテンプレートをキーワードで探し出して利用できます。手順3や手順4の画面にある検索ボックスに「予算」などのキーワードを入力して、[検索の開始] ボタン（）をクリックすると、マイクロソフトのWebページにあるテンプレートが表示されます。この機能を活用する前に、パソコンがインターネットに接続されていることを確認しておきましょう。

キーワードを入力し、にを合わせ、そのまま、マウスをクリックします

次のページに続く

6 カレンダーが表示されました

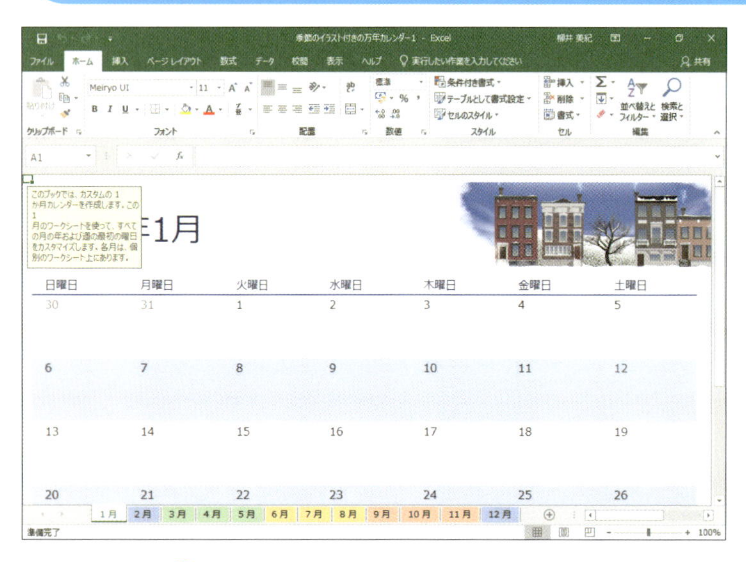

テンプレートのダウンロードが完了し、新しいファイルとしてカレンダーが表示されました

ヒント

カレンダー以外にも、ビジネスで使える「請求書」や、プライベートでも使える「予定表」や「旅行」など、数多くのテンプレートが用意されています。それらのテンプレートをダウンロードして、見栄えのする表や書類を簡単に作成できます。

●請求書

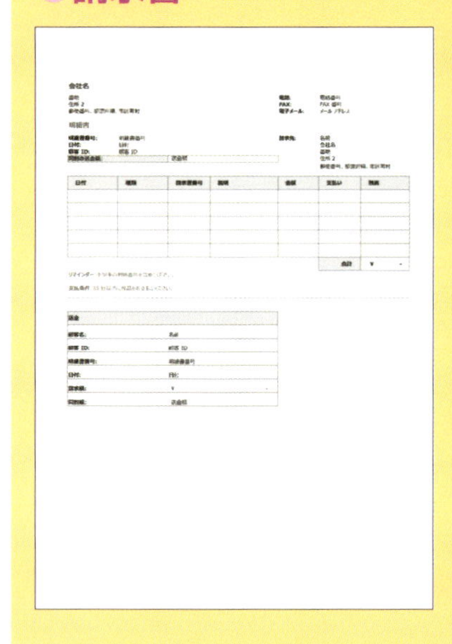

●記録シート

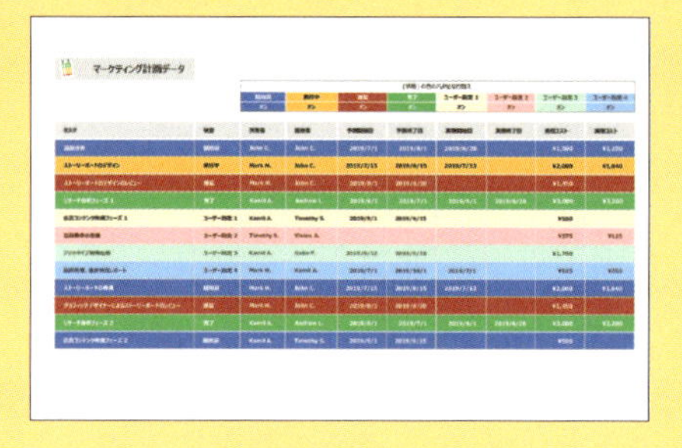

●旅行の日程表

ヒント

エクセルのブックを複数開くと、タスクバーのエクセルのボタンが重なった状態で表示されます。タスクバーのエクセルのボタンにマウスポインターを合わせると、縮小イメージが表示されるので、表示させたい縮小イメージをクリックすると、ブックが画面の前面に表示されます。

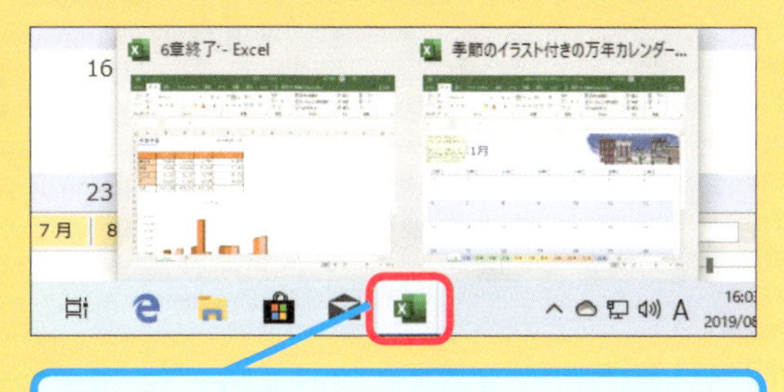

ブックを2つ以上開くと、タスクバーのボタンが重なります

ヒント

テンプレートの機能を使って入手したカレンダーは保存や印刷ができます。保存の方法はレッスン⑫（71ページ）、印刷の方法はレッスン㊲（189ページ）を参考にしてください。

ヒント

インターネットに接続している環境であれば、エクセルの使い方が分からないときに「操作アシスト」機能を活用してみましょう。リボンのタブの右側にある「実行したい作業を入力してください」と表示されている場所に調べたい内容のキーワードを入力すると、関連する機能や実行したい操作に素早くアクセスできます。また、機能に関するヘルプを見つけることもできます。

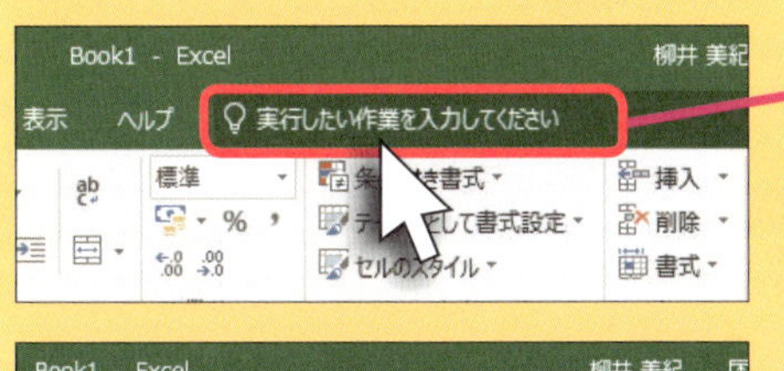

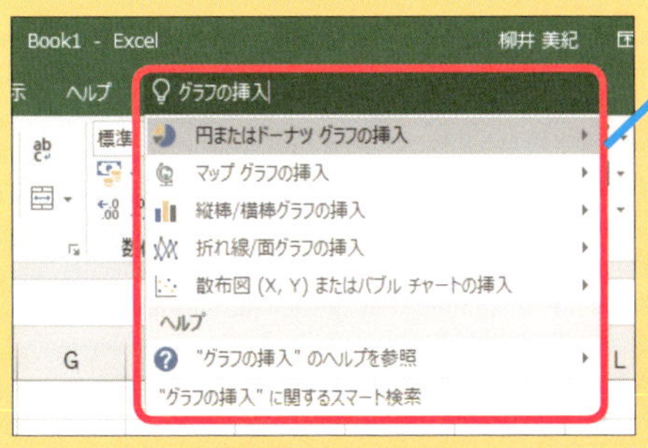

キーワードを入力すると、該当する操作の項目が表示されます

終わり

レッスン 5 エクセルを終了しよう

キーワード エクセルの終了

エクセルを使い終わったら、エクセルの画面の右上にある［閉じる］ボタンでエクセルを終了しておきます。レッスン❹で作成したカレンダーを保存せず、エクセルの画面をすべて閉じて、エクセルを終了させましょう。エクセルが終了すると、［スタート］ボタンの右側に表示されていたエクセルのボタンも消えます。

操作はこれだけ

合わせる  クリック 

［閉じる］ボタンをクリックします

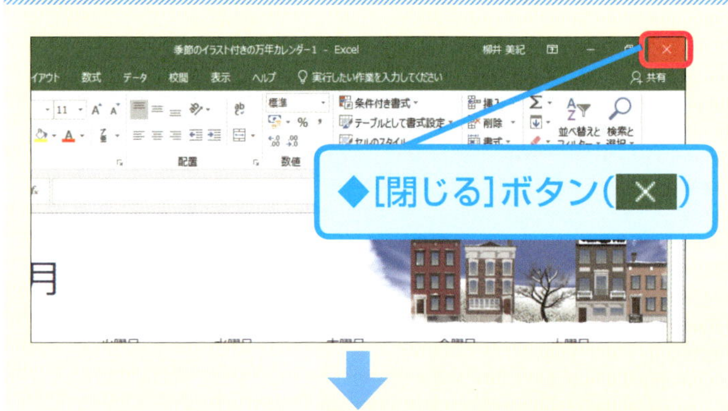

● 画面を閉じる操作

エクセルを終了するときは、画面の右上にある × をクリックし、エクセルの画面を閉じます。

× をクリックし、エクセルの画面を閉じます

ヒント

エクセルの画面が複数表示されているときは、その画面の数だけ × をクリックする必要があります。

1 ファイルを保存せずに閉じます

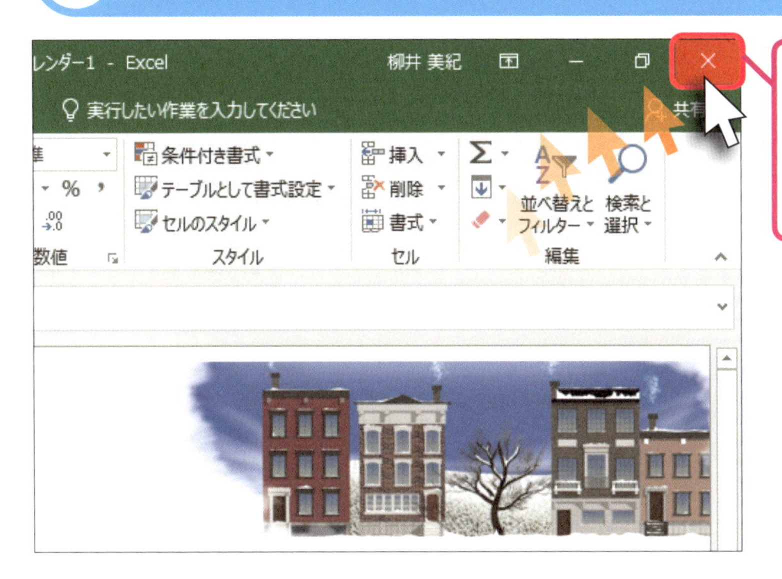

×に を合わせ、そのまま、マウスをクリック します

2 もう一度、［閉じる］ボタンをクリックします

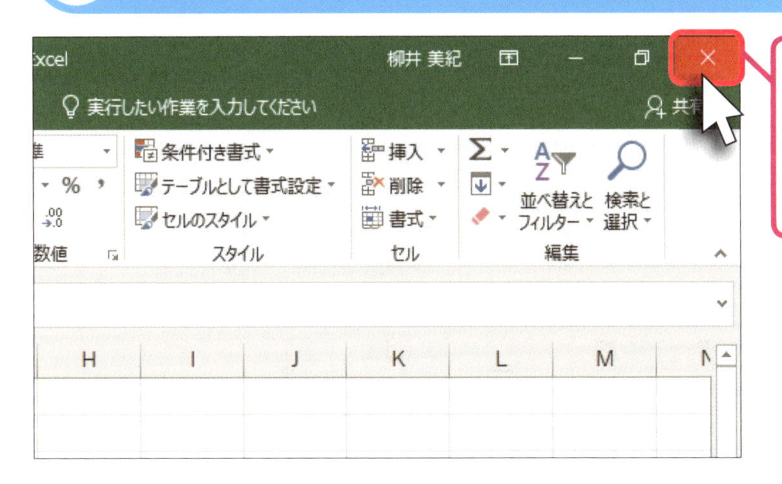

×に を合わせ、そのまま、マウスをクリック します

エクセルが終了すると、 の右側に表示されていた がなくなります

Officeのバージョンを知りたい

A ［アカウント］の画面から確認できます

エクセルを利用していて、何かトラブルがあったり、操作に質問があったときに必要となるのが、ソフトウェアの「バージョン」名です。エクセルは2019、2016など複数のバージョンがあり、バージョンごとに画面や操作が違います。エクセル 2019とエクセル 2016の場合、［ファイル］タブをクリックして表示される画面から［アカウント］をクリックして［Excelのバージョン情報］ボタンをクリックすれば、バージョン名が表示されます。
操作方法の問い合わせをしたり関連書籍を購入したりする前に、ソフトウェアのバージョンを確認してみてください。

❶ ファイル に を合わせ、そのまま、マウスをクリック します

❷ アカウント に を合わせ、そのまま、クリック します

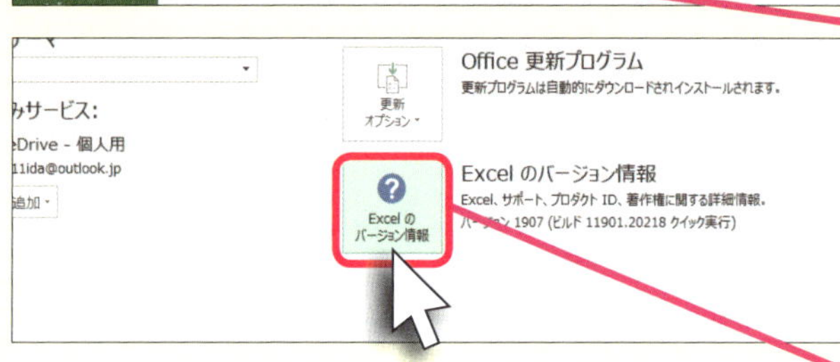

❸ ［Excelのバージョン情報］をクリック します

エクセルのバージョン情報が表示されました

大きな表の全体を画面で確認したい

A 画面を縮小表示します

レッスン❹で作成したカレンダーのような大きな表を画面で確認する場合は、「縮小表示」の機能を使いましょう。画面右下にある［ズームスライダー］という機能を使うと、簡単に画面の拡大と縮小表示ができます。

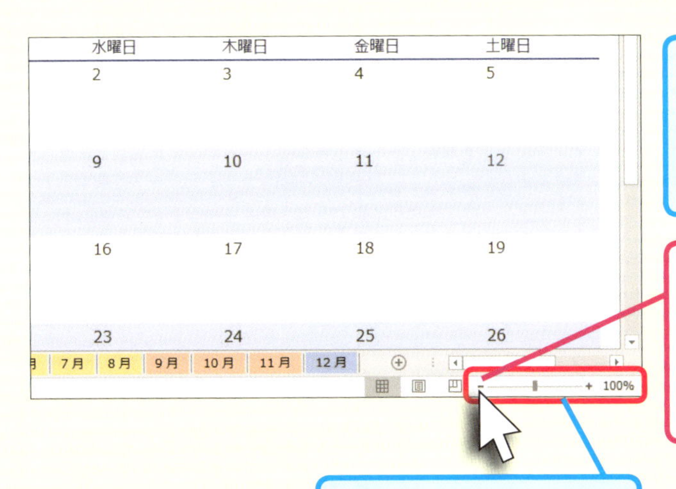

テンプレートとしてダウンロードしたカレンダーの全体を表示します

[−]に ポインタ を合わせ、そのまま、マウスを数回クリックします

◆ズームスライダー

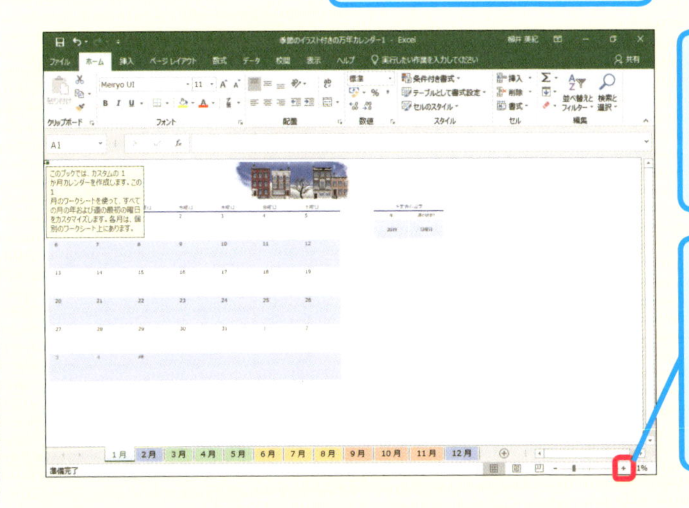

画面が縮小表示されて、色合いや全体のバランスを確認できます

元の大きさに戻すときは、[+]を何回かクリックして［100％］にします

リボンの表示を消したい

A ［リボンの表示オプション］ボタンでリボンを非表示にできます

エクセルで画面を広く使いたい場合、リボンを一時的に非表示にできます。非表示にするには、エクセル画面上部右側の［リボンの表示オプション］ボタンをクリックし、メニューから［リボンを自動的に非表示にする］をクリックします。再度、リボンを表示させたいときは、画面上部にマウスポインターを合わせると緑色のバーが表示されるので、その部分をクリックします。

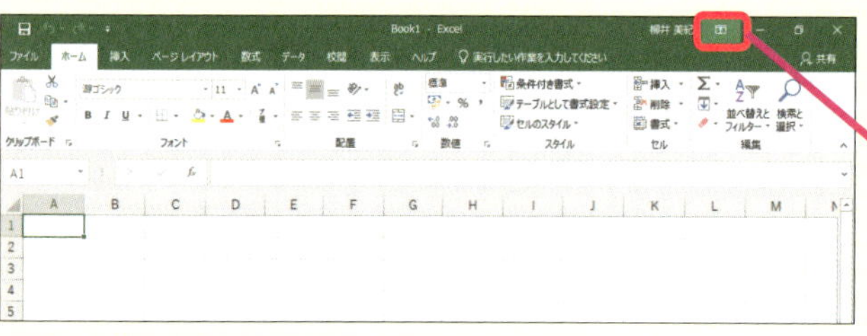

❶ に を合わせ、そのまま、マウスをクリック します

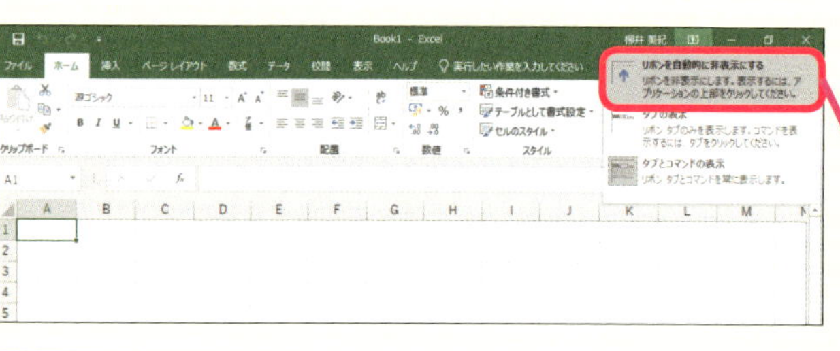

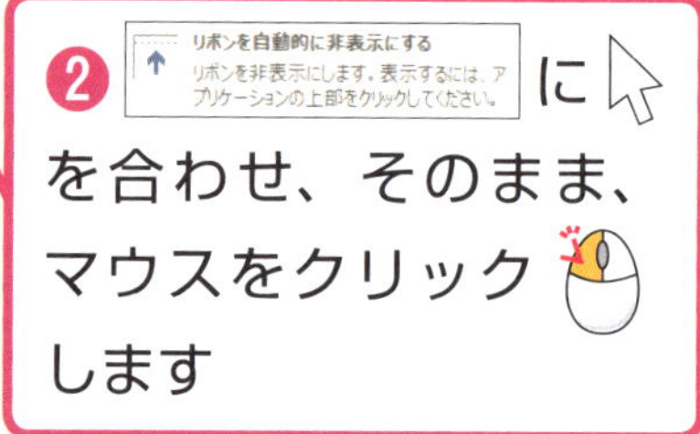

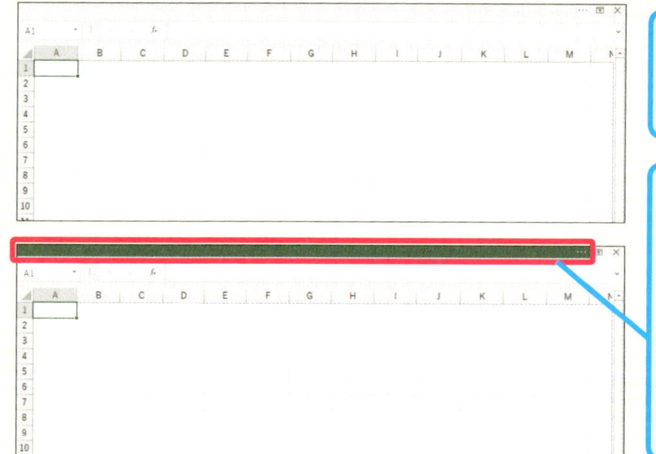

リボンの表示が消えました

ここに を合わせると、緑色のバーが表示されます。クリック でリボンが表示されます

エクセルの画面が少し小さくなってしまった

[最大化] ボタンで画面いっぱいに表示できます

エクセルを使っていて、エクセルの画面が小さくなってしまったときは、画面上部の右から2番目のボタンを確認してみます。もしそのボタンが［最大化］ボタン（□）になっていればクリックします。ディスプレイの大きさいっぱいにエクセルの画面が表示され、［最大化］ボタンは［元に戻す（縮小）］ボタン（⧉）に変わります。エクセルの画面は広く見えていた方が操作しやすいので、普段から画面を大きくしておきましょう。

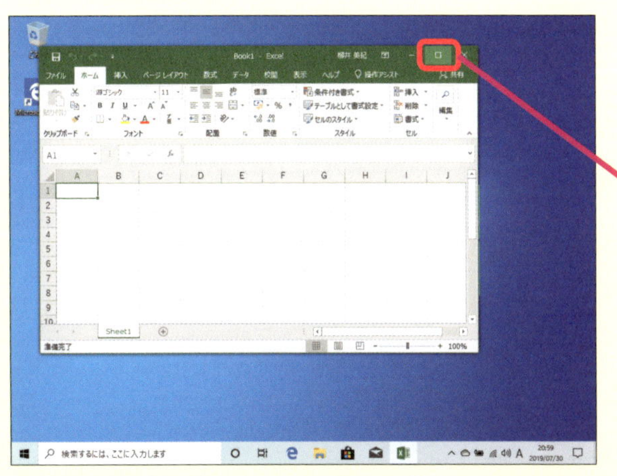

エクセルの画面が小さい状態になっています

□に を合わせ、そのまま、マウスをクリック します

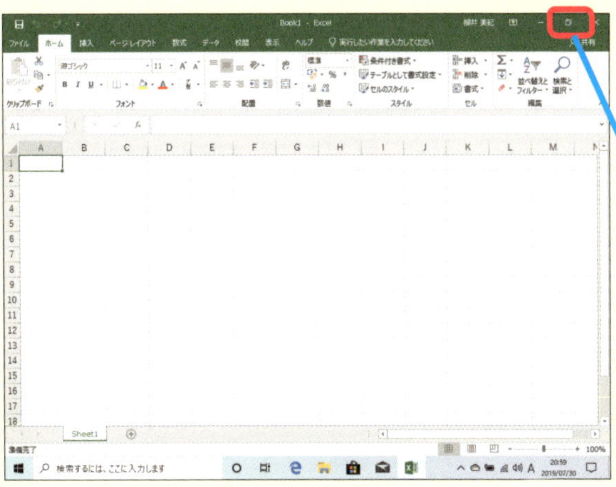

ディスプレイの大きさいっぱいにエクセルの画面が表示されました

［最大化］ボタン（□）は、［元に戻す（縮小）］ボタン（⧉）に変わります

言語バーが見当たらない!?

A 初期設定ではデスクトップに言語バーが表示されません

ウィンドウズ 10では、標準の設定で言語バーが表示されません。ひらがなの入力と英数字の入力を切り替えるには、キーボード左上にある[半角/全角]キーを押します。切り替わった状態は、タスクバー右端にある言語モードのボタンで確認できます。ひらがなを入力できるときは［あ］、英数字を入力できるときは［A］と表示されるので、表示をよく確認してから文字や数字を入力してください。エクセルで数字や式を入力するときは［A］、日本語を入力する場合は［あ］の表示にするといいでしょう。

●英数字を入力できるとき

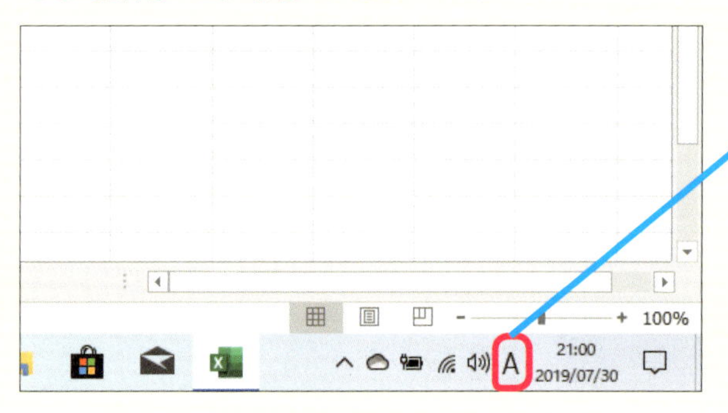

言語バーのボタンが A と表示されているときは、英数字を入力できます

●ひらがなを入力できるとき

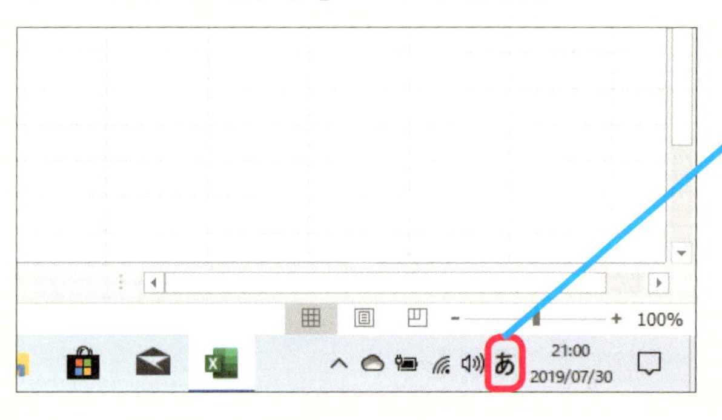

言語バーのボタンが あ と表示されているときは、ひらがなを入力できます

第2章

データを入力してみよう

エクセルの表やグラフは、文字や数字のデータから構成されています。この章では、エクセルで表を作成するときの基本となる、データの入力や編集方法を紹介します。新しいワークシートに数字や文字を入力する方法のほか、セルの移動や消去、ファイルの保存方法などが分かります。

この章の内容

レッスン6 エクセルの基本操作を知ろう

キーワード セル、アクティブセル

ワークシートの中には、たくさんのマス目があり、そのマス目1つ1つのことをエクセルでは「セル」と呼んでいます。その中に必ず1つ、太い枠で囲まれたセルがあります。その太い枠で囲まれたセルのことをエクセルでは「アクティブセル」と言います。アクティブセルの位置は、マウスやキーボードで移動できます。

操作はこれだけ

合わせる 

クリック 

セルをクリックして選択します

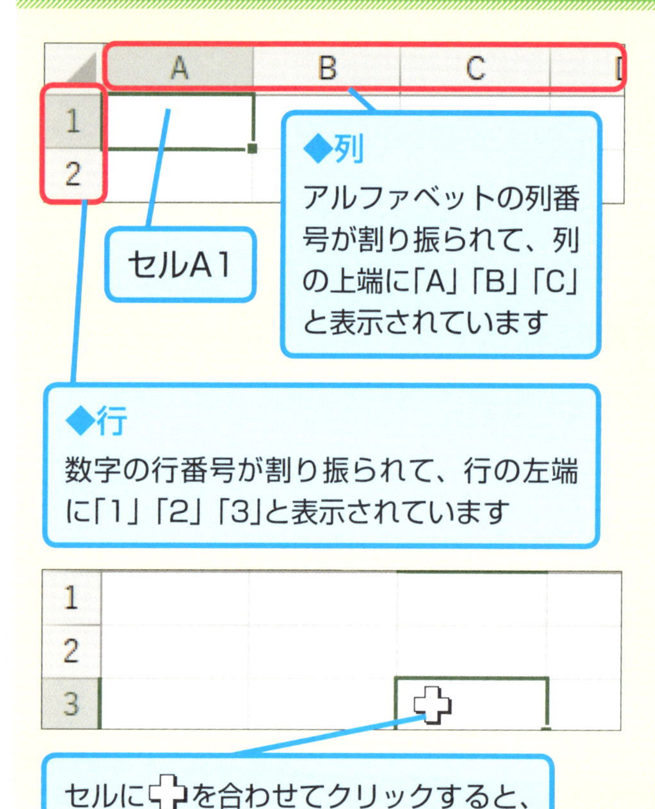

● セルの番号

ワークシートには「A」から始まるアルファベットが表示されている「列」と、「1」から始まる数字が表示されている「行」があります。セルには、列番号と行番号を組み合わせた名前が付けられています。例えば一番左上のセルは「列A」と「行1」が交差した場所なので「セルA1」と言います。

● セルの選択

ワークシートの上にあるセルをクリックすると、そのセルを選択できます。選択されたセルは、ほかのセルよりも太い枠で囲まれて「アクティブセル」となります。

① セルをクリックして選択します

アクティブセルの番号が表示されます

レッスン❷を参考にして白紙のワークシートを表示しておきます

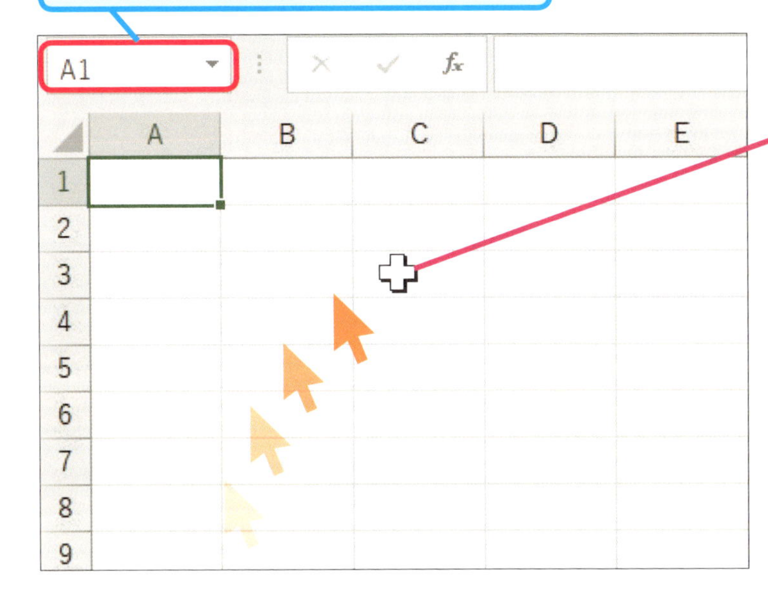

❶セルC3にマウスポインターを合わせます

マウスポインターの形状が十字形に変わります

❷そのまま、マウスをクリックします

② セルC3がアクティブセルになりました

セルC3が選択されました

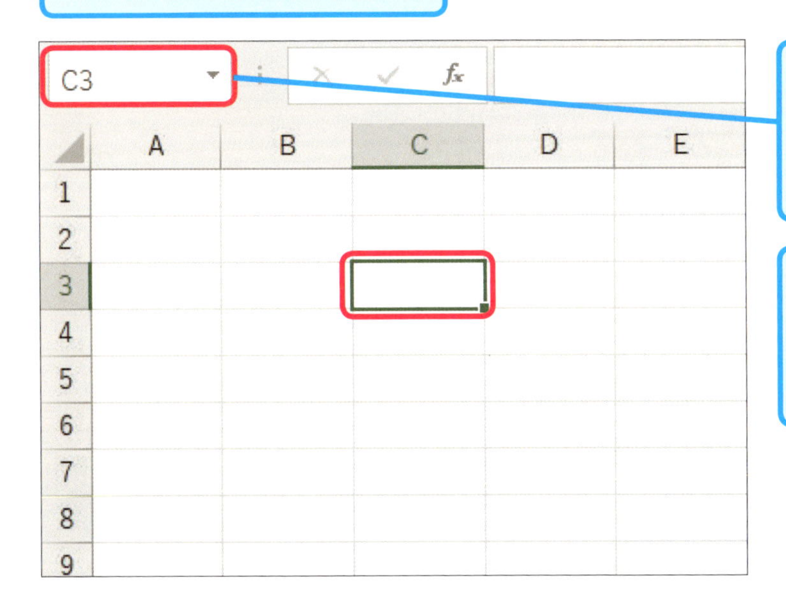

名前ボックスにアクティブセルになったセルC3の番号が表示されます

選択されたセルが太い枠で囲まれて、アクティブセルになりました

レッスン7

数字を入力しよう

キーワード 数字の入力

エクセルで表を作成していくには、数字や文字などのデータが必要です。エクセルの入力は、ワープロやメールとは違い、「セル」の中にひとまとまりの数字や文字を入力していきます。セルの中に数字や文字を入力した後は、「確定」という操作が必要になります。確定が完了すると、データがセルに入ります。

操作はこれだけ

合わせる  クリック 入力する  確定する 

数字を入力して Enter キーで確定します

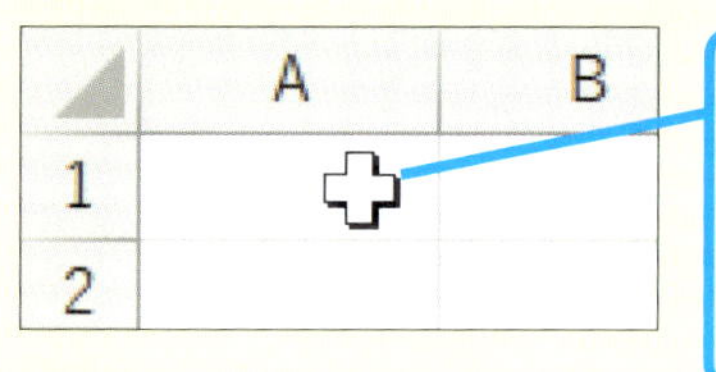

入力したいセルをクリックしてアクティブセルにします

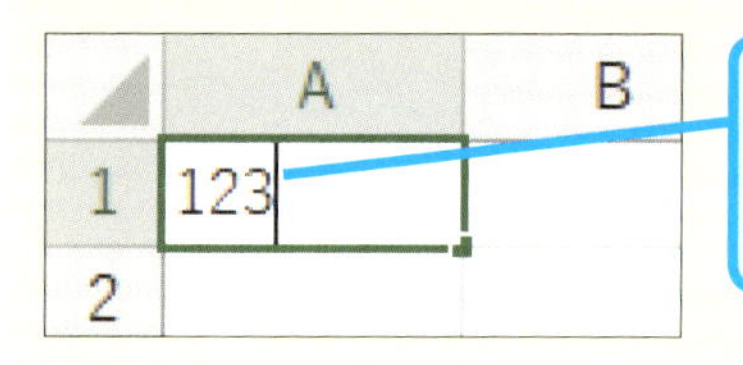

キーボードから数字を入力します

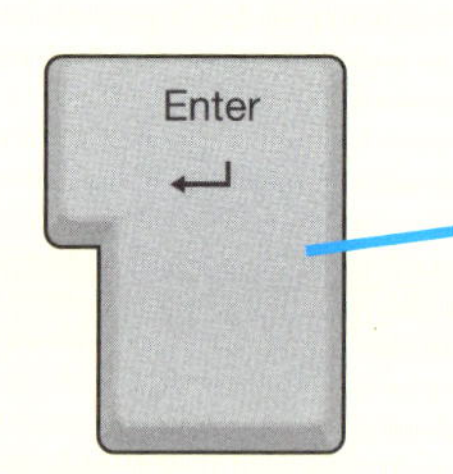

Enter キーでアクティブセルの入力を確定します

●数字の入力

数字を入力したいセルをアクティブセルにした後、キーボードから数字を入力します。入力後は Enter キーで入力を確定します。

ヒント

エクセルでは、1つのセルの中にひとまとまりの数字を入力します。例えば「123」や「1000」など、計算やグラフに使いたい値を1つのセルに入れます。

① セルA1をアクティブセルにします

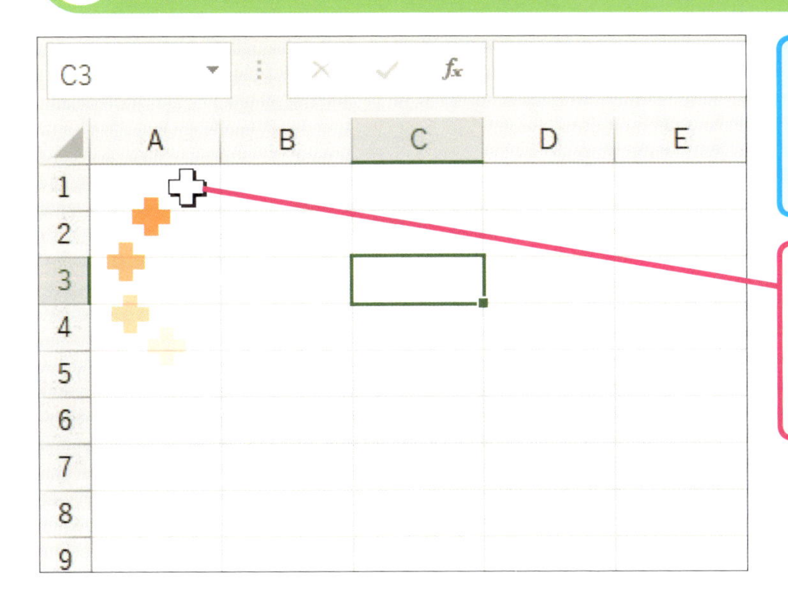

ここでは、セルA1に数字の「123」を入力します

セルA1に✚を合わせ、そのまま、マウスをクリックします

② アクティブセルの位置を確認します

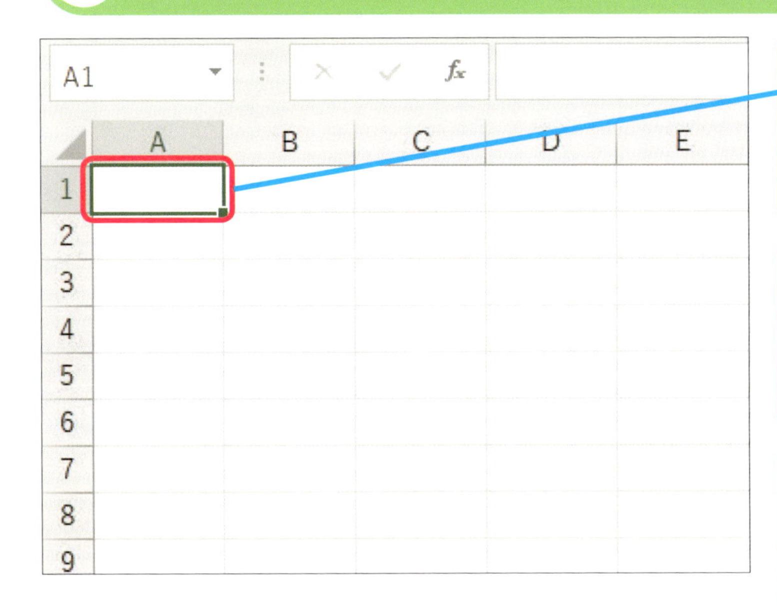

セルA1が選択されて、アクティブセルになりました

セルA1がアクティブセルになっていることを確認します

間違った場合は？

セルA1以外がアクティブセルになってしまったときは、✚をセルA1の中心に移動してから、もう一度、手順1からやり直します

次のページに続く▶▶▶

③ アクティブセルに数字を入力します

1キーを押します

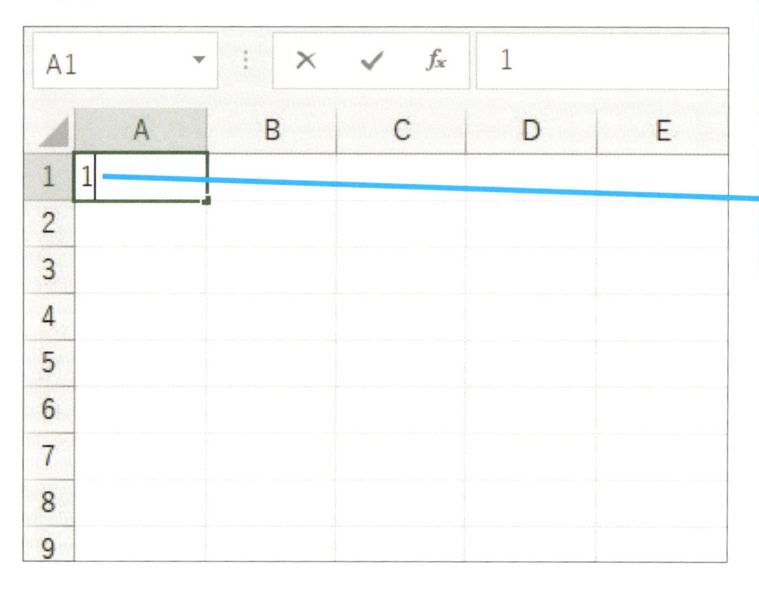

セルA1に「1」と入力されました

「1」の後にカーソル（|）が表示されました

④ アクティブセルに数字を続けて入力します

続けて2キー、3キーを順に押します

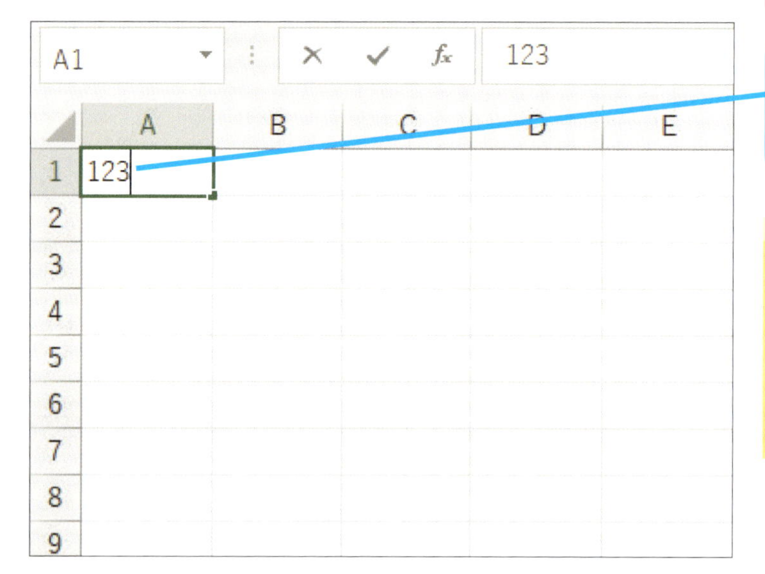

セルA1に「123」と入力されました

ヒント

エクセルではセルの中のカーソル（|）の位置に数字や文字を続けて入力できます。

5 アクティブセルの入力を確定します

アクティブセルの入力を確定するには Enter キーを使います

Enter キーを押します

6 アクティブセルの入力が確定されました

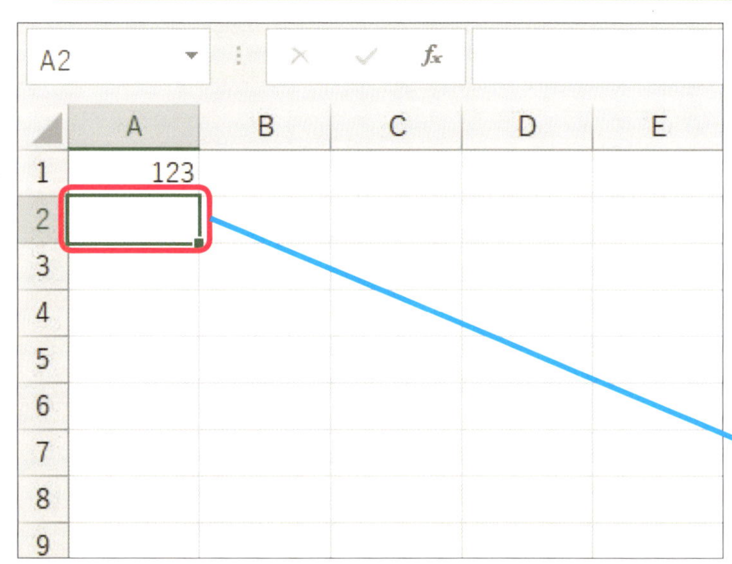

カーソル（|）が消えて、アクティブセルの入力が確定されました

数字は自動的にセルの右側に寄ります

セルA2がアクティブセルになりました

ヒント

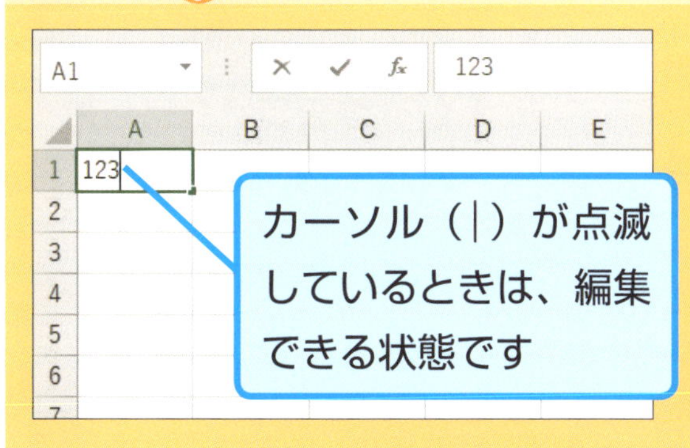

カーソル（|）が点滅しているときは、編集できる状態です

アクティブセルの中にカーソル（|）が表示されている間は、数字の入力は確定しておらず、入力中の状態（編集状態）です。入力後は必ず Enter キーを押して、アクティブセルの入力を「確定する」ことを忘れないようにしましょう。

次のページに続く ▶▶▶

7 次のアクティブセルの位置を確認します

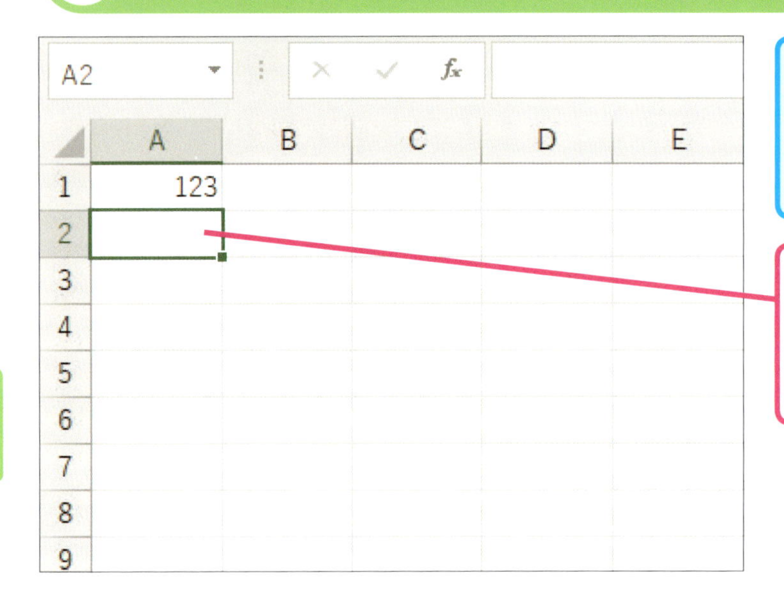

ここでは、セルA2に数字の「456」を入力します

セルA2がアクティブセルになっていることを確認します

8 アクティブセルに数字を入力します

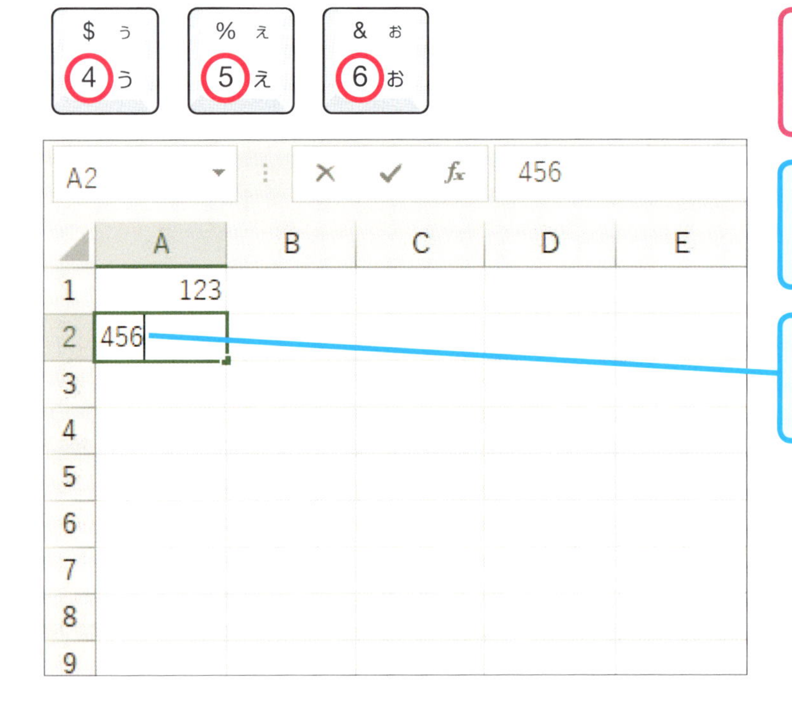

4キー、5キー、6キーを順に押します

アクティブセルに「456」と入力されました

「6」の後にカーソル（|）が表示されました

⑨ アクティブセルの入力を確定します

Enter キーを押します

ヒント

アクティブセルは、Enter キーで入力を確定すると、自動的に1つ下のセルに移動します。

⑩ アクティブセルの入力が確定されました

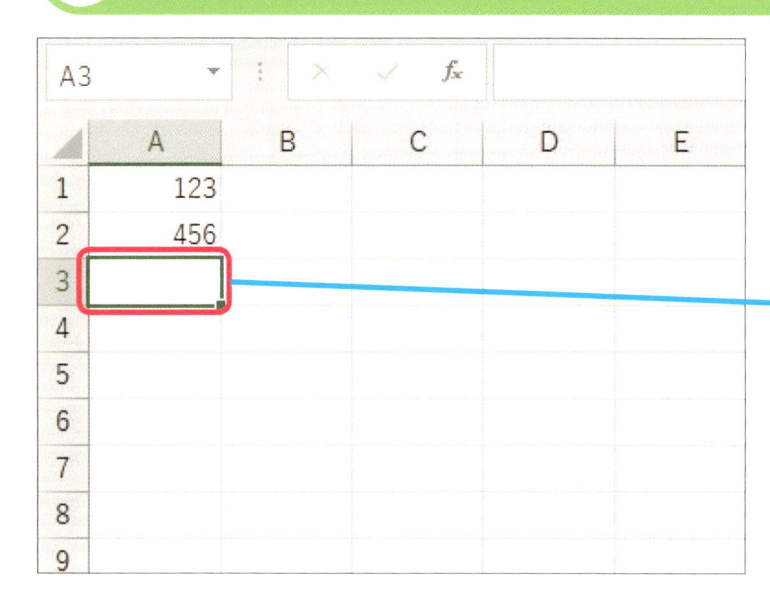

カーソル（|）が消えて、アクティブセルの入力が確定しました

セルA3がアクティブセルになりました

ヒント

アクティブセルは、セルをマウスでクリックするか、キーボードの方向キー（↑↓←→）を押すことで移動できます。

終わり

レッスン 8

文字を入力しよう

キーワード 日本語の入力　　練習用ファイル ▶レッスン08.xlsx

セルには数字以外の文字も入力できます。日本語を入力するときには、「読みの入力」→「漢字の変換」→「変換候補の確定」→「アクティブセルの入力の確定」という流れで操作を行います。「確定」の操作を2回行う必要があるので、何を「確定」するのか、よく確認しながら操作しましょう。

操作はこれだけ

変換を確定した後、セルの内容を確定します

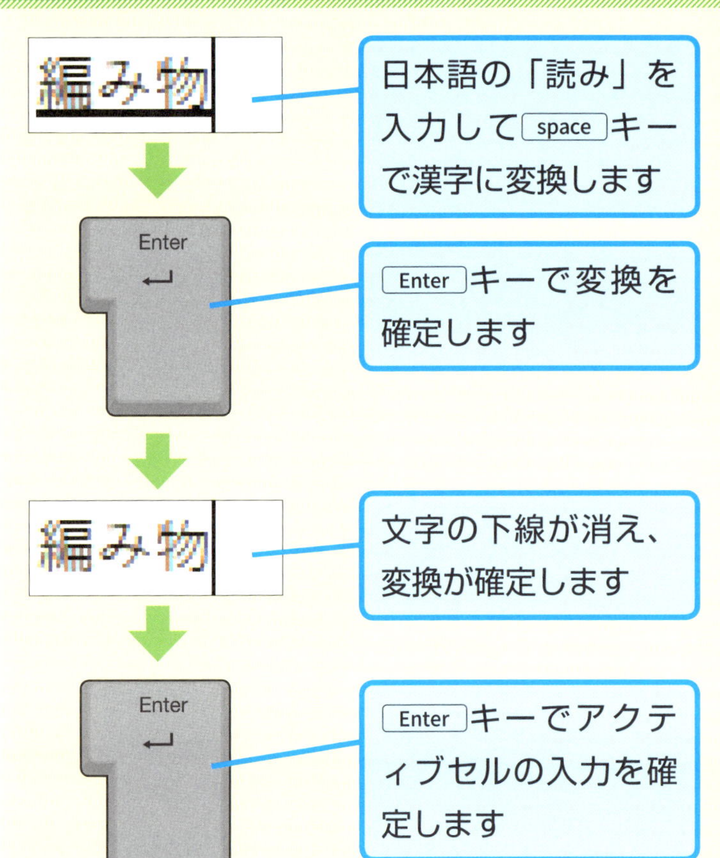

● Enter キーでの確定

数字や英字は入力後に Enter キーを押すと、入力を確定できます。日本語を入力するときには、漢字の変換を確定するために Enter キーを押します。さらにその後、入力を確定するために Enter キーをもう一度押す必要があります。

ヒント

入力した文字の下に波線や下線が表示されているときは、変換や確定などの途中の状態です。

① アクティブセルを移動します

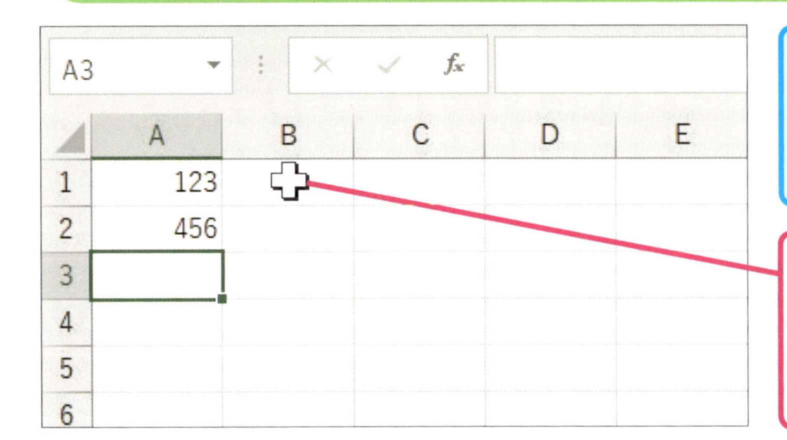

ここでは、英字と漢字を入力して、操作の違いを確認します

セルB1に を合わせ、そのまま、マウスをクリック します

② アクティブセルに英字を入力します

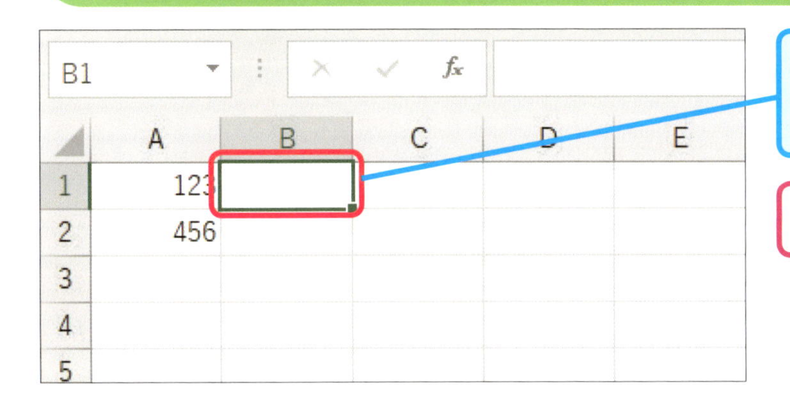

セルB1がアクティブセルになりました

「excel」と入力します

③ アクティブセルの入力を確定します

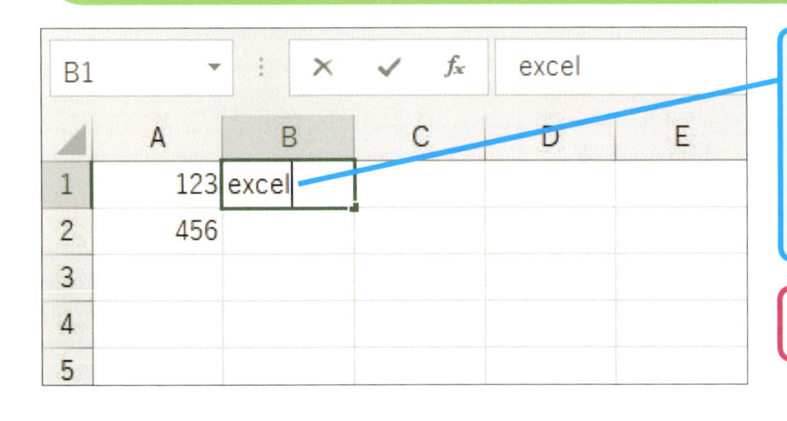

アクティブセルに「excel」と入力され、カーソル（|）が表示されました

Enter キーを押します

次のページに続く▶▶▶

4 アクティブセルの入力が確定されました

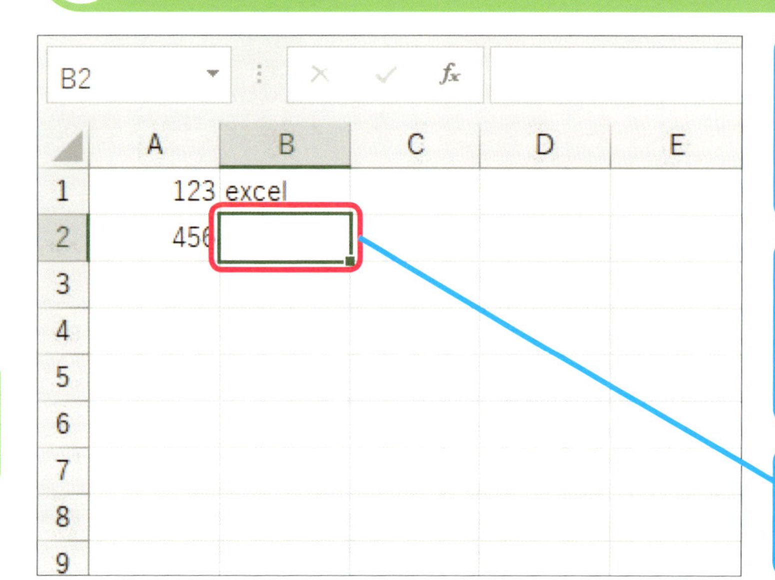

カーソル(|)が消えて、アクティブセルの入力が確定しました

数字以外の文字は、自動的にセルの左側に寄ります

セルB2がアクティブセルになりました

5 アクティブセルを移動します

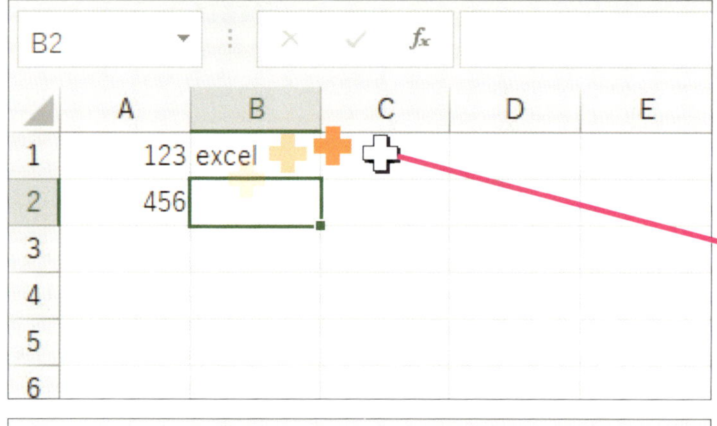

次は、セルC1に「あみもの」と入力します

セルC1に を合わせ、そのまま、マウスをクリック します

C1
fx
A B C D E
1 123 excel
2 456
3
4
5

セルC1がアクティブセルになりました

6 入力モードを［ひらがな］に切り替えます

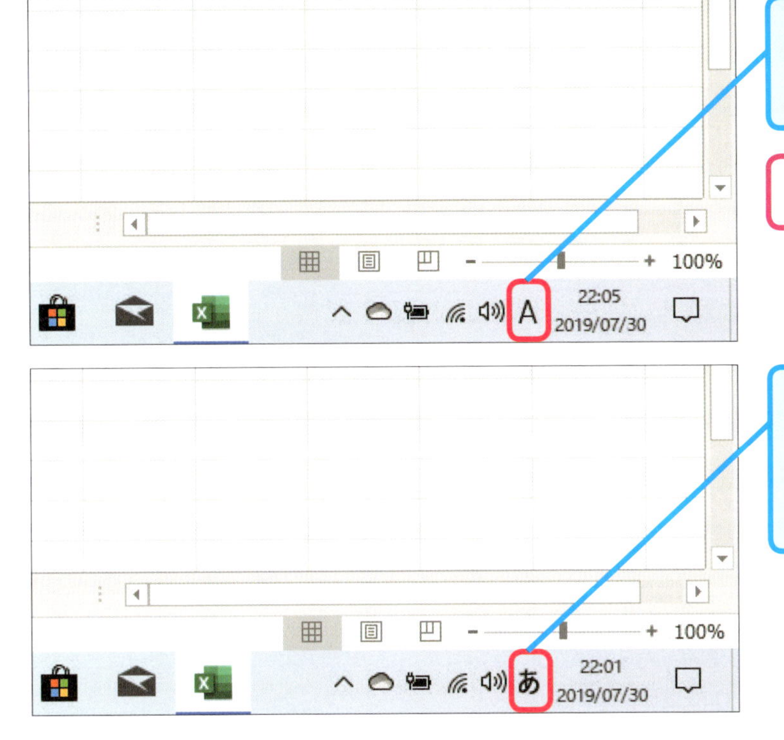

言語バーのボタンがAであることを確認します

半角/全角キーを押します

Aがあに変わり、入力モードが［ひらがな］に切り替わりました

7 アクティブセルにひらがなを入力します

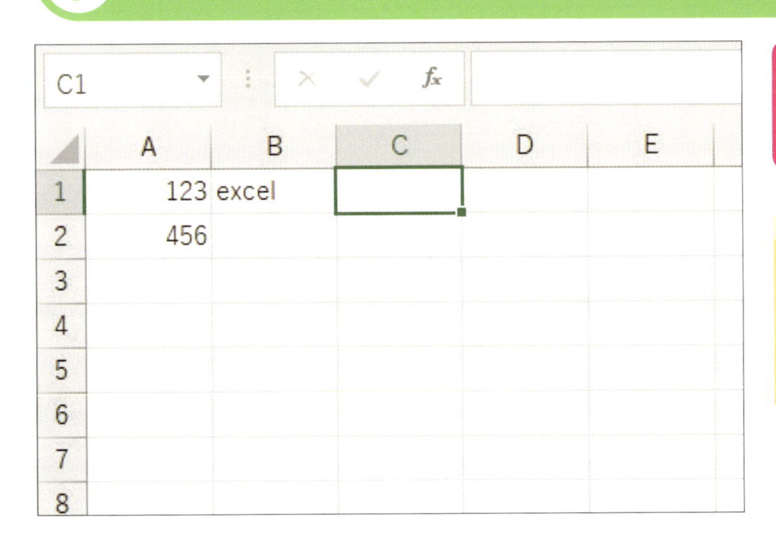

「あみもの」と入力します

ヒント

ローマ字入力では、AMIMONOの順にキーを押します。

次のページに続く

8 ひらがなを漢字に変換します

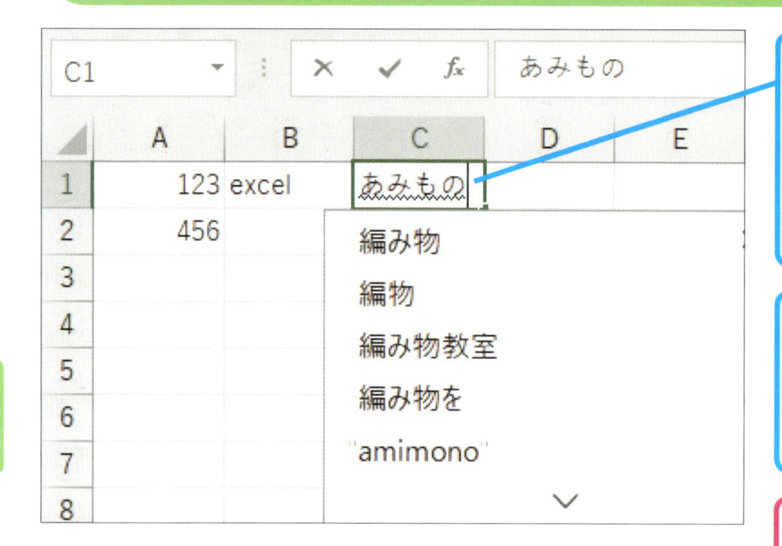

アクティブセルに「あみもの」と入力され、カーソル（|）が表示されました

入力した文字を漢字に変換するには、space キーを使います

space キーを押します

ヒント

ウィンドウズ 10では1文字以上のひらがなを入力すると、手順8のように変換後の単語を予測した候補が表示されます。入力文字数を増やすと、より正確な変換候補が表示され、space キーを押して候補の選択もできます。

9 変換を確定します

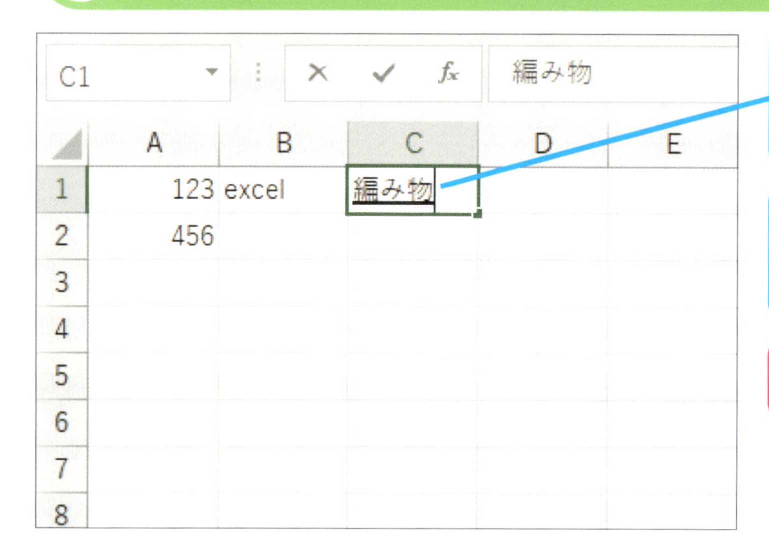

「あみもの」が「編み物」に変換されました

変換を確定するには Enter キーを使います

Enter キーを押します

⑩ アクティブセルの入力を確定します

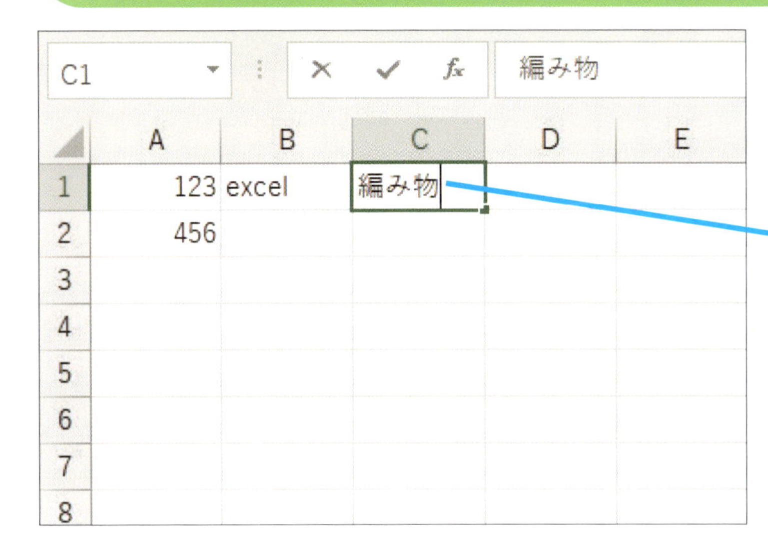

文字の下線が消え、変換が確定しました

カーソル（|）が表示されています

アクティブセルの入力を確定するには Enter キーを使います

Enter キーを押します

⑪ アクティブセルの入力が確定されました

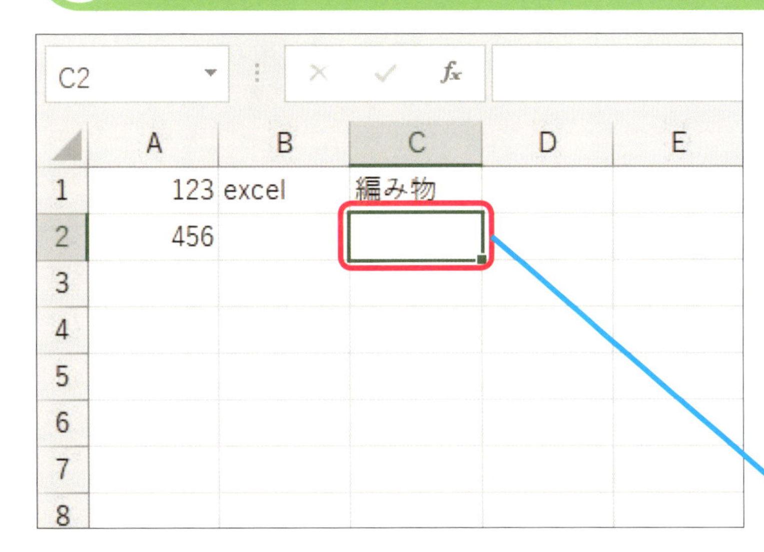

カーソル（|）が消えて、アクティブセルの入力が確定しました

数字以外の文字は、自動的にセルの左側に寄ります

セルC2がアクティブセルになりました

終わり

レッスン 9 同じ文字を簡単に入力しよう

キーワード オートコンプリート　　練習用ファイル ▶レッスン09.xlsx

アクティブセルに文字を入力している途中に、続きの文字が自動的に表示されることがあります。これは、「オートコンプリート」と呼ばれる入力支援機能です。

オートコンプリートは、同じ列に同じ文字を繰り返して入力するときに自動的に実行されます。オートコンプリートを使えば、続きの文字を簡単に入力できます。

操作はこれだけ

確定する

同じ列の文字が入力候補として表示されます

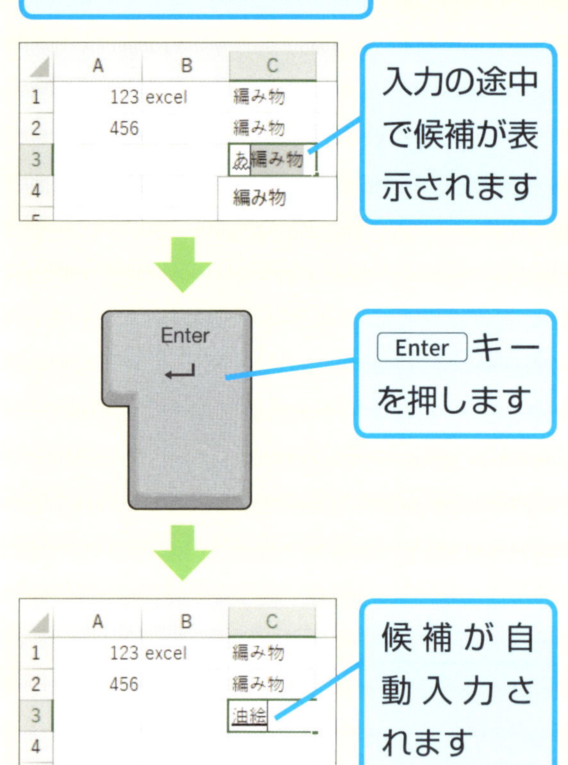

● 入力候補の文字の入力

オートコンプリートは、文字を入力している途中に、同じ列の文字の中から、自動的に入力の候補を探し出して表示する機能です。候補が表示された状態で Enter キーを押すと、その候補が自動入力されます。

● 候補以外の文字の入力

入力の候補と異なる文字を入力したいときは、候補の表示を無視して、そのまま続きの文字を入力します。

ヒント

同じ列に似たような文字がある場合、候補が1つに絞られるまで、2文字目、3文字目と続きの文字を入力する必要があります。

① アクティブセルの位置を確認します

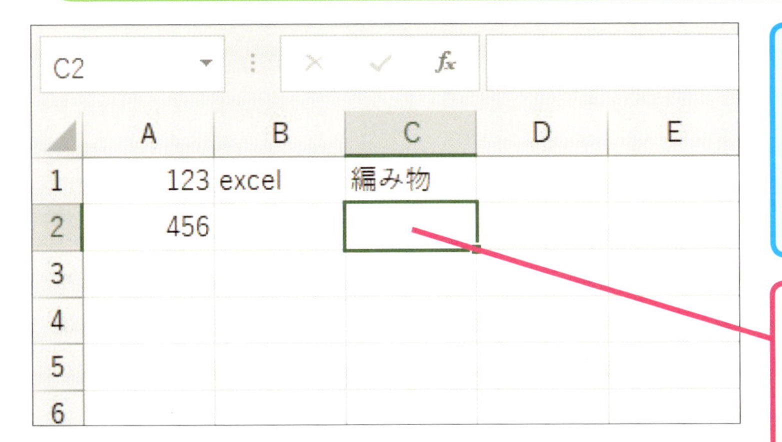

ここでは、オートコンプリートを利用して、セルC2に「編み物」と入力します

セルC2がアクティブセルになっていることを確認します

② 入力モードを確認します

言語バーのボタンが あ と表示されていることを確認します

注　意

表示が異なる場合にはレッスン❽の手順6（55ページ）を参考にして、入力モードを［ひらがな］に切り替えましょう

③ 入力したい文字の一部を入力します

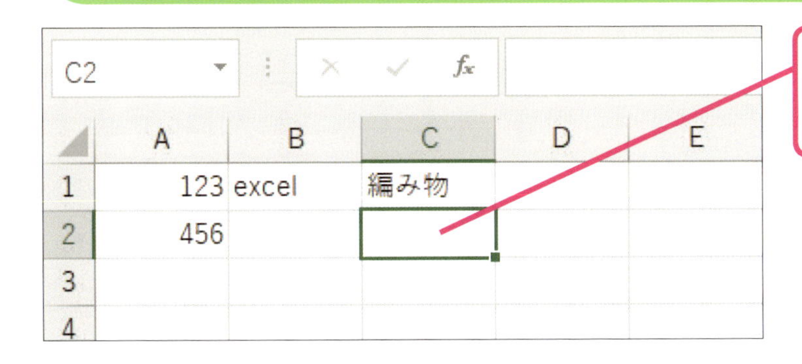

ここに「あ」と入力します

次のページに続く ▶▶▶

4 オートコンプリートで自動入力します

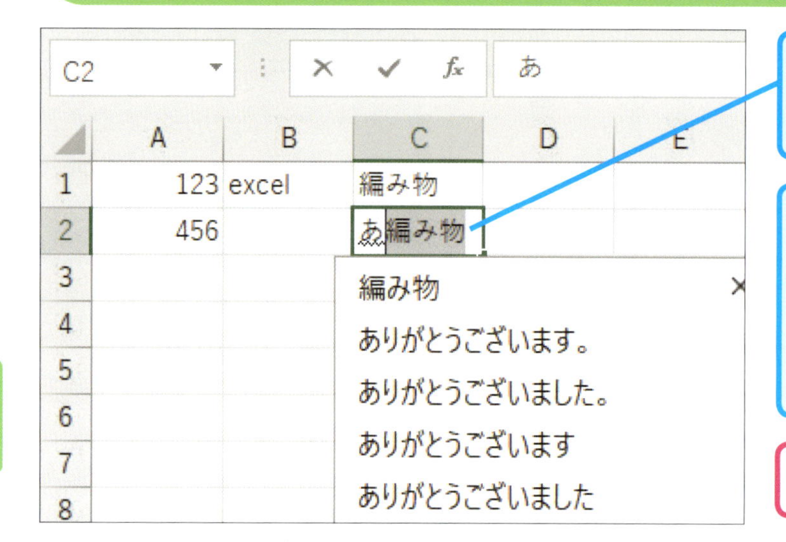

入力の候補として「編み物」が表示されました

候補が表示された状態でEnterキーを押すと、その候補が確定されます

Enterキーを押します

5 アクティブセルの入力を確定します

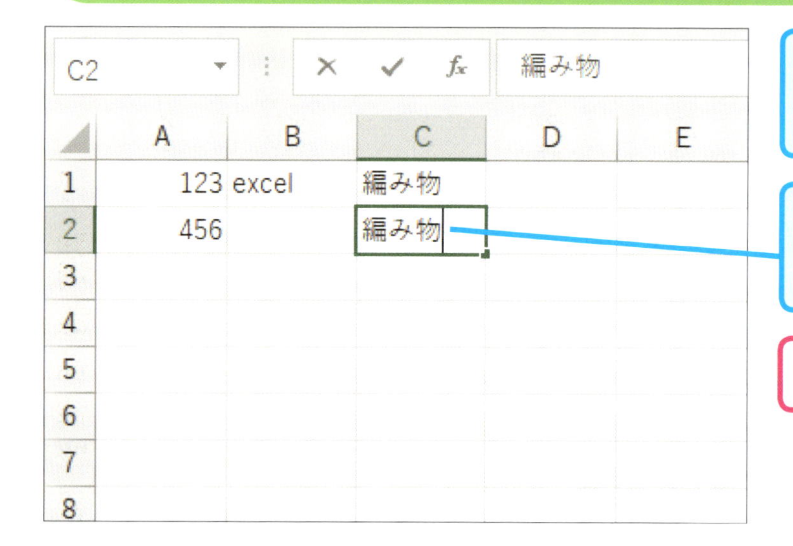

文字の点線が消え、候補が自動入力されました

カーソル（|）が表示されています

Enterキーを押します

⑥ アクティブセルの入力が確定されました

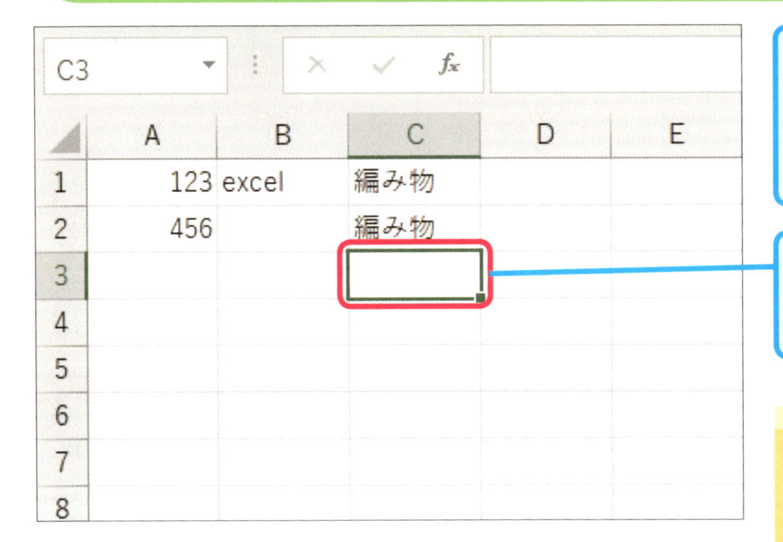

カーソルが消えて、アクティブセルの入力が確定しました

セルC3がアクティブセルになりました

ヒント

オートコンプリートの入力の候補が表示された状態で Enter キーを押すと、その候補が自動入力されるのと同時に、漢字の変換も確定されます。

⑦ 入力したい文字の一部を入力します

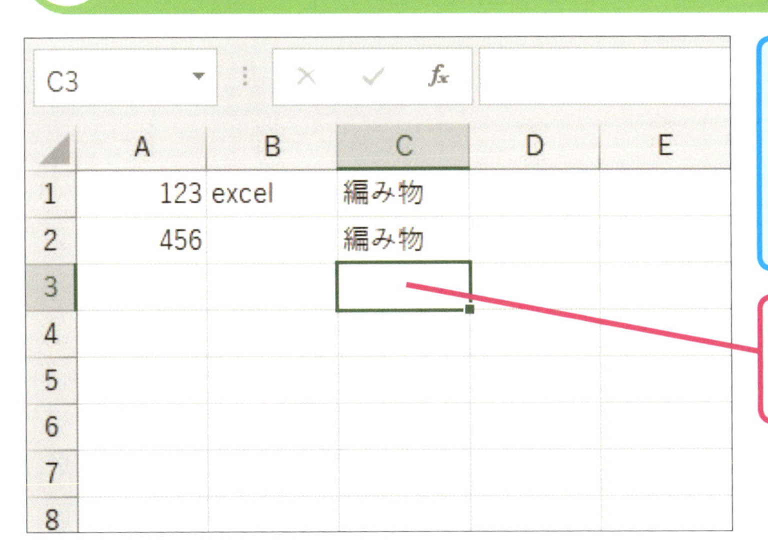

次は、オートコンプリートを利用せずに、セルC3に「油絵」と入力します

ここに「あ」と入力します

次のページに続く ▶▶▶

8 候補の表示を無視して入力します

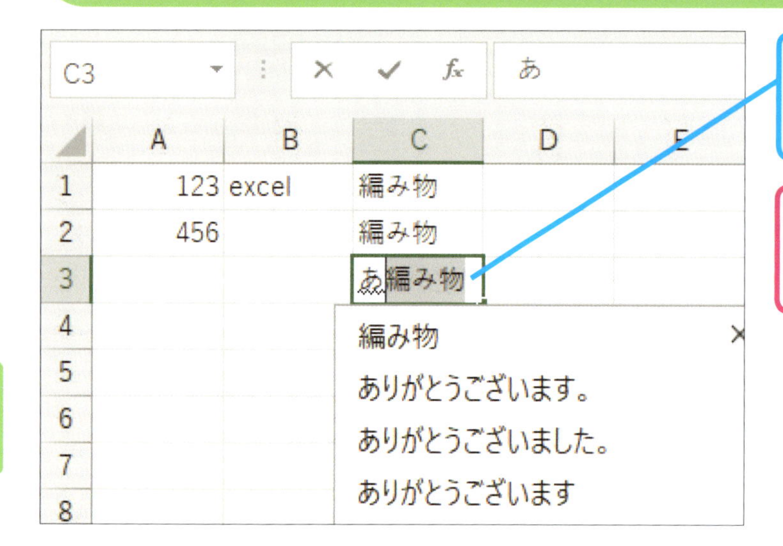

入力の候補として「編み物」が表示されました

そのまま、「ぶらえ」と入力します

9 入力した日本語を漢字に変換します

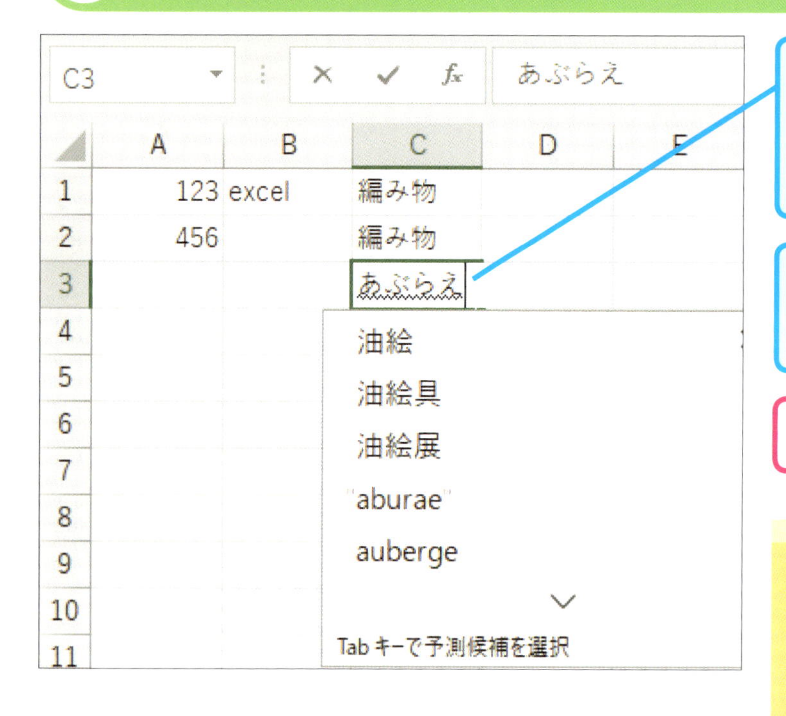

アクティブセルに「あぶらえ」と入力されました

「編み物」の入力候補が消えました

space キーを押します

ヒント

「あ」と入力すると、入力の候補として「編み物」が表示されますが、候補以外の文字を入力したい場合には、候補を無視して入力を続けます。

10 アクティブセルの入力を確定します

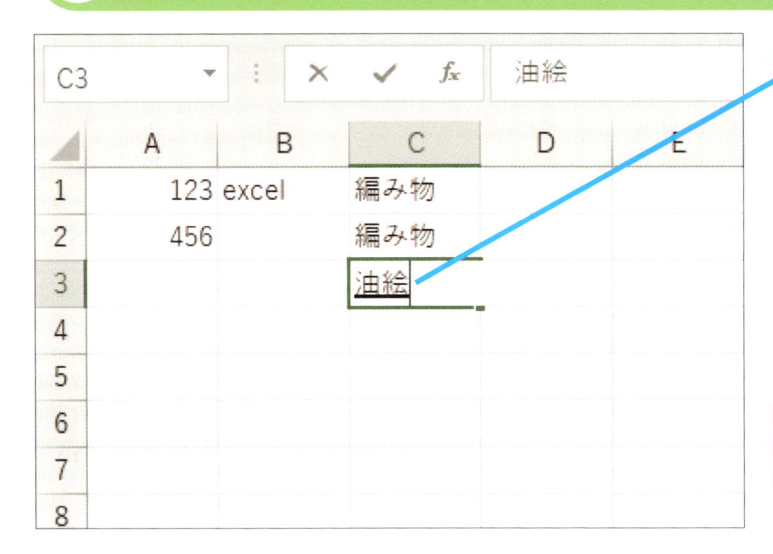

「あぶらえ」が「油絵」に変換されました

変換の確定とアクティブセルの入力の確定を連続で行います

Enter キーを2回、押します

11 アクティブセルの入力が確定されました

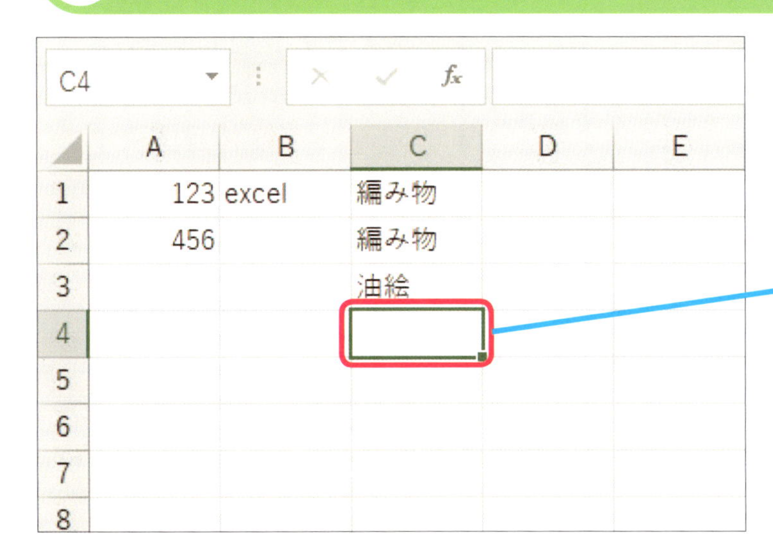

カーソル(|)が消えて、アクティブセルの入力が確定しました

セルC4がアクティブセルになりました

ヒント

オートコンプリートは、「文字」を入力するときに有効な機能です。入力モードが［半角英数］で「数字」を入力するときは、同じような数字を入力しても、変換候補は表示されません。

レッスン10

セルの文字を消してみよう

動画で見る

キーワード データの消去

練習用ファイル ▶レッスン10.xlsx

セルに入力した数字や文字などのデータは、入力を確定した後、いつでも消せます。データを消す前には、アクティブセルの位置を確認し、どのデータが消去の対象となるかを確認することを習慣付けましょう。セルに長い文字列やけた数の多い数字が入力されていても、Delete キーを1回押せば内容を消せます。

操作はこれだけ

合わせる  クリック  消去する 

Delete キーでセルのデータを消去します

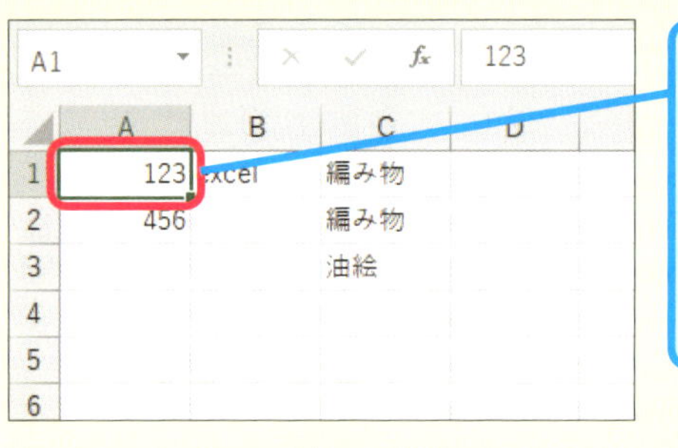

消したいデータのセルをアクティブセルにします

Delete キーを押します

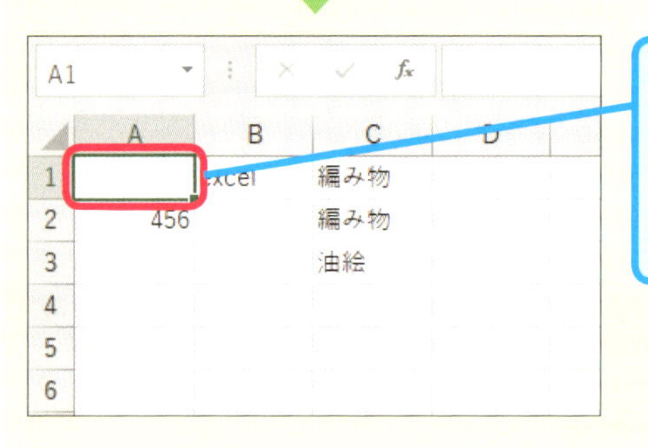

アクティブセルのデータが消えます

● セルのデータの消去

アクティブセルの数字や文字といったデータは、Delete キーを押せば消すことができます。

ヒント

エクセルでは、セルを選択しているときに Delete キーを押すと、選択されているセルの内容全体が消えます。ワードなどのワープロソフトと違い、セル内の文字が1文字ずつ消去されるわけではありません。

① アクティブセルを移動します

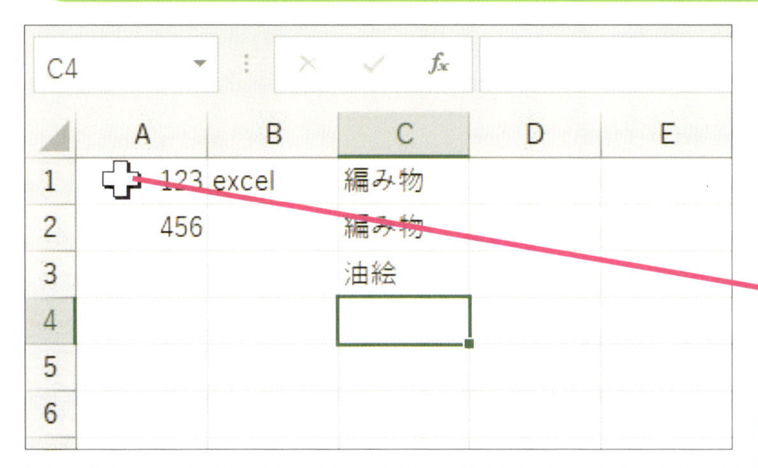

ここでは、セルA1のデータを消去します

セルA1に ✚ を合わせ、そのまま、マウスをクリックします

セルA1がアクティブセルになりました

ヒント

アクティブセルは、キーボードの方向キー（↑↓←→）を押すことでも移動できます。

② アクティブセルのデータを消します

Delete

Deleteキーを押します

アクティブセルのデータが消えました

レッスン 11

セルの文字を変更しよう

キーワード データの編集、数式バー

練習用ファイル ▶レッスン11.xlsx

セルの中に入力した数字や文字のデータを変更するには、いくつかの方法があります。レッスン⑩の方法でいったんデータを消してから、入力をやり直すのも1つの方法です。このレッスンでは、データを変更するセルをアクティブセルとして選択し、数式バーでセルの一部の文字を変更する方法を紹介します。

操作はこれだけ 合わせる  クリック 入力する  確定する 

アクティブセルのデータは数式バーで編集します

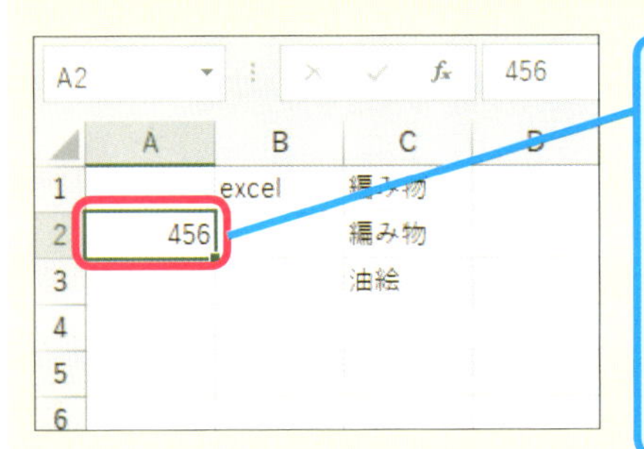

変更したい文字や数字が入っているセルをアクティブセルにしておきます

● データの編集

アクティブセルの数字や文字といったデータを変更するには、数式バーをクリックします。データを変更できる「編集モード」という状態になります。

◆数式バー

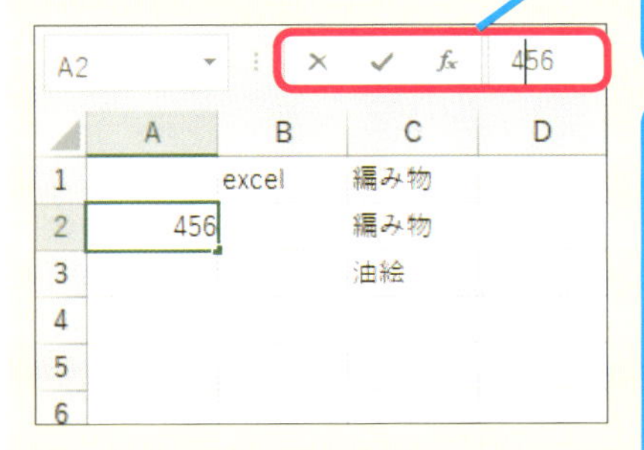

数式バーをクリックします

カーソルが表示され、セル内の文字を変更できる状態になります

ヒント

すべて別のデータに変更したいときは、新しいデータをそのままアクティブセルに入力するだけで、古いデータが消去されて、新しいデータと入れ替わります。

① アクティブセルを移動します

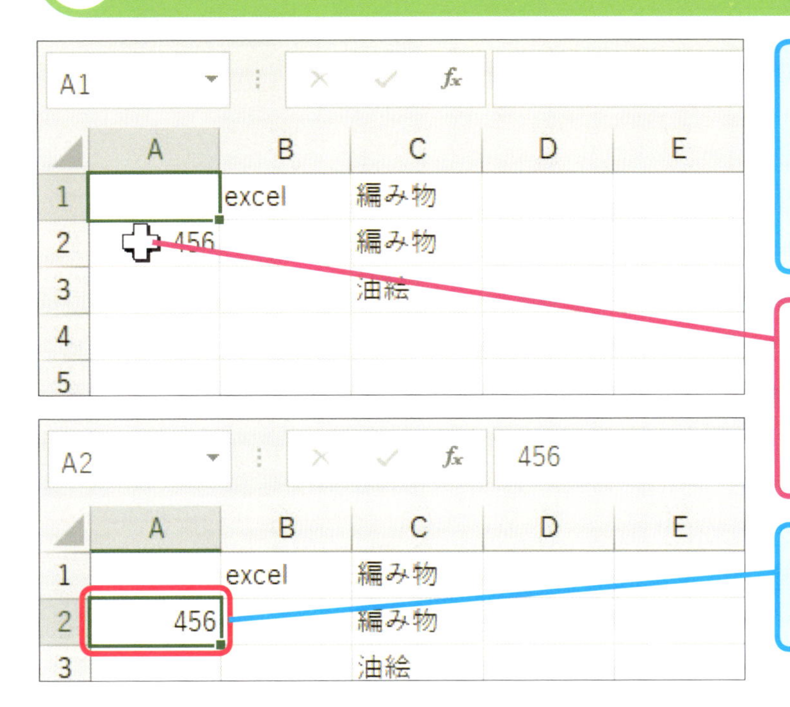

ここでは、セルA2の数字のデータを「456」から「4056」に変更します

をセルA2に合わせ、そのまま、マウスをクリックします

セルA2がアクティブセルになりました

② 数字を入力できる状態にします

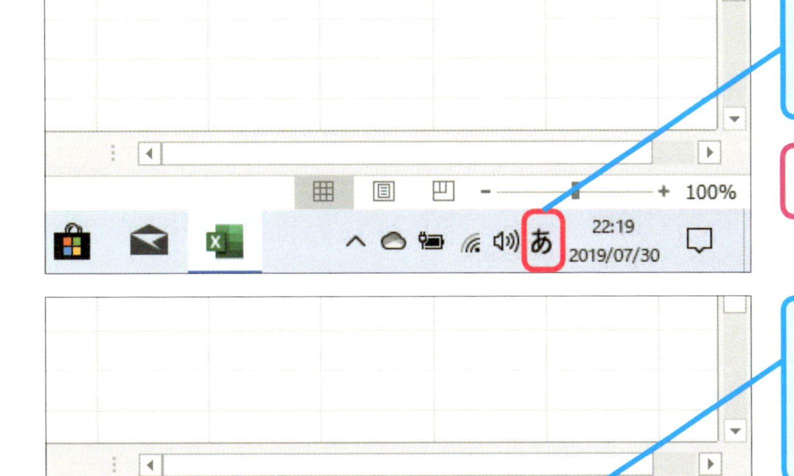

言語バーのボタンがあであることを確認します

半角/全角キーを押します

あがAに変わり、入力モードが［半角英数］に切り替わりました

次のページに続く▶▶▶

3 アクティブセルを編集モードにします

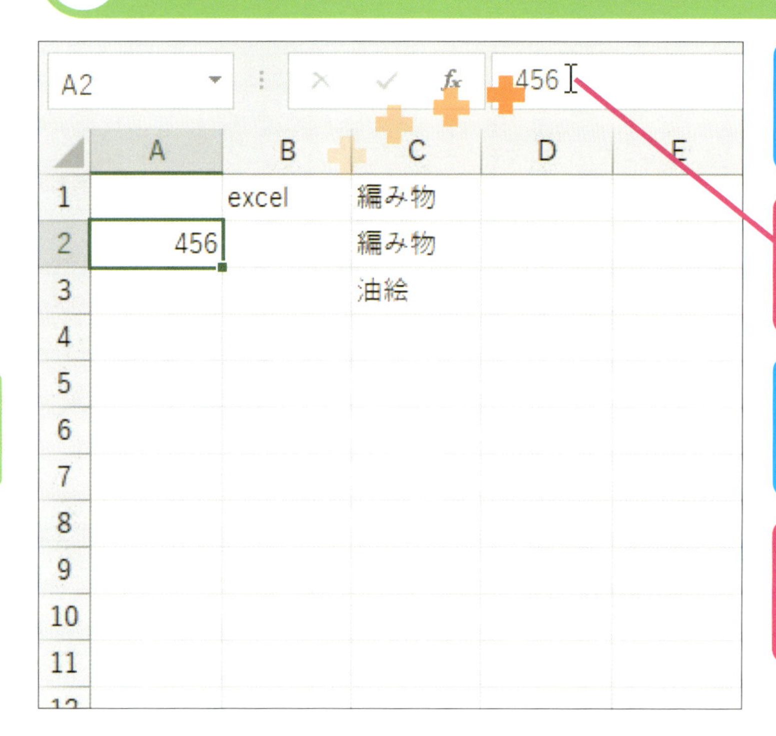

数字を入力する準備が完了しました

❶数式バーの「456」の右側に✚を合わせます

✚の形状が I に変わります

❷そのまま、マウスをクリックします

4 カーソルの位置を確認します

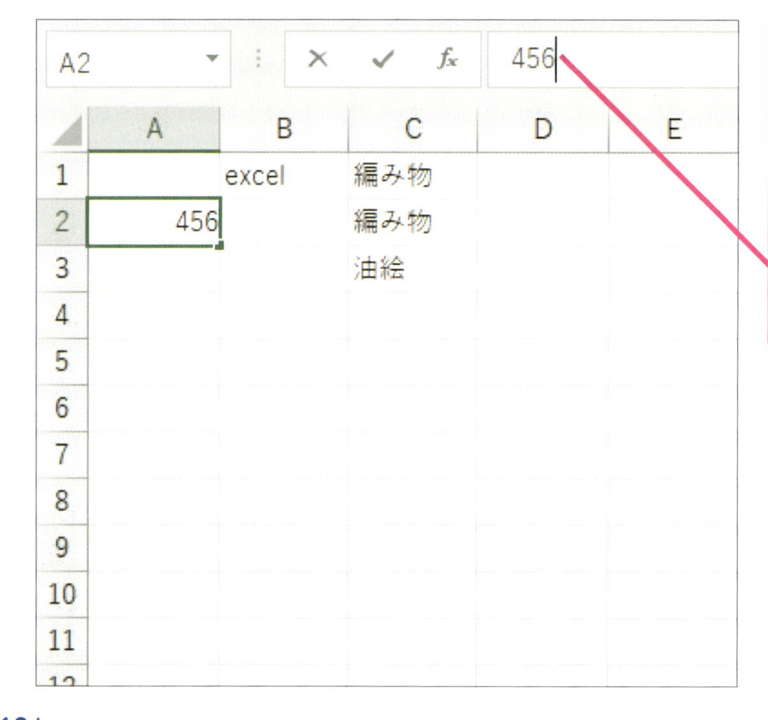

アクティブセルが編集状態になりました

「6」の後ろにカーソル（|）が表示されたことを確認します

5 カーソルを左へ移動します

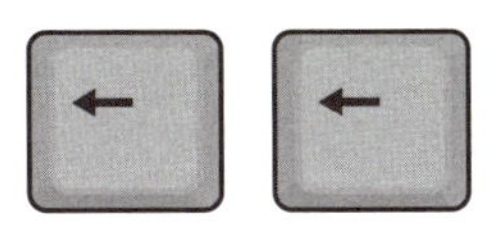

←キーを2回、押します

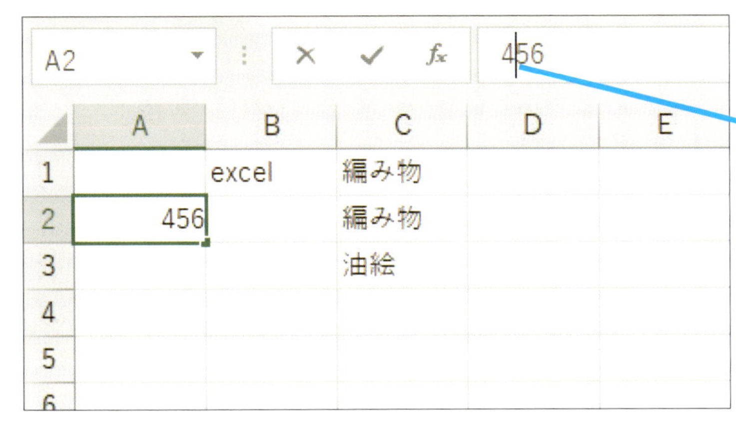

「4」と「5」の間にカーソル（|）が移動しました

6 アクティブセルのデータを編集します

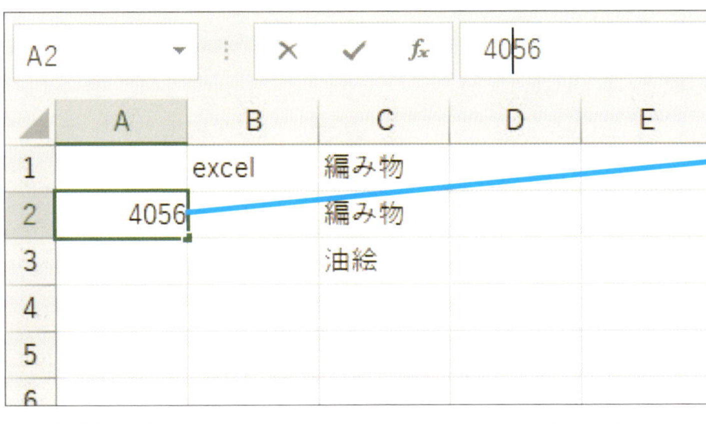

❶0キーを押します

アクティブセルに「4056」と入力されました

❷Enterキーを押します

アクティブセルの編集が確定しました

セルA3がアクティブセルになりました

レッスン 12

作成した表をブックとして保存しよう

キーワード 名前を付けて保存　　練習用ファイル ▶レッスン12.xlsx

エクセルで作成した表は、ファイルとして保存しておきましょう。エクセルではワークシート上に表を作りますが、エクセルではワークシートを複数利用することができます。エクセルで扱うファイルのことを「ブック」と呼びます。ブックには、後でブックの内容が分かる名前をきちんと付けておきましょう。

操作はこれだけ

合わせる 　クリック 　入力する 

ファイル名と保存場所を決めて保存します

[名前を付けて保存] をクリックして、[名前を付けて保存] の画面を表示します

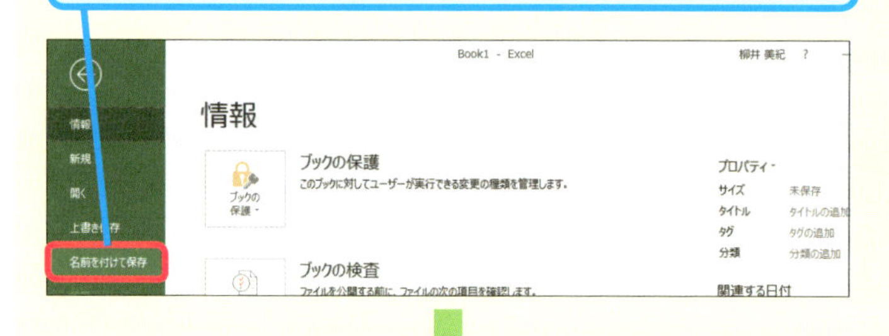

[参照] をクリックして、[名前を付けて保存] ダイアログボックスを表示します

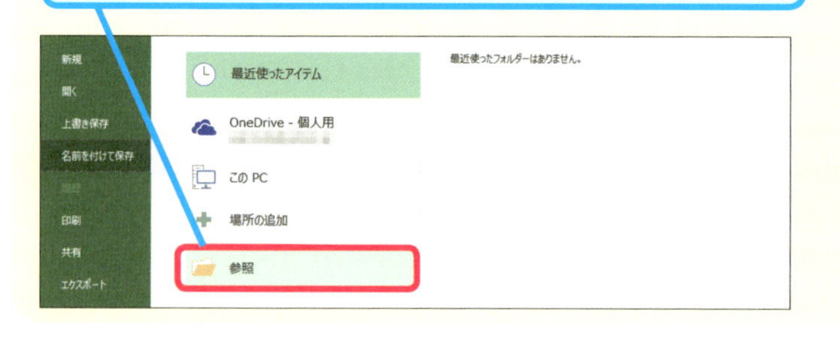

● ブックの保存

作成した表は、ファイルとしてパソコンに保存します。エクセルではこのファイルを「ブック」と呼びます。詳しくは74ページのQ&Aを参照してください。

ヒント

フォルダーは、ファイルを保管する入れ物のことです。パソコンにはたくさんのフォルダーがありますが、本書ではブックを［ドキュメント］フォルダーに保存します。

① [ファイル] タブの一覧を表示します

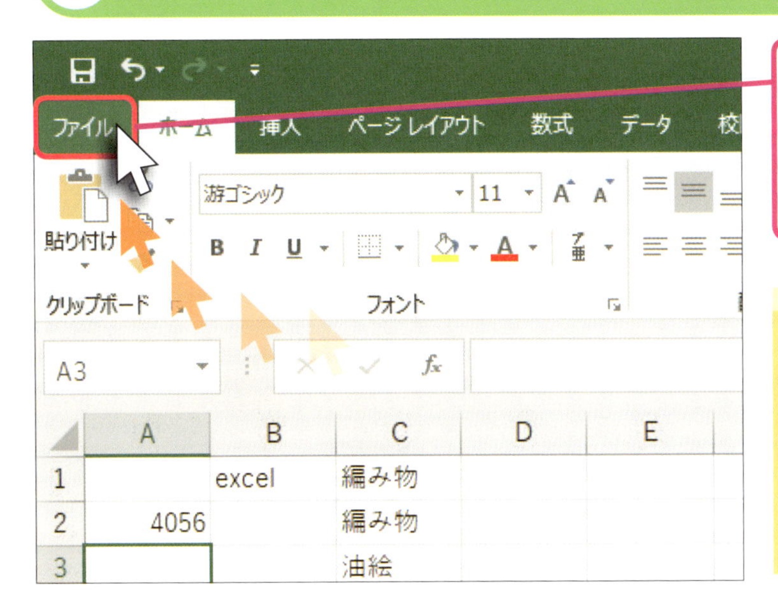

ファイルに を合わせ、そのまま、マウスをクリック します

ヒント

[ファイル] タブをクリックして表示される一覧には、ブック全体にかかわる操作の項目がまとまっています。

② [名前を付けて保存] の画面を表示します

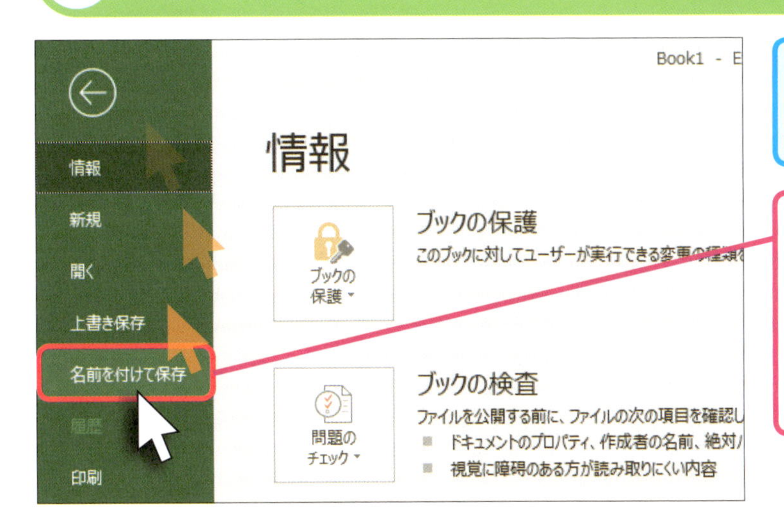

[ファイル] タブの一覧が表示されました

[名前を付けて保存] に を合わせ、そのまま、マウスをクリック します

ヒント

[ファイル] タブをクリックして表示される画面では、ファイルを作成する、ファイルを開く、印刷を実行するなど、ファイルに関連する操作が簡単にできるように工夫されています。

次のページに続く ▶▶▶

3 [名前を付けて保存] ダイアログボックスを表示します

ここではパソコンのフォルダーにブックを保存します

[参照] にを合わせ、そのまま、マウスをクリックします

4 ブックの保存先を確認します

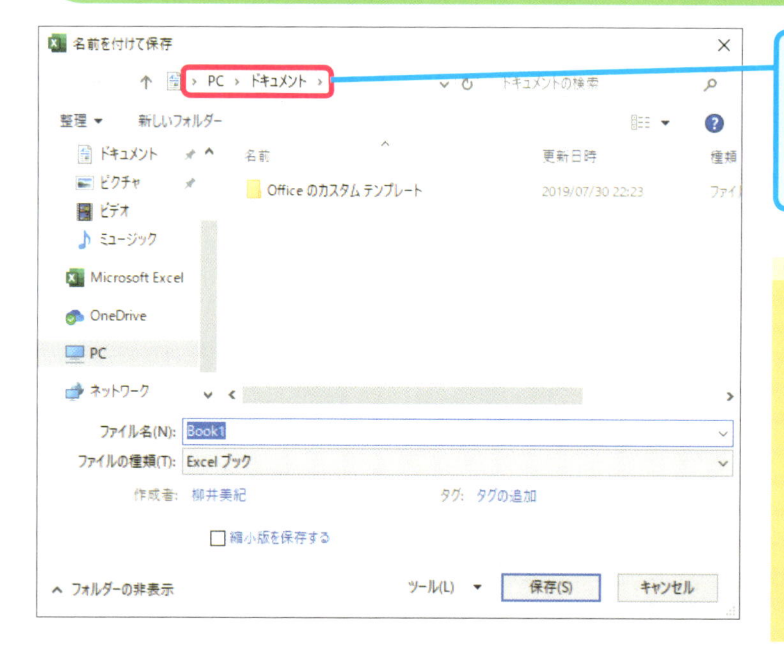

[PC] 内の [ドキュメント] が表示されていることを確認します

ヒント

ここではパソコン内の [ドキュメント] フォルダーにブックを保存します。手順4で [PC] 内の [ドキュメント] フォルダーが選択されていることをよく確認してください。

5 ブックを保存します

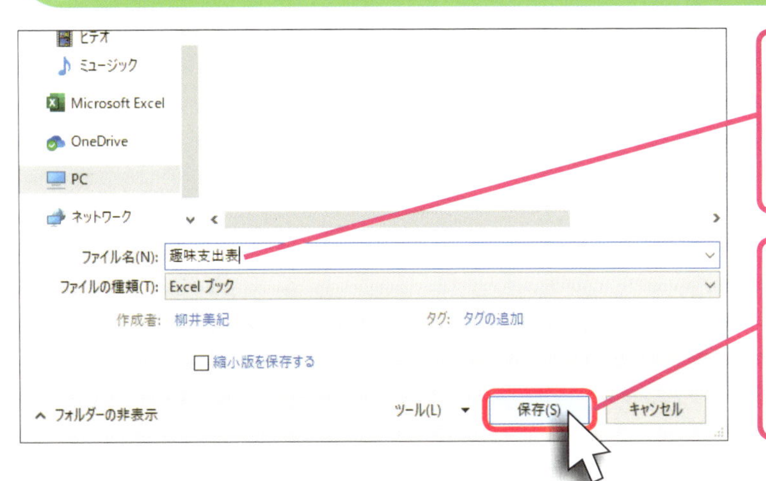

❶入力モードを［ひらがな］に切り替えてファイル名を入力します

❷ 保存(S) に を合わせ、そのまま、マウスをクリック します

6 ブックが保存されました

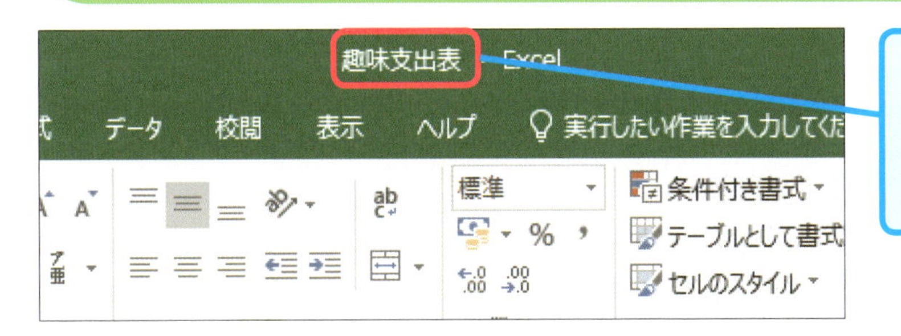

ブックが「趣味支出表」という名前で保存されました

7 エクセルを終了します

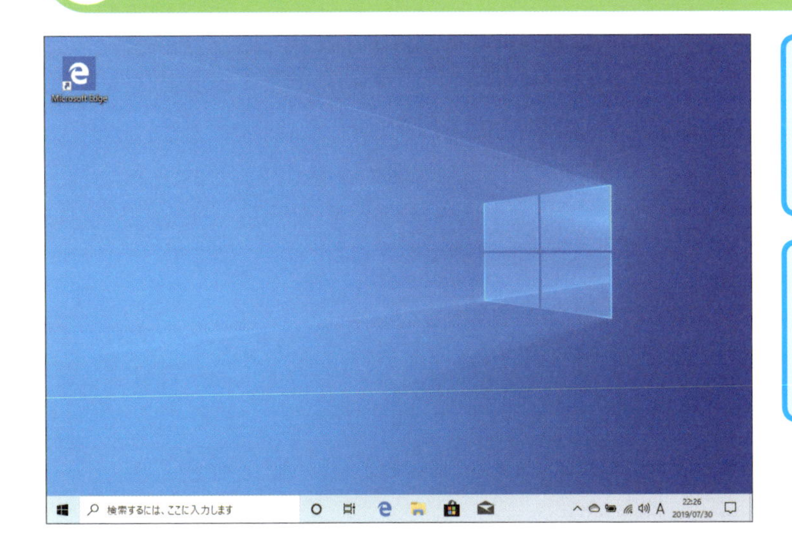

レッスン❺（37ページ）を参考にしてエクセルを終了します

エクセルが終了すると、デスクトップが表示されます

ブックとワークシートの関係がよく分からない

A 複数のワークシートを束ねる固まりがブックです

エクセルで作成するファイルのことを「ブック」と言います。１つのブックには、複数のワークシートを追加できます。１つのワークシートがとても大きいので、ワークシートとブックのイメージが混同するかもしれません。複数のページがとじられた本をイメージしてみてください。１冊の本（保存されたブック）の中に、ページ（ワークシート）がとじられていると考えると、ブックとワークシートの関係が分かりやすいでしょう。

●ブックとワークシート

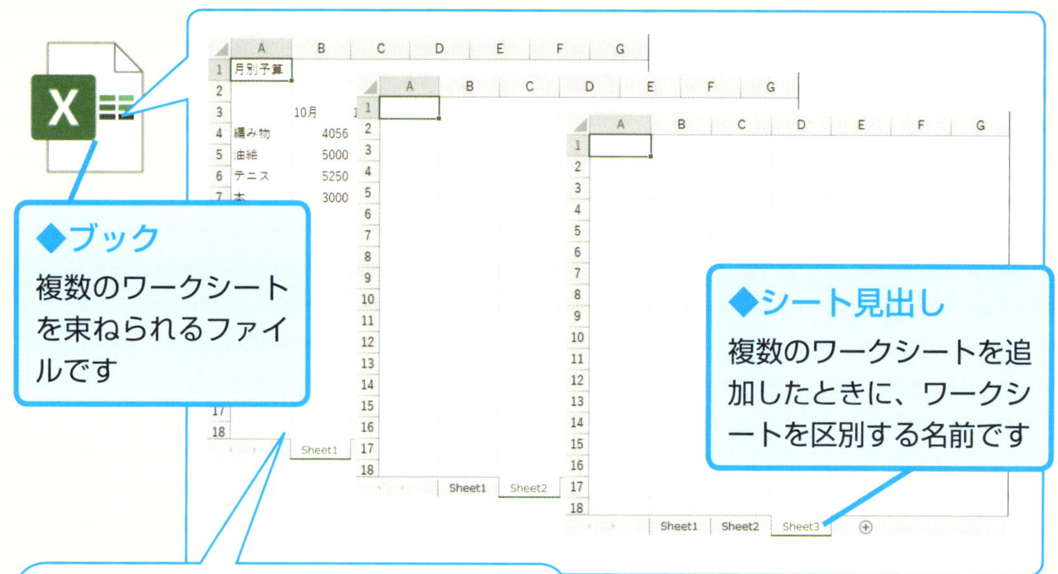

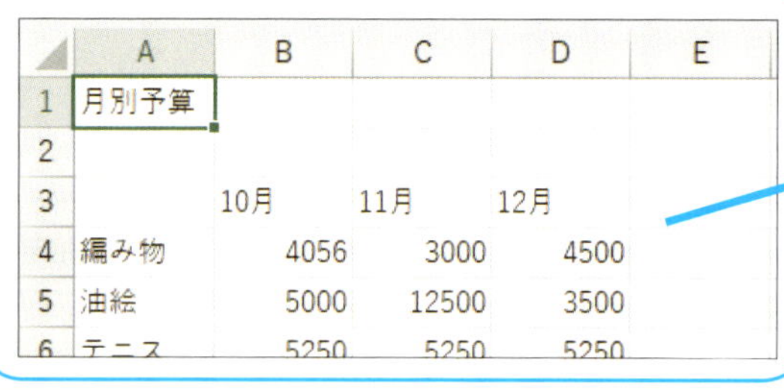

アクティブセルがどこにあるか、よく分からない

A ［名前ボックス］を確認しましょう

大きい表などを表示しているときに、アクティブセルがどこにあるのか分からなくなることがあります。リボンの下にある［名前ボックス］を確認すれば、アクティブセルのセル番号がすぐに分かります。また、画面上のどこかのセルをクリックすれば、アクティブセルがクリックした場所に移動します。

大きな表の下部を表示していたら、アクティブセルの場所が分からなくなりました

［名前ボックス］を確認します

アクティブセルがセルF166であることが分かります

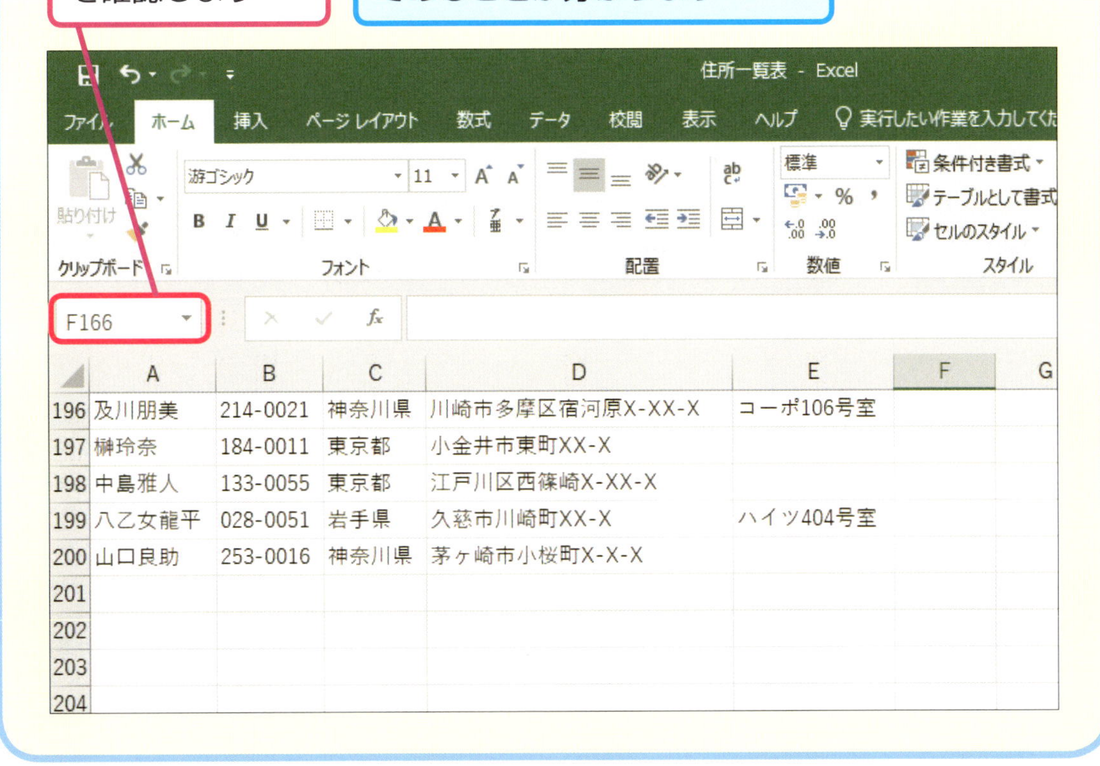

数字がうまく入力できない

A 「NumLock」がオフになっていないか確認します

キーボードの右側に数字キー（テンキー）がある場合、それらのキーを利用するとエクセルで数字や「+」「-」などの演算子が入力しやすくなります。しかし、その数字キーを押しても数字が入力できない状況になったら、「NumLock（ナムロック）」がオフになっていないかを確認してみましょう。Num Lockキーは数字キーの左上にあることが多く、誤ってそのキーを押してしまうと、「NumLock」がオフになります。Num Lockキーを何度か押すことで、「NumLock」機能のオン/オフが切り替えられます。
「NumLock」がオンになっていると、数字キーが有効となり、数字や演算子が入力できます。オフにすると、キーボードの数字の下などに表示されている矢印やHomeなどのキーが有効になります。通常は「NumLock」をオンにして利用します。キーボード上にオンとオフが区別できるようにランプが付いている場合もあります。

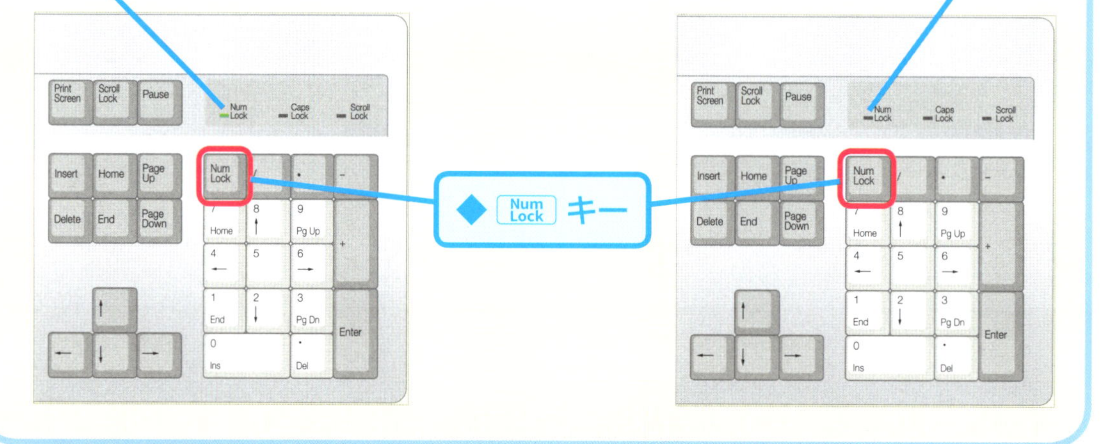

ブックが保存できたか心配……

A 画面の一番上に、ブック名が表示されていれば保存できています

新規のワークシートに数字や文字を入れて表を作成した後は、レッスン⓬（71ページ）を参考に、[名前を付けて保存]を実行してブックを保存します。保存時に付けた名前が画面の一番上に表示されていれば、きちんとブックが保存されています。なお、[Book1]や[Book2]という名前でブックを保存することもできますが、どんなデータが含まれているか分からなくなってしまうので、避けた方がいいでしょう。

まだ保存していないブックは[- Excel]の左側に[Book1]や[Book2]という名前が表示されています

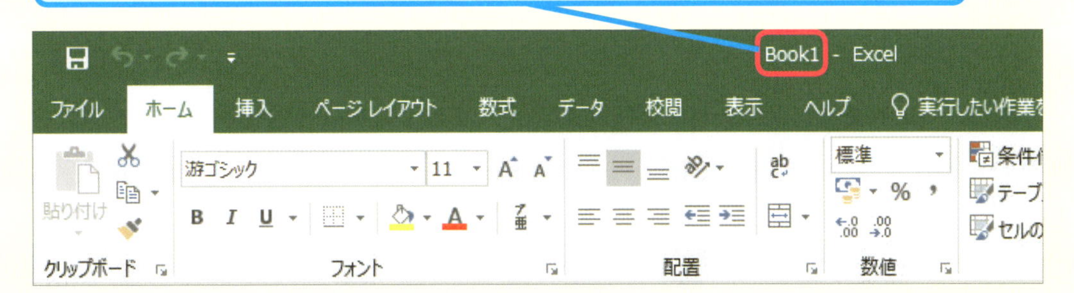

名前を付けて保存していれば、そのとき付けたブック名が[- Excel]の左側に表示されています

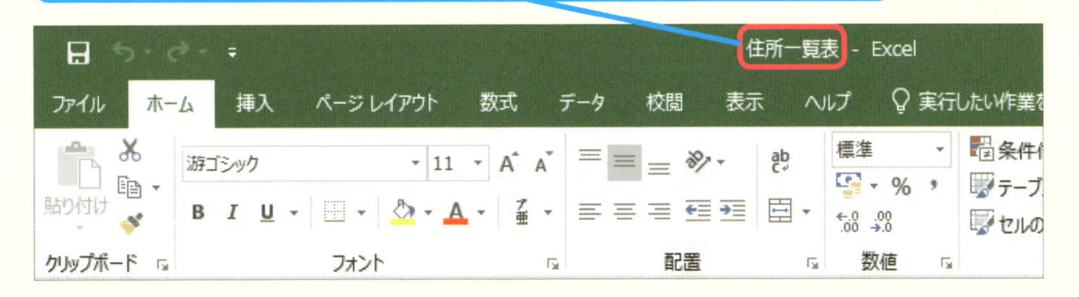

「OneDrive」って何？

インターネット上にデータを保存して共有できるサービスです

［名前を付けて保存］の画面には「OneDrive」という項目があります。OneDriveとは、マイクロソフトが提供するインターネット上の保存領域で、Microsoftアカウントでサインインを実行すれば、ブックをOneDriveに保存できます。OneDriveに保存されたファイルは、インターネット上にあるので、サインインを実行すれば、外出先のパソコンからでもファイルを開けます。

レッスン⓬（71ページ）を参考に［名前を付けて保存］の画面を表示しておきます

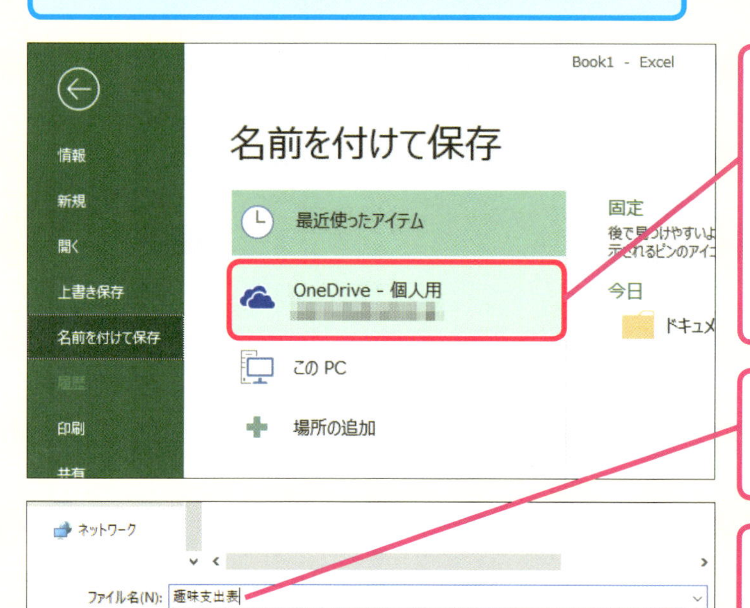

❶［OneDrive］にを合わせ、そのまま、マウスをダブルクリックします

❷ファイル名を入力します

❸ 保存(S) にを合わせ、そのまま、マウスをクリックします

第3章

データを編集してみよう

文字や数字といったデータは、アクティブセルに１文字１文字入力しなくても、すでに入力してあるデータをさまざまな方法で再利用できます。この章では、データを別のセルにコピーする方法のほか、「10月」「11月」といった規則性のある連続データを簡単な操作で入力する方法などを紹介します。データを効率的に入力して、表を完成に近づけましょう。

この章の内容

レッスン13 保存したブックを開こう

キーワード ファイルを開く

練習用ファイル ▶レッスン13.xlsx

保存したブックを開く方法はいろいろありますが、ここでは、エクセルの[開く]の画面からパソコン内のフォルダーに保存したブックを参照して開く方法を紹介します。レッスン⑫（73ページ）で保存したブックを開いてみましょう。

操作はこれだけ

合わせる  クリック 

[開く]の画面からブックを開きます

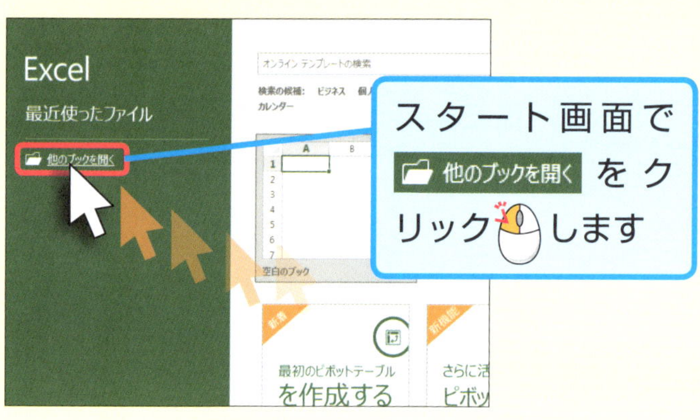

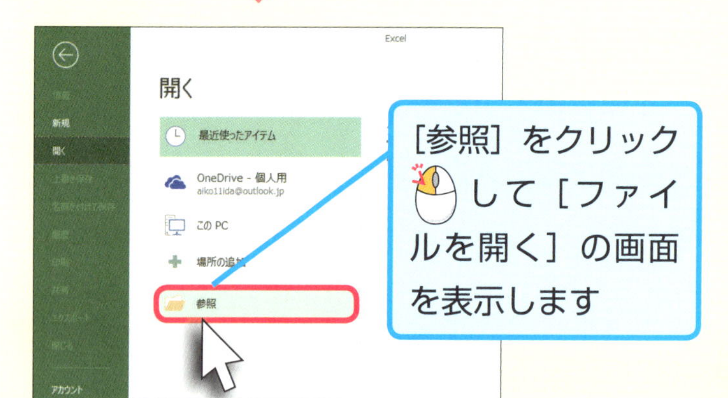

●ブックの開き方

ファイルとして保存したブックを開くには、手順1のエクセルのスタート画面で[他のブックを開く]をクリックします。[開く]の画面で[参照]ボタンをクリックし、表示された画面で開くブックを選びます。

ヒント

すでにエクセルでブックを開いていて、さらに別のブックを開きたいときは、[ファイル]タブの[開く]をクリックして[開く]の画面を表示します。

1 ［開く］の画面を表示します

レッスン❷（25ページ）を参考にしてエクセルを起動しておきます

他のブックを開く に を合わせ、そのまま、マウスをクリック します

ヒント

手順1の［最近使ったファイル］の項目に開きたいブック名が表示されている場合、ブック名をクリックしても開くことができます。

2 ［ファイルを開く］の画面を表示します

［参照］に を合わせ、そのまま、マウスをクリック します

次のページに続く▶▶▶

③ ブックを選択します

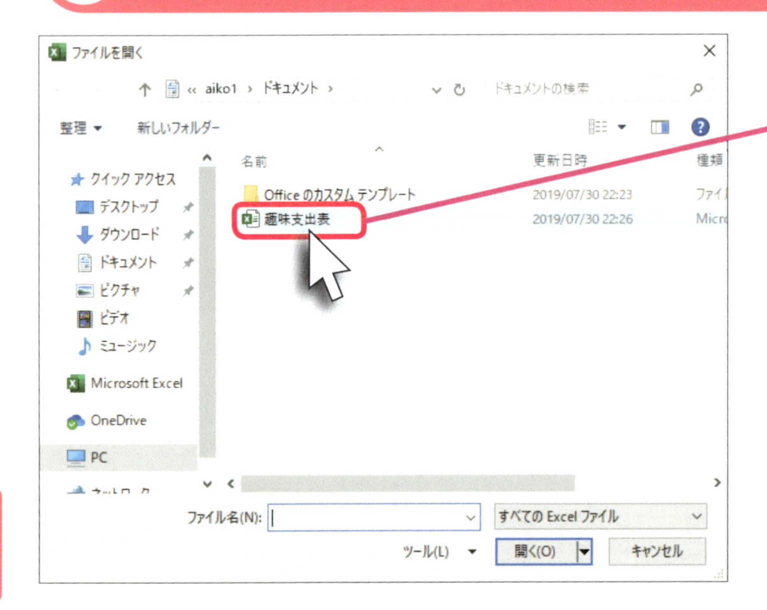

趣味支出表 に を合わせ、そのまま、マウスをクリックします

ヒント

左の［ファイルを開く］の画面でブックの名前をダブルクリックすれば、手順４の操作をしなくても、すぐにブックを開けます。

④ ブックを開きます

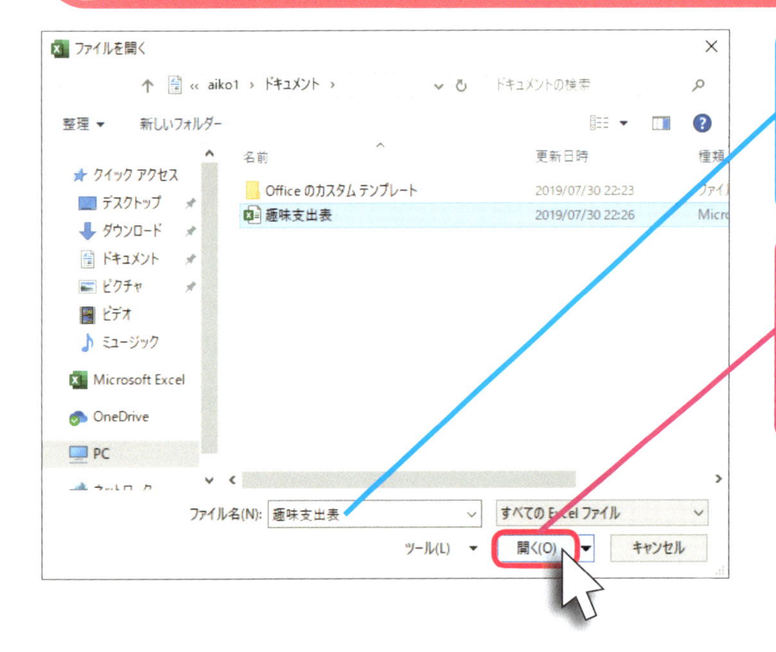

［ファイル名］に「趣味支出表」と表示されました

開く(O) に を合わせ、そのまま、マウスをクリックします

5 ブックが開きました

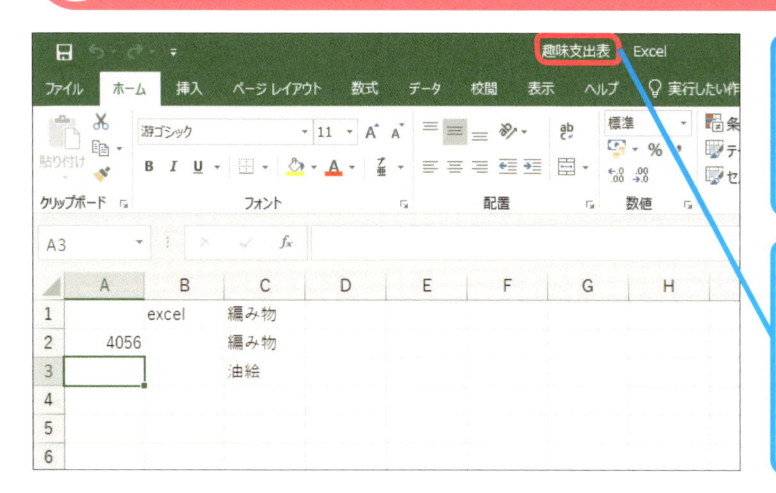

「趣味支出表」のブックが開き、内容が表示されました

[趣味支出表]と画面の中央上に表示されれば、ブックを編集する準備が完了します

ヒント

このレッスンでは、パソコンの[ドキュメント]フォルダーにあるブックを開きますが、[ドキュメント]フォルダーが表示されていない場合には、[PC]の一覧にある ドキュメント をクリックします。

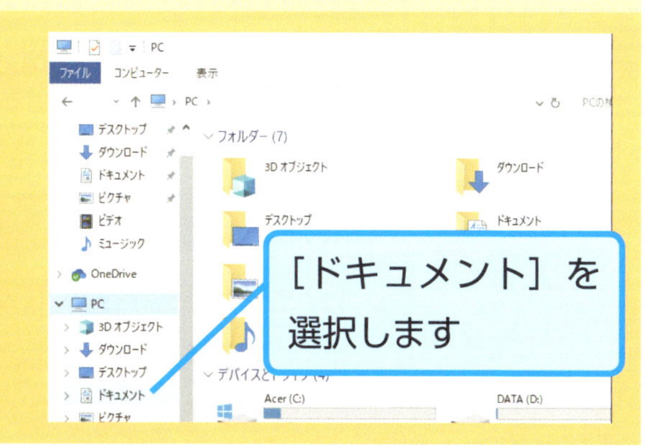

ヒント

このレッスンでは、エクセルの起動時にブックを開いています。すでにブックを開いている状態で別のブックを開くときは[ファイル]タブの[開く]をクリックして、[開く]の画面を表示します。エクセルの起動時は[他のブックを開く]、起動後は[ファイル]タブの[開く]を選ぶとスムーズに[開く]の画面を表示できます。

レッスン 14

セルのデータを移動しよう

キーワード 切り取り、貼り付け　　練習用ファイル レッスン14.xlsx

文字や数字といったデータは、セルの中で編集や消去ができるだけではなく、別のセルに丸ごと移動できます。セルのデータを移動するには、リボンの［切り取り］ボタンと［貼り付け］ボタンを使います。［切り取り］は元のセルにデータを残さず、「貼り付け」を実行したセルにデータを移動する機能です。

操作はこれだけ　合わせる 　クリック 

データを切り取って別のセルに貼り付けます

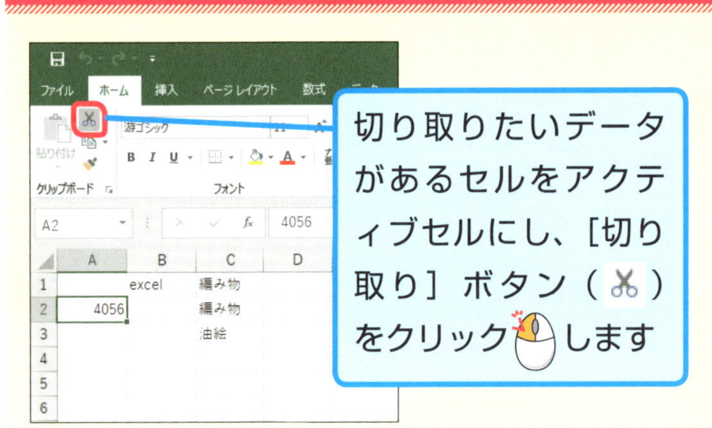

切り取りたいデータがあるセルをアクティブセルにし、［切り取り］ボタン（✂）をクリックします

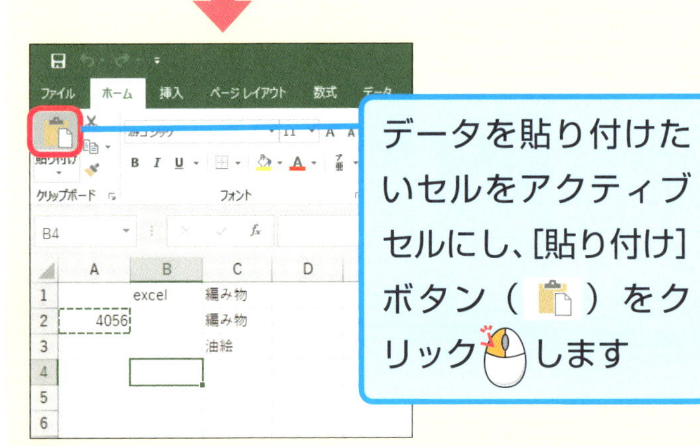

データを貼り付けたいセルをアクティブセルにし、［貼り付け］ボタン（　）をクリックします

● リボンの［ホーム］タブ

リボンにある「タブ」を切り替えると、さまざまな操作を行えます。セルのデータの移動やコピーで使用するボタンは、［ホーム］タブにあります。

ヒント

［切り取り］ボタンと［貼り付け］ボタンをクリックする前には、必ず、操作の対象にするセルをアクティブセルにしておきます。

1 アクティブセルを移動します

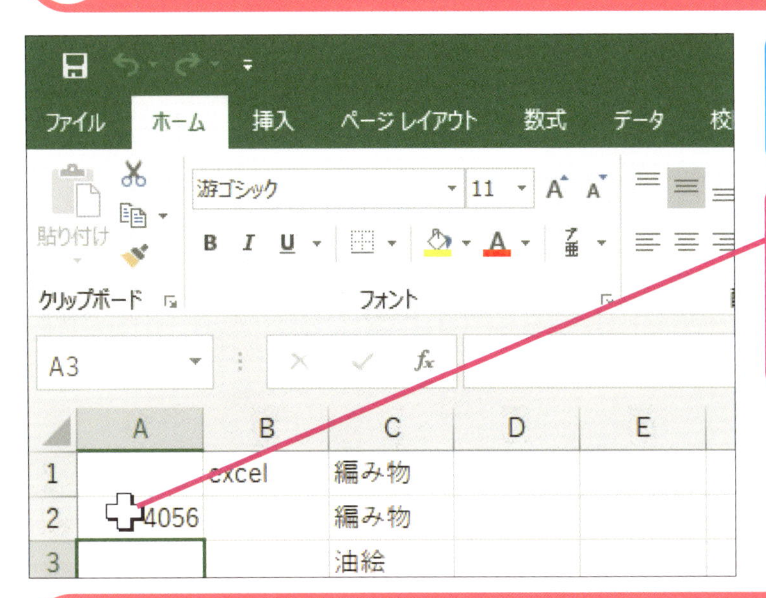

ここでは、セルA2のデータを切り取ります

セルA2に を合わせ、そのまま、マウスをクリック します

2 リボンの［ホーム］タブを表示します

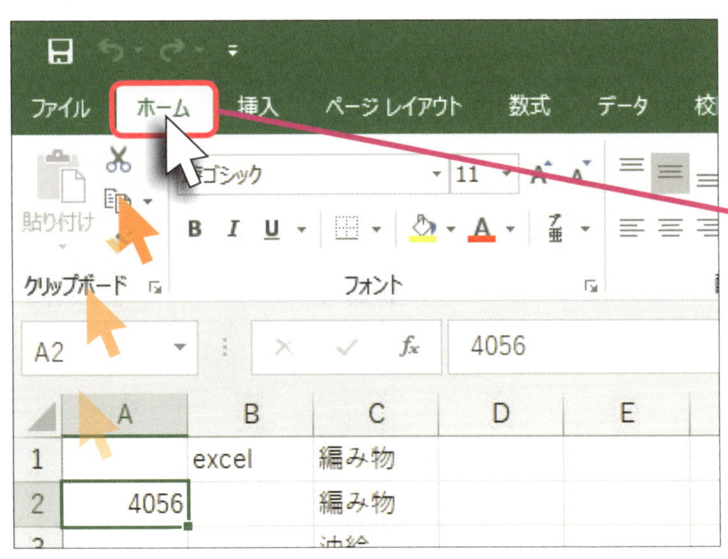

セルA2がアクティブセルになりました

❶ ホーム に を合わせます

❷そのまま、マウスをクリック します

ヒント

すでに［ホーム］タブの内容が表示されている場合は、［ホーム］タブをクリックする必要はありません。

次のページに続く

③ セルのデータを切り取ります

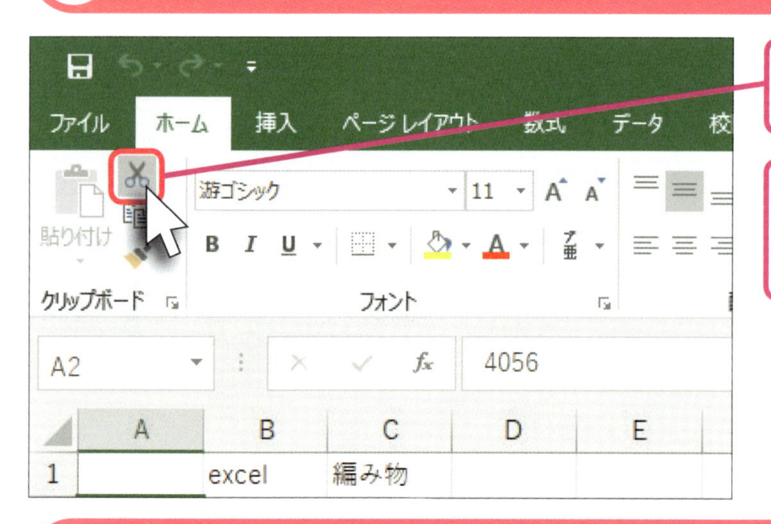

❶ ✂に⇖を合わせます

❷そのまま、マウスをクリックします

④ セルのデータが切り取られました

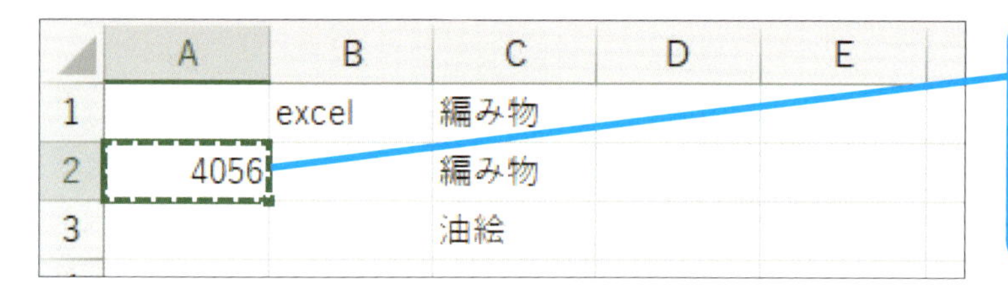

セルA2のデータが切り取られ、セルA2が点滅線の枠で囲まれました

⑤ アクティブセルを移動します

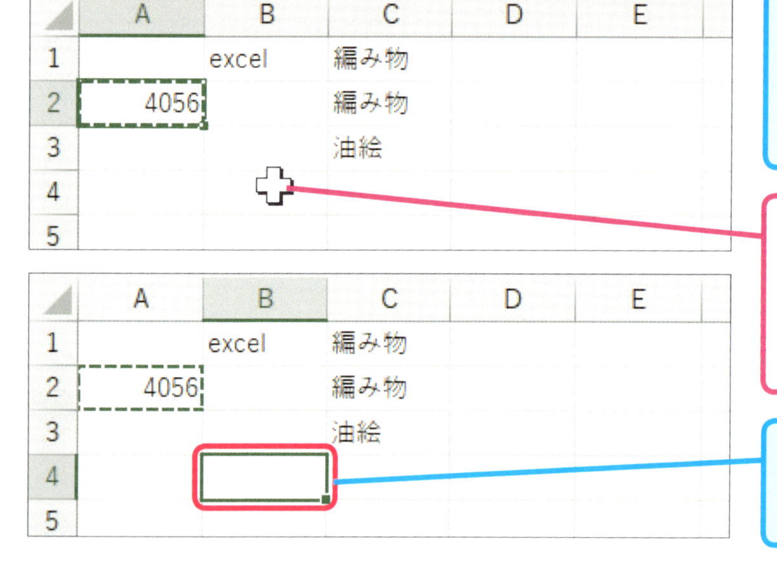

ここでは、切り取ったデータをセルB4に貼り付けます

セルB4に✚を合わせ、そのまま、マウスをクリックします

セルB4がアクティブセルになりました

6 セルのデータを貼り付けます

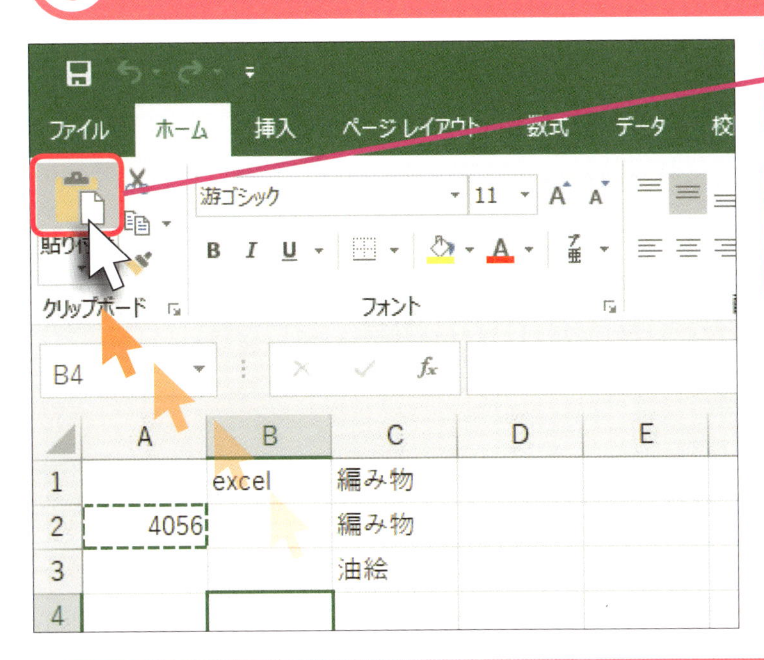

❶ [貼り付けアイコン]に[マウスポインター]を合わせます

❷そのまま、マウスをクリック[マウスアイコン]します

7 セルのデータが貼り付けられました

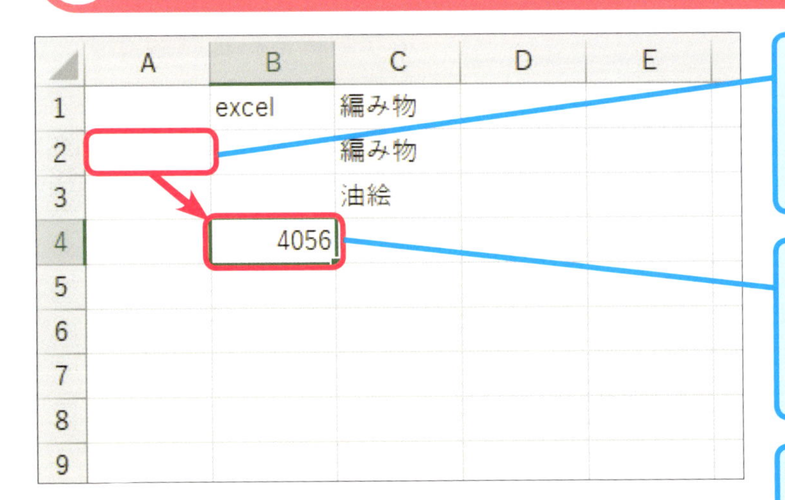

セルA2のデータが空になり、点滅線の枠が消えました

セルB4にセルA2のデータが貼り付けられました

セルB4がアクティブセルになりました

ヒント

［コピー］ボタン（[コピーアイコン]）をクリックしてから［貼り付け］ボタン（[貼り付けアイコン]）をクリックすると、コピー元にあるセルのデータを残したまま、別のセルにデータを貼り付けられます。

終わり

レッスン 15

セルの選択範囲を広げよう

キーワード 範囲選択　　練習用ファイル ▶レッスン15.xlsx

セルのデータの移動やコピーは、1つ1つのセルを対象にするだけではなく、複数のセルに対しても同時に行えます。セルの選択範囲を広げるにはドラッグが必要ですが、まず、マウスポインターが白十字の形状（✚）になっているかを確認してから操作しましょう。

操作はこれだけ　合わせる 　ドラッグ 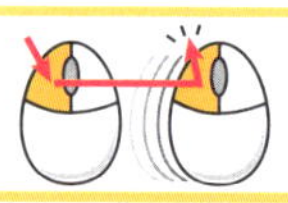

始点から終点のセルまで斜めにドラッグします

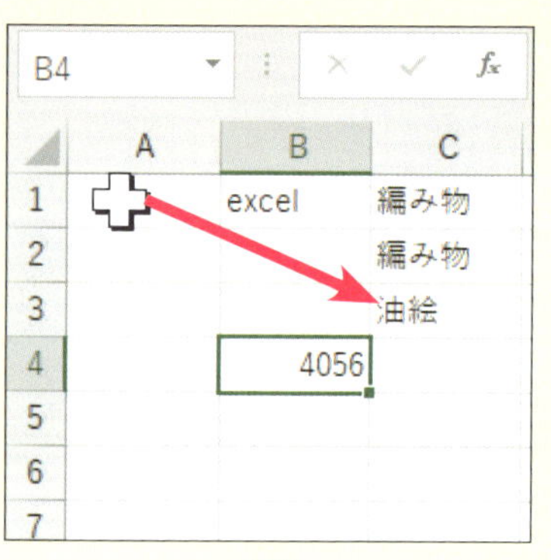

セルに✚を合わせます

✚の形状を確認してから斜め右下にドラッグします

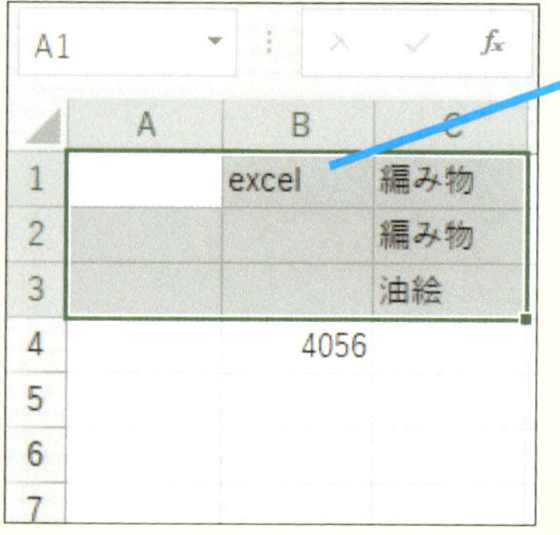

セルの選択範囲が広がりました

● 選択範囲の拡張

アクティブセルは1つのセルが選択された状態です。選択範囲を広げるには、セルにマウスポインターを合わせてから、広げたい方向にセル単位でドラッグしましょう。

ヒント

左の画面のように複数のセルをドラッグして選択しても［名前ボックス］には、アクティブセルのセルA1しか表示されません。しかし、実際には太い枠で囲まれたすべてのセルが選択されています。

① 選択範囲を広げます

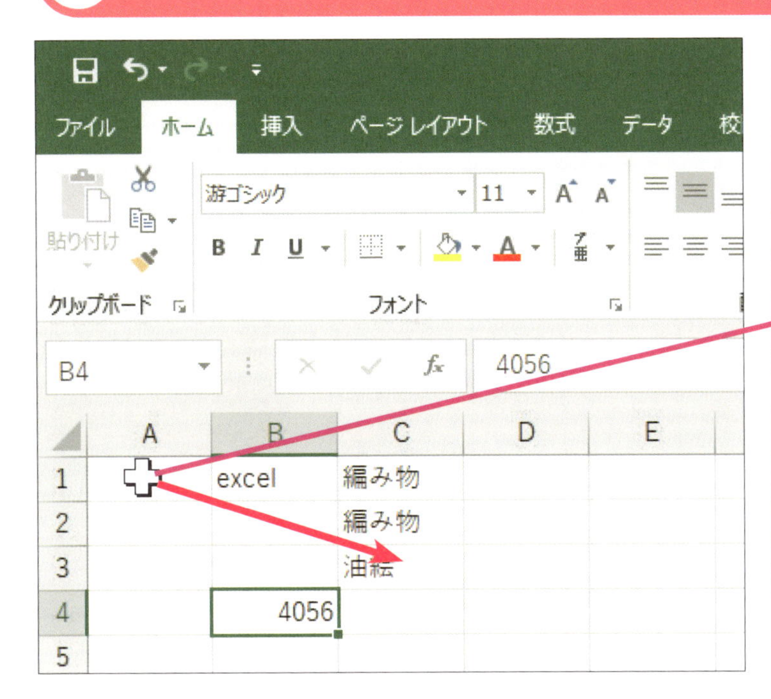

ここでは、選択範囲をセルA1からセルC3まで広げます

❶セルA1に✛を合わせます

❷そのまま、セルC3までマウスをドラッグ します

② 選択範囲が広がりました

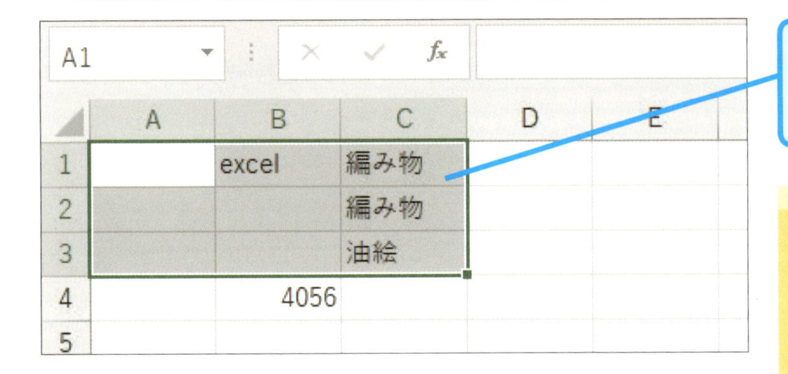

セルA1からセルC3が選択範囲になりました

ヒント

選択範囲を広げた後、任意のセルをクリックしてアクティブセルにすると、選択範囲が解除され、クリックしたセル1つだけが選択されます。

ヒント

セルを選択すると、範囲の右下に［クイック分析］ボタン（ ）が表示されます。［クイック分析］ボタンをクリックすると、データによってセルの見ための見ためを変えたり、グラフや計算式を作成したりすることができます。

終わり

レッスン 16 セルのデータをまとめてコピーしよう

キーワード コピー

練習用ファイル 

元のセルのデータを残したまま、別のセルに同じデータを貼り付けることができます。セルのデータをコピーするには、リボンの［コピー］ボタンと［貼り付け］ボタンを使います。このレッスンでは、［コピー］ボタンをクリックする前にセルの選択範囲を広げておき、複数のセルのデータを一度にコピーしてみましょう。

操作はこれだけ

合わせる  クリック  ドラッグ 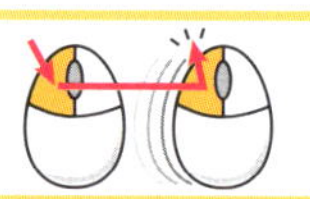

選択範囲を広げて［コピー］ボタンをクリックします

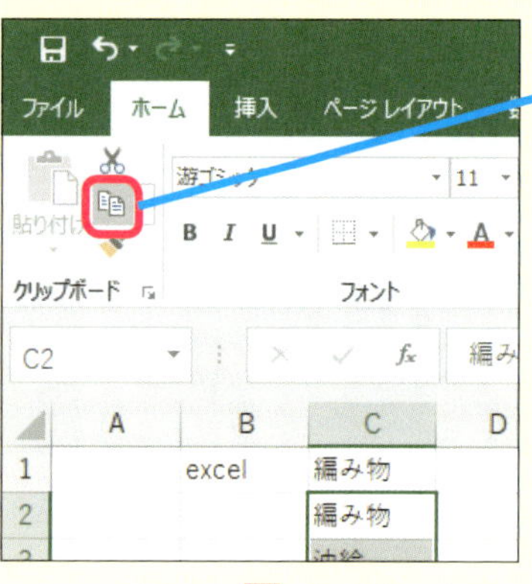

選択範囲を変更してから［コピー］ボタン（）をクリックします

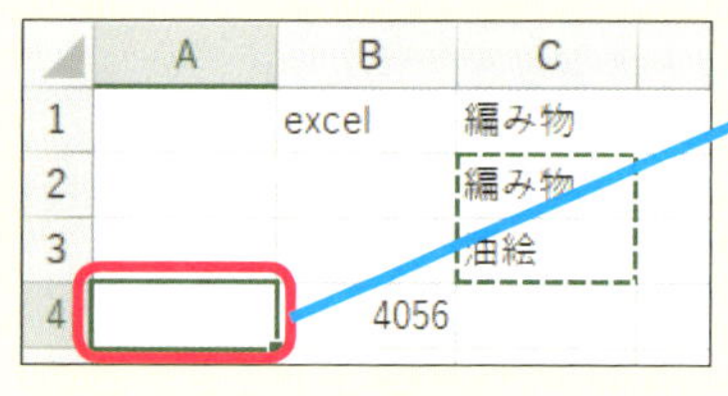

コピー先の一番左上をアクティブセルにします

［貼り付け］ボタン（ ）をクリックします

選択範囲のコピー

複数のセルのデータを対象にする場合は、［コピー］ボタンをクリックする前に必ず、セルの選択範囲を広げておきます。

注　意

［貼り付け］ボタンをクリックする直前に、選択範囲を広げてしまうと、アクティブセルや選択範囲以外にもデータが貼り付けられてしまう場合があります

① 選択範囲を変更します

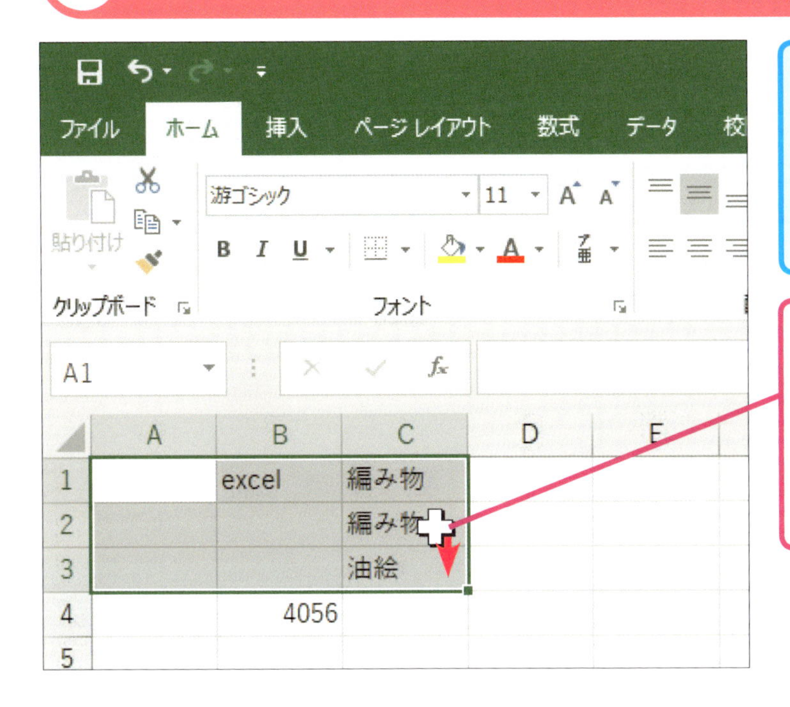

ここでは、セルC2からセルC3のデータをセルA4からA5にコピーします

セルC2に✚を合わせ、そのまま、セルC3までマウスをドラッグします

② 選択範囲のデータをコピーします

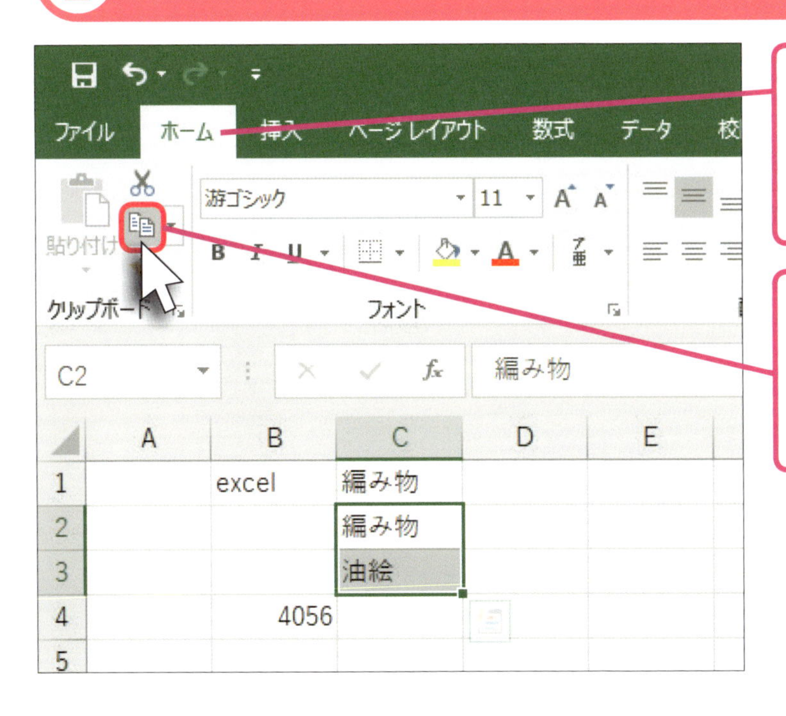

❶ ホーム に↖を合わせ、そのまま、マウスをクリックします

❷ 📋 に↖を合わせ、そのまま、マウスをクリックします

次のページに続く ▶▶▶

③ 選択範囲のデータがコピーされました

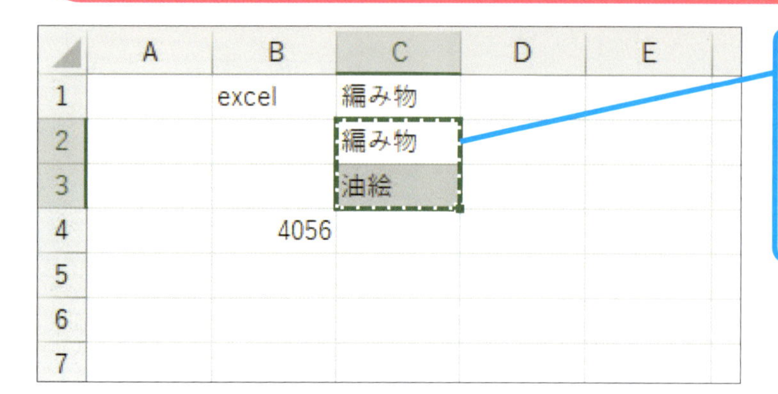

セルC2からセルC3のデータがコピーされ、点滅線の枠で囲まれました

④ アクティブセルを移動します

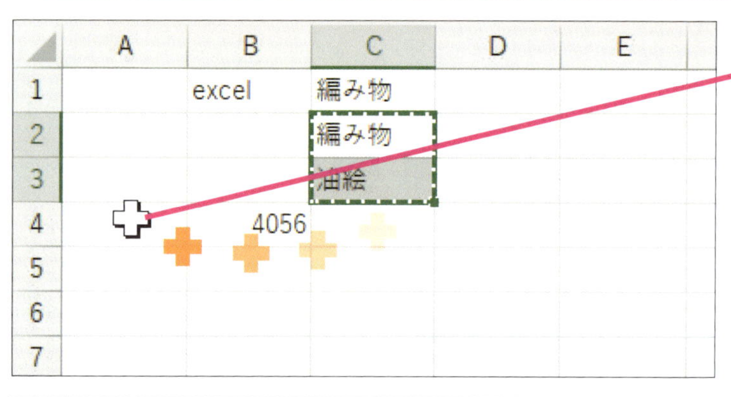

セルA4に ✚ を合わせ、そのまま、マウスをクリックします

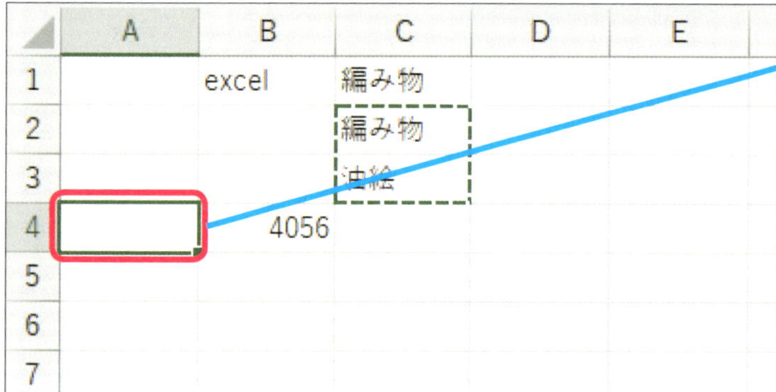

セルA4がアクティブセルになりました

第3章 データを編集してみよう

5 セルのデータを貼り付けます

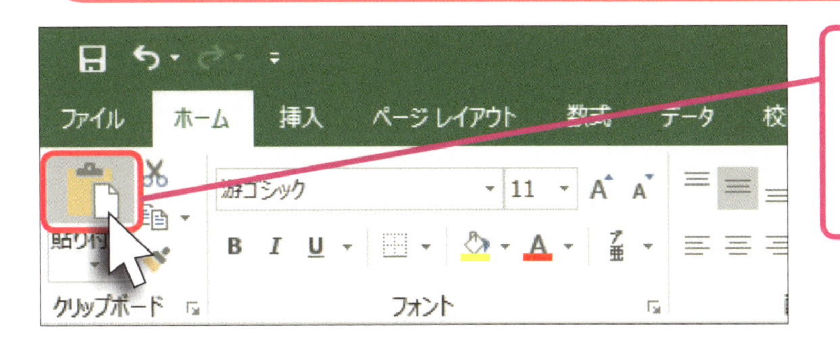

に を合わせ、そのまま、マウスをクリック します

6 選択範囲のデータがコピーされました

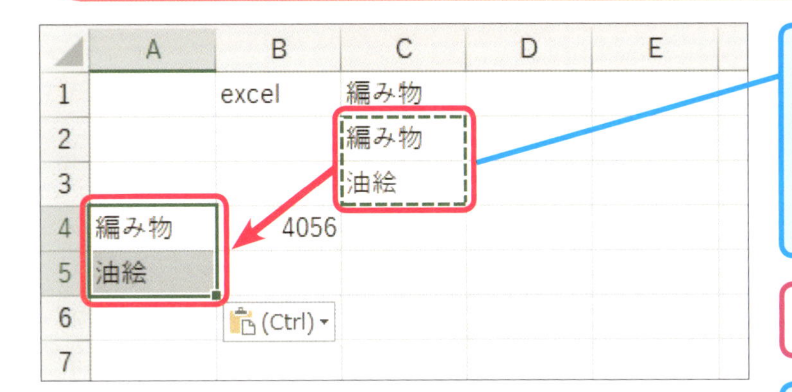

セルC2からセルC3のデータが、セルA4からセルA5にコピーされました

Esc キーを押します

点滅線の枠が消えます

ヒント

エクセルでは、セルの選択範囲を表現する独自の表記方法があります。例えば、セルA4からセルC5の選択範囲を「A4:C5」と表現します。第4章で紹介するSUM（サム）関数などの数式では、この表記方法でセル範囲を指定します。

ヒント

手順6で表示される (Ctrl) は［貼り付けのオプション］ボタンといいます。詳しくは、108ページのQ&Aを参照してください。

終わり

レッスン 17

連続するデータを一度に入力しよう

動画で見る

キーワード オートフィル　　練習用ファイル ▶レッスン17.xlsx

表の作成で日付や曜日を使うとき、「1月」「2月」「3月」や「月曜日」「火曜日」「水曜日」などのように、連続するデータを入力する場面がよくあります。日付や曜日など規則的に連続するデータを入力するときは、キーボードから1つ1つ入力する以外にも、マウスのドラッグ操作だけで簡単に入力できる方法があります。

操作はこれだけ　合わせる

入力する

日付や時刻の続きをドラッグでセルに入力します

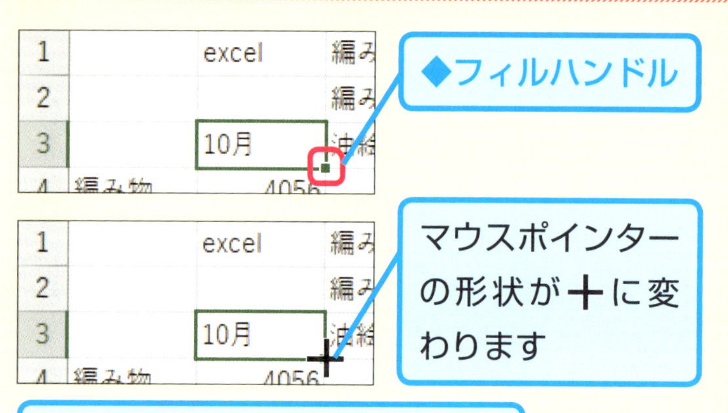

＋の状態で、マウスをドラッグして選択範囲を広げます

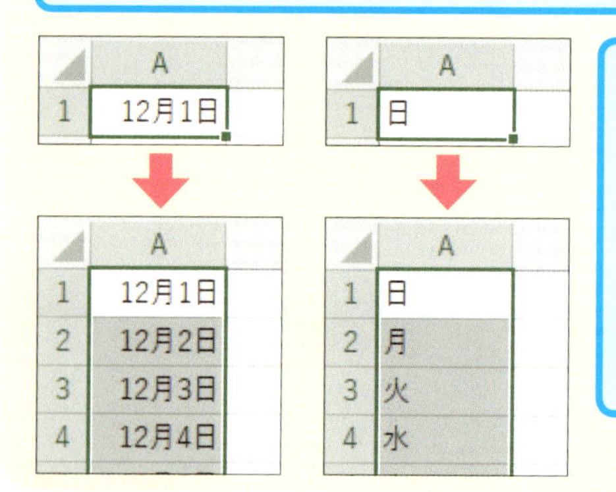

日付や曜日など規則性のある連続データを簡単に入力できます

●フィルハンドルの役割

アクティブセルの右下にある■の部分は、「フィルハンドル」と呼ばれます。フィルハンドルを利用すると、連続するデータを簡単に入力できます。

●連続するデータの入力

フィルハンドルにマウスポインターを合わせ、ドラッグして選択範囲を広げると、アクティブセルのデータを基点にして、連続データが、選択範囲のセルに入力されます。

第3章 データを編集してみよう

① アクティブセルを移動します

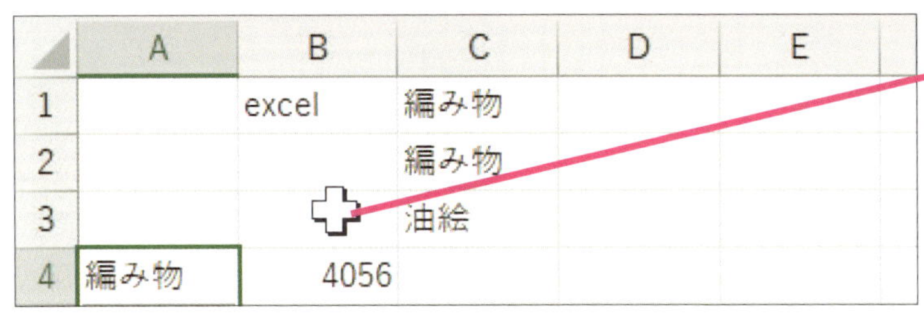

セルB3に✚を合わせ、そのまま、マウスをクリックします

セルB3がアクティブセルになりました

② 基点となるデータを入力します

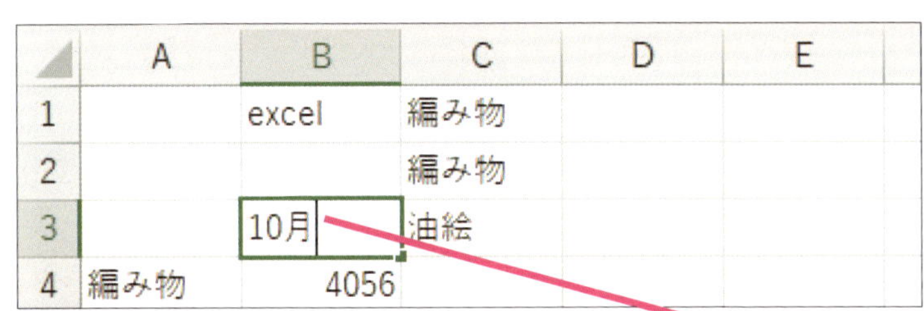

Enter

レッスン❽の手順6（55ページ）を参考にして入力モードを［ひらがな］に切り替えます

❶「10月」と入力します

❷ Enter キーを押します

ヒント

エクセルで数字を扱う場合は、アラビア数字を半角で入力するといいでしょう。「１０」と入力して全角数字が表示されたら、キーボードの F10 キーを押せば半角になります。

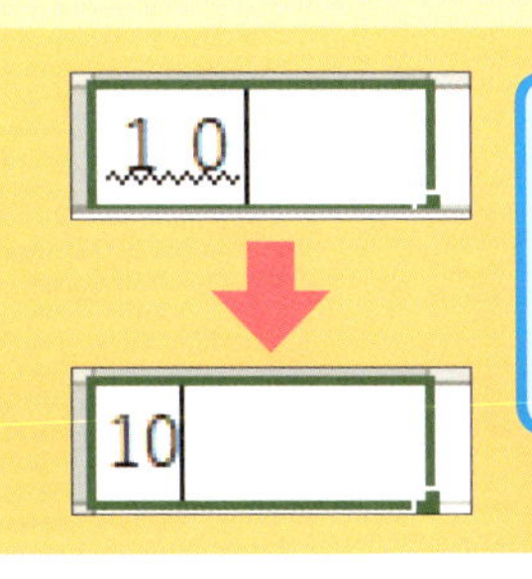

F10 キーを押すと「１０」が「10」になります

次のページに続く ▶▶▶

③ アクティブセルを移動します

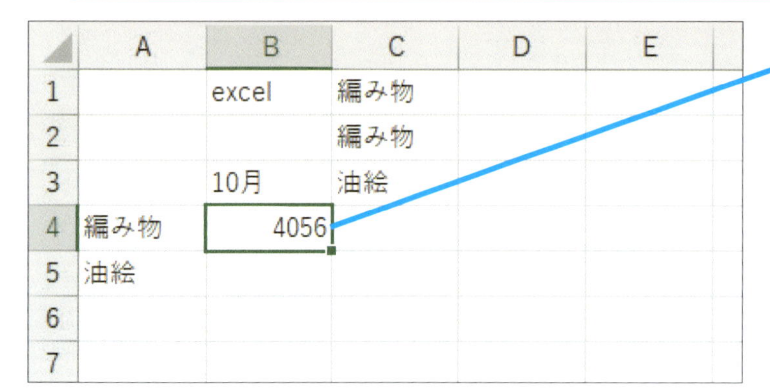

セルB4がアクティブセルになりました

連続するデータの基点となるセルB3をアクティブセルにします

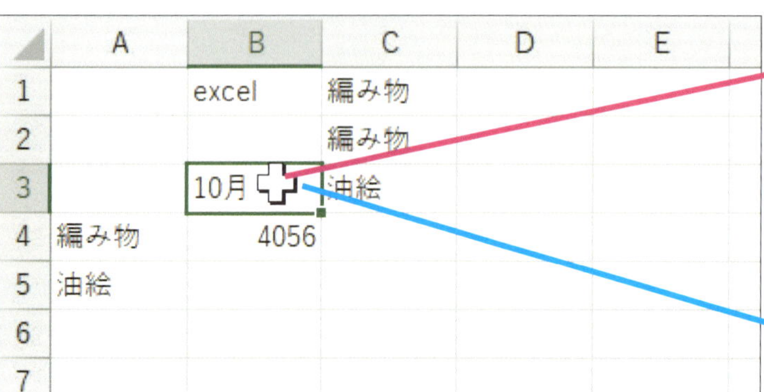

セルB3に を合わせ、そのまま、マウスをクリック します

セルB3がアクティブセルになりました

④ フィルハンドルにマウスポインターを合わせます

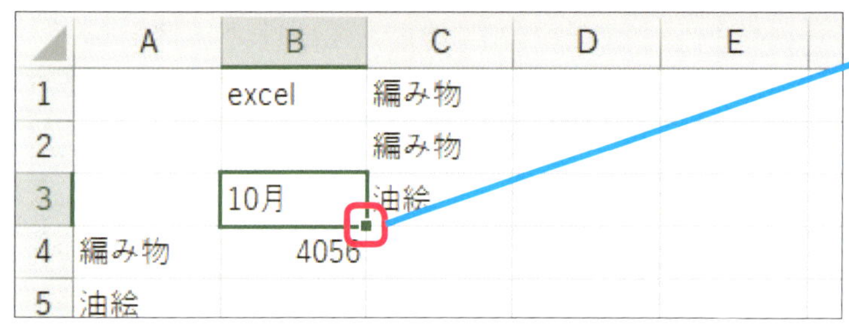

◆フィルハンドル

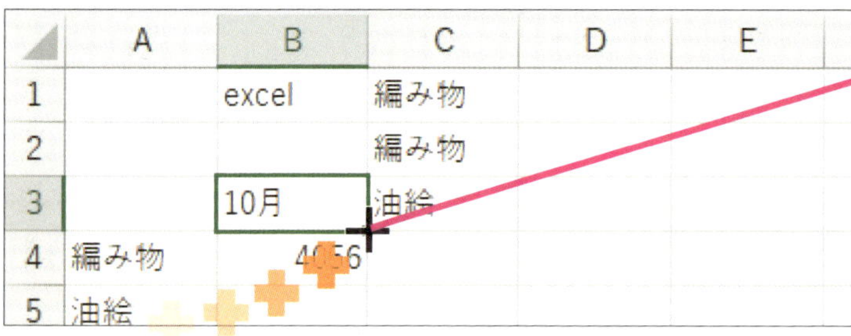

フィルハンドルに を合わせます

の形状が＋に変わります

⑤ フィルハンドルをドラッグします

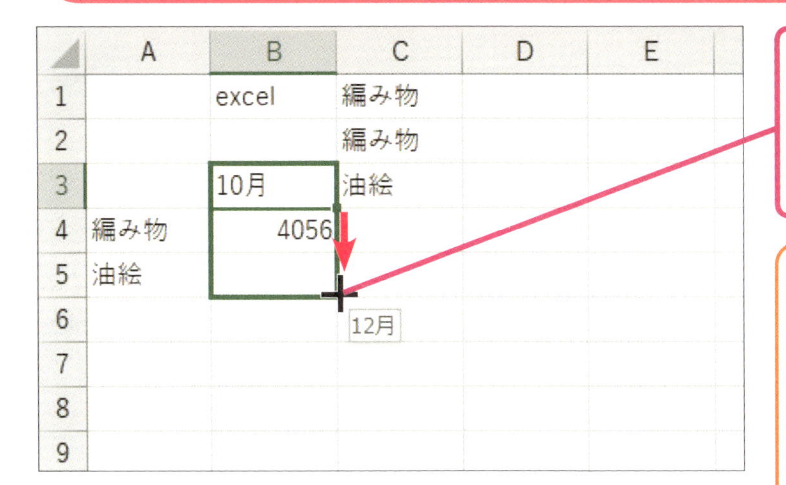

	A	B	C	D	E
1		excel	編み物		
2			編み物		
3		10月	油絵		
4	編み物	4056			
5	油絵				
6			12月		
7					
8					
9					

そのまま、セルB5までマウスをドラッグします

注　意
マウスポインターが＋以外の形状のときは、アクティブセルの右下にマウスポインターを移動し、＋に変わってから操作を続けます

⑥ 連続するデータが入力されました

	A	B	C	D	E
1		excel	編み物		
2			編み物		
3		10月	油絵		
4	編み物	11月			
5	油絵	12月			
6					
7					
8					
9					

セルB4に「11月」、セルB5に「12月」と、連続するデータが入力されました

ヒント
フィルハンドルで連続するデータを入力するとき、ドラッグした選択範囲にあるセルは新しいデータで上書きされます。

ヒント
オートフィルでは「10月」を起点に「11月」「12月」……と入力できるだけではなく、「神無月」を起点に「霜月」「師走」、「水曜日」を起点に「木曜日」「金曜日」など、規則性のある連続するデータを途中からでも入力できます。

レッスン
18 編集操作を取り消して元に戻そう

動画で見る

キーワード 元に戻す

数字や文字の入力後は編集操作です。編集ではセルの消去、移動やコピー、連続するデータの作成など、さまざまなことが行えます。マウス操作やデータの入力後に、操作ミスに気が付いた場合、その直前の操作を簡単に元に戻せます。ミスをしていない状況に戻して、再度編集を行うことで、効率的に作業ができます。

操作はこれだけ

合わせる  クリック 

［元に戻す］ボタンで直前の編集操作を取り消せます

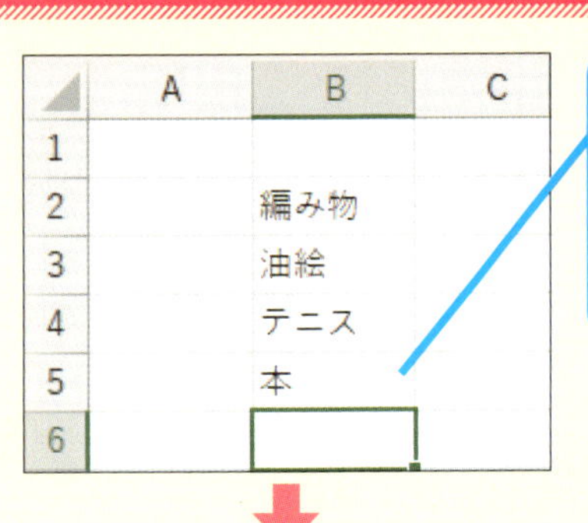

「編み物」「油絵」「テニス」「本」と入力します

	A	B	C
1			
2		編み物	
3		油絵	
4		テニス	
5			

を1回クリックすると「本」の入力前に戻ります

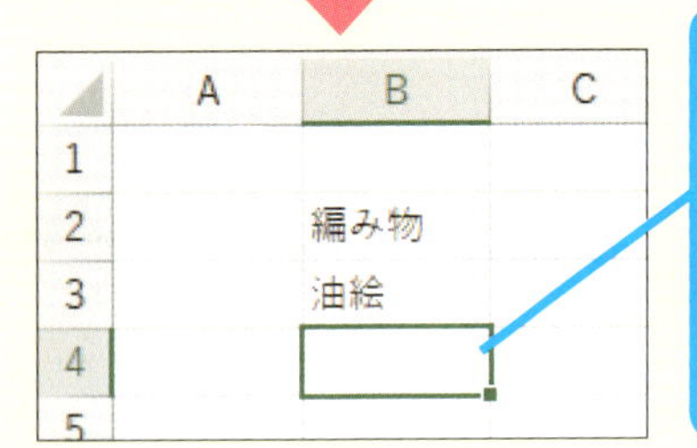

をもう1回クリックすると「テニス」の入力前に戻ります

● 編集を元に戻す

［ファイル］タブの上側にある［元に戻す］ボタン（）をクリックすると、直前の編集操作が取り消されて、編集する前の状態に戻ります。

ヒント

ブックを開いた直後は、何も操作をしていないので、［元に戻す］ボタンが灰色の状態になっていてクリックできません。

① 編集の操作を取り消します

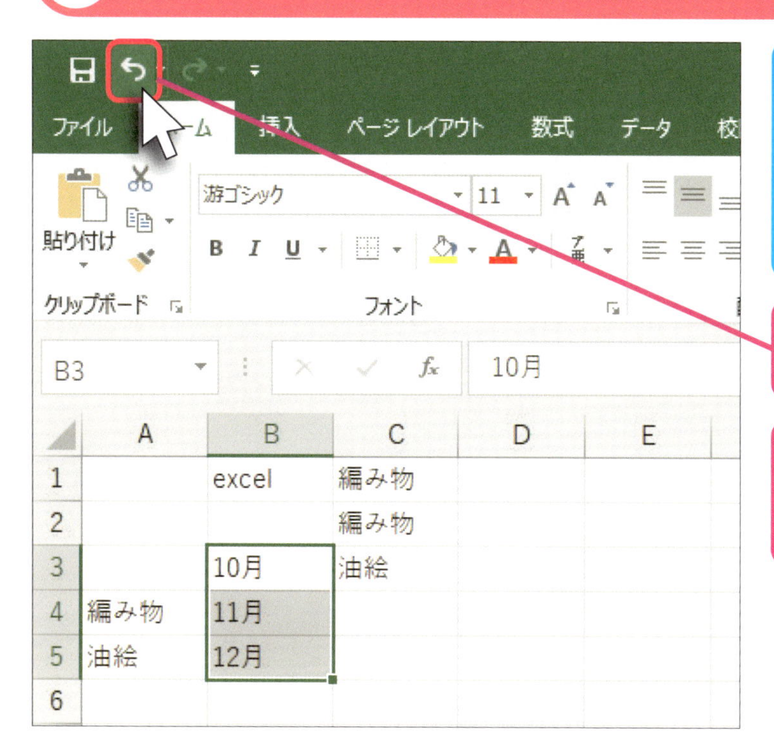

ここでは、レッスン⑰（97ページ）で行った、連続するデータの入力を取り消します

❶ に を合わせます

❷そのまま、マウスをクリック します

② 編集の操作が取り消されました

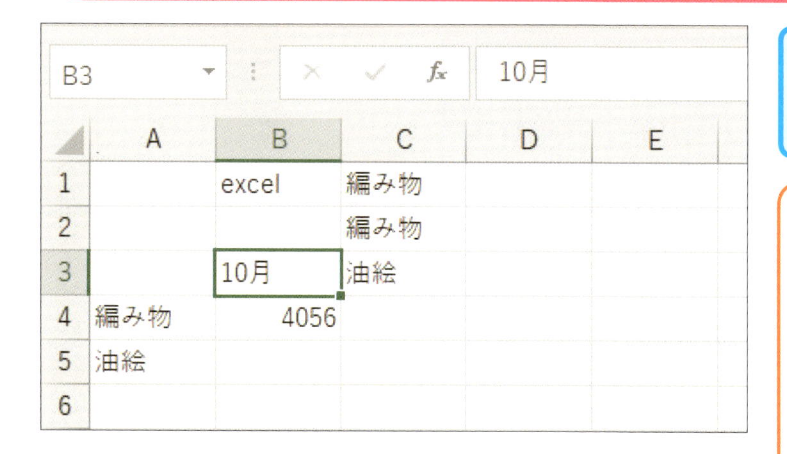

連続するデータの入力が取り消されました

注　　意

が灰色でクリックできないときは、操作の記録が残っていないため、操作を取り消せません。レッスン⑰（95ページ）から操作をやり直してください

ヒント

をクリックするごとに、編集の操作を１回ずつ、さかのぼって取り消せます。

レッスン 19

編集したブックを保存しよう

キーワード 上書き保存

練習用ファイル ▶ レッスン19.xlsx

ここまで、ワークシートへの入力やデータを編集する方法を学んできました。このレッスンでは、今まで学んできたことを復習しながら、簡単な表を作成してみましょう。また、出来上がった表は、エクセルを終了する前に保存しておきましょう。このレッスンでは、「上書き保存」という方法でブックを保存します。

操作はこれだけ

合わせる  クリック  ドラッグ 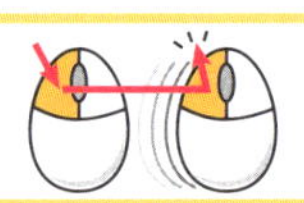

［上書き保存］をクリックします

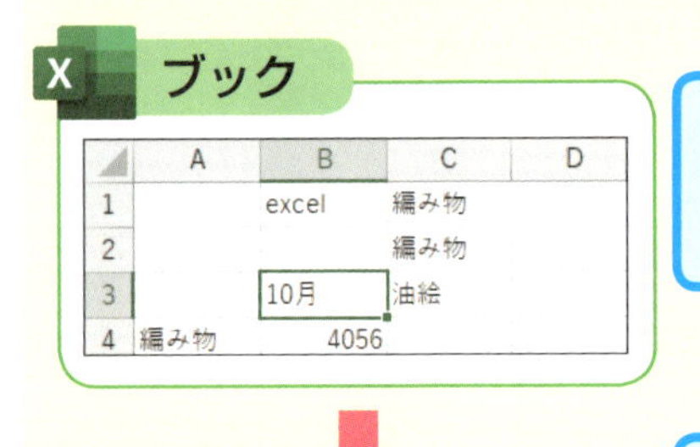

ブックをエクセルで開きます

	A	B	C	D
1	月別予算			
2				
3		10月	11月	12月
4	編み物	4056	3000	4500

ブックの内容を編集して上書き保存します

元のブックの内容は残りません

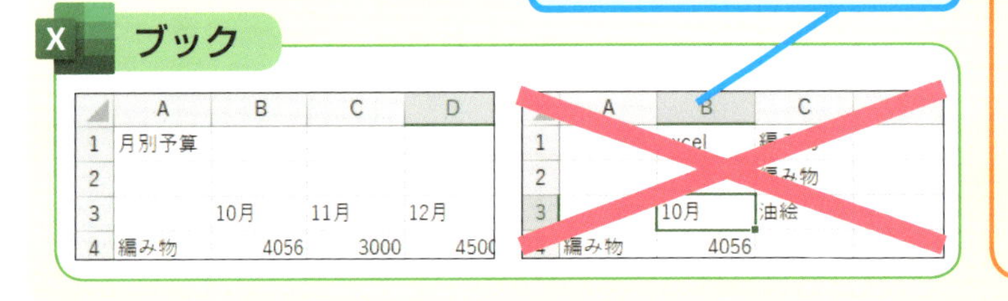

●ブックの上書き保存

［ファイル］タブの一覧から［上書き保存］をクリックすると、編集した新しい内容のブックが、上書き保存されます。

注　意

ブックを編集後、保存せずにエクセルを終了すると、元のブックの内容は変更されませんが、編集した内容は失われてしまいます

第3章 データを編集してみよう

① 選択範囲を変更します

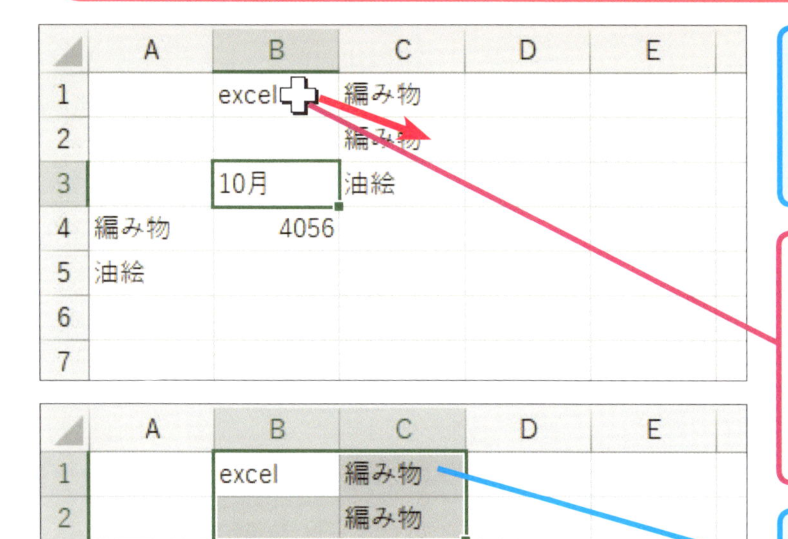

ここでは、不要なデータを削除し、3カ月分の支出を入力します

セルB1に を合わせ、そのまま、セルC2までマウスをドラッグ します

セルB1からセルC2が選択範囲になりました

② 選択範囲のデータを消去します

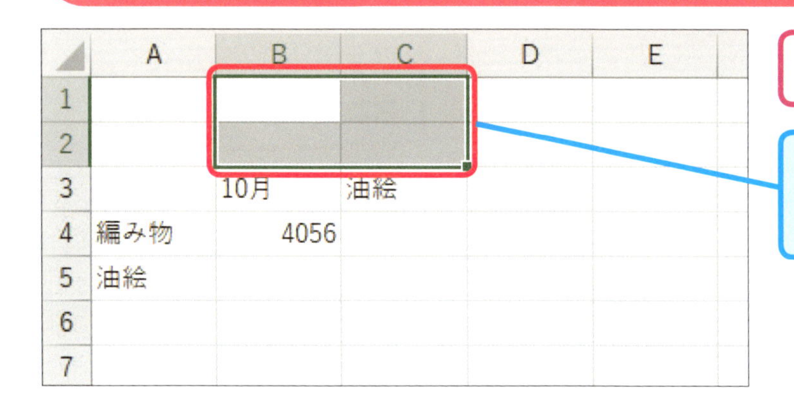

Delete キーを押します

セルB1からセルC2のデータが消去されました

次のページに続く▶▶▶

③ アクティブセルを移動します

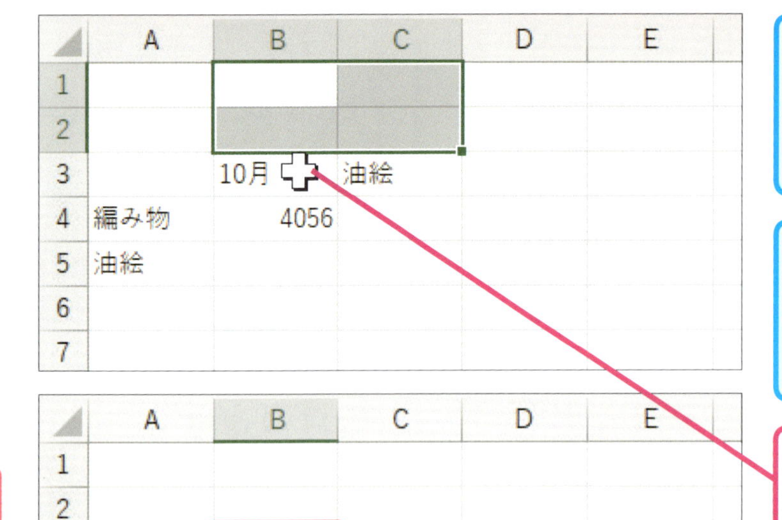

セルC3に「11月」、セルD3に「12月」と入力します

連続するデータの基点となるセルをアクティブセルにします

セルB3に✚を合わせ、そのまま、マウスをクリックします

セルB3がアクティブセルになりました

④ フィルハンドルにマウスポインターを合わせます

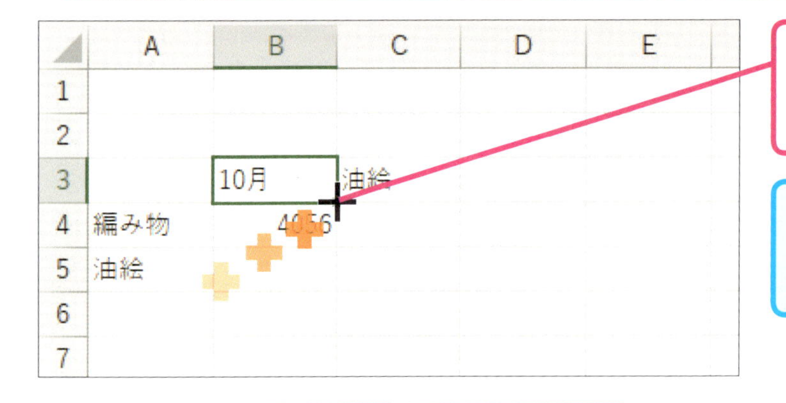

フィルハンドルに✚を合わせます

✚の形状が＋に変わります

注　　意

マウスポインターが＋以外の形状のときは、アクティブセルの右下にマウスポインターを移動し、＋に変わってから操作を続けます

第3章　データを編集してみよう

5 フィルハンドルを移動します

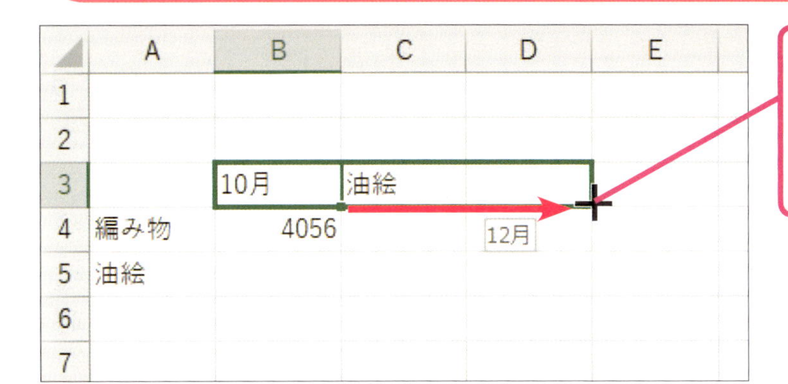

そのまま、セルD3までマウスをドラッグします

6 アクティブセルを移動します

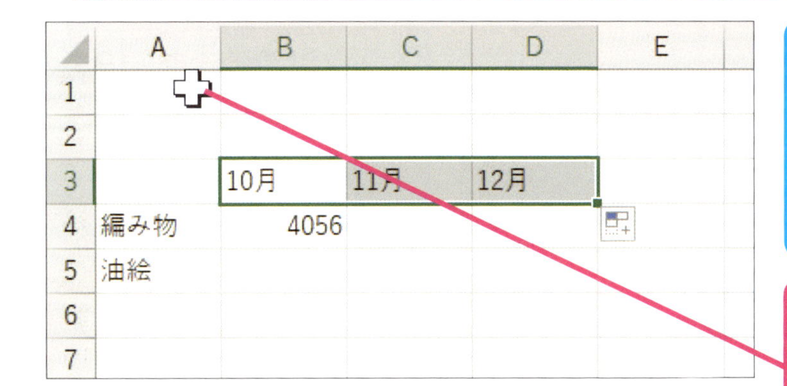

セルC3に「11月」、セルD3に「12月」と、連続するデータが入力されました

セルA1に を合わせ、そのまま、マウスをクリックします

7 表のタイトルを入力します

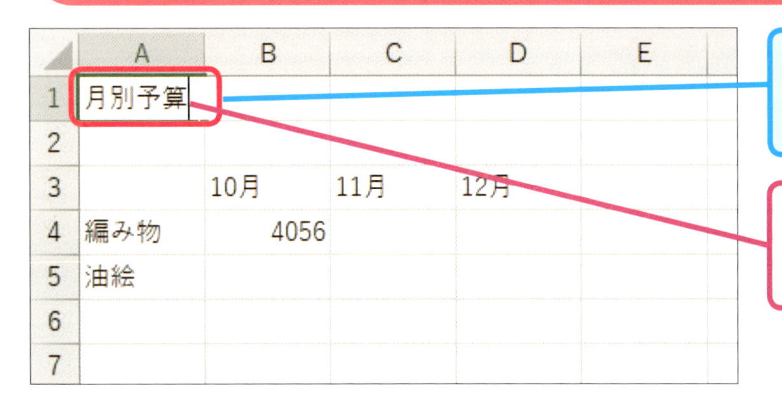

セルA1がアクティブセルになりました

セルA1に「月別予算」と入力します

次のページに続く▶▶▶

8 表の項目名を入力します

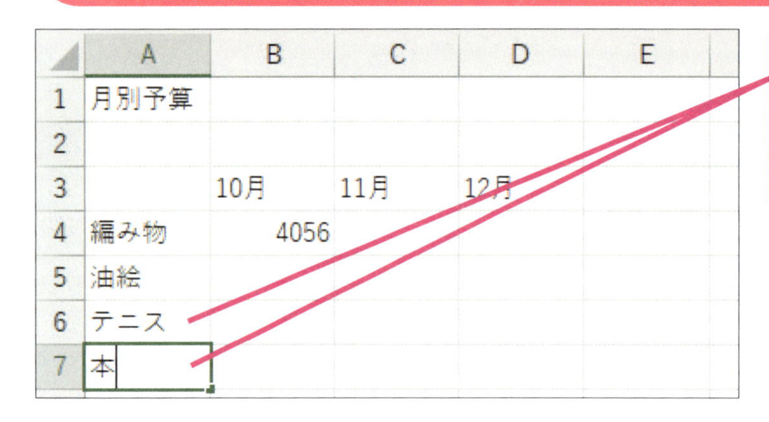

セルA6に「テニス」、セルA7に「本」と入力します

9 表の数値を入力します

	10月	11月	12月
編み物	4056	3000	4500
油絵	5000	12500	3500
テニス	5250	5250	5250
本	3000	7500	8000

レッスン⓫の手順2(67ページ）を参考にして入力モードを［半角英数］に切り替えます

	A	B	C	D	E
1	月別予算				
2					
3		10月	11月	12月	
4	編み物	4056	3000	4500	
5	油絵	5000	12500	3500	
6	テニス	5250	5250	5250	
7	本	3000	7500	8000	
8					

セルB4からセルD7に編み物、油絵、テニス、本の各月ごとの支出を入力します

趣味ごとの支出が入力されました

ヒント

数字を入力するときは［半角英数］モードで、けた区切りの「,」（カンマ）を省略して入力します。

第3章 データを編集してみよう

⑩ ブックを上書きで保存します

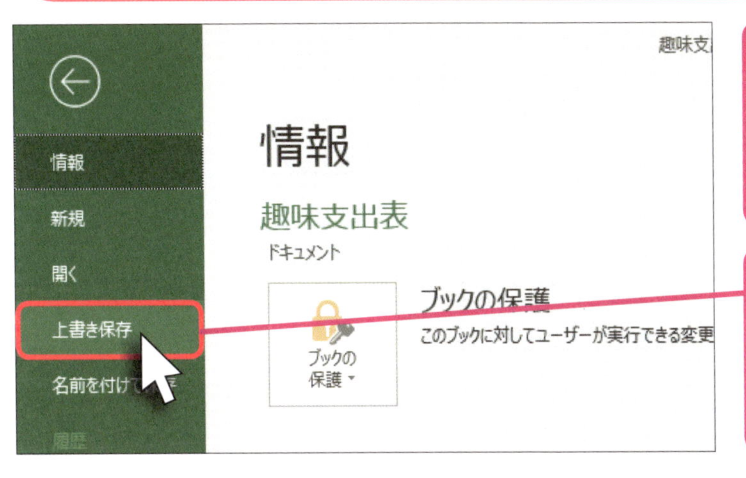

❶ ファイル に ↖ を合わせ、そのまま、マウスをクリック しします

❷ 上書き保存 に ↖ を合わせ、そのまま、マウスをクリック しします

⑪ ブックが上書きで保存されました

	A	B	C	D	E
1	月別予算				
2					
3		10月	11月	12月	
4	編み物	4056	3000	4500	
5	油絵	5000	12500	3500	
6	テニス	5250	5250	5250	
7	本	3000	7500	8000	
8					

「趣味支出表」のブックが上書きで保存されました

レッスン❺（37ページ）を参考にしてエクセルを終了しておきます

ヒント

ブックを保存せずにエクセルを終了しようとすると、確認の画面が表示されます。［保存］ボタンをクリックするとブックを上書き保存してからエクセルを終了します。［保存しない］ボタンクリックするとブックを保存せずに、エクセルを終了します。

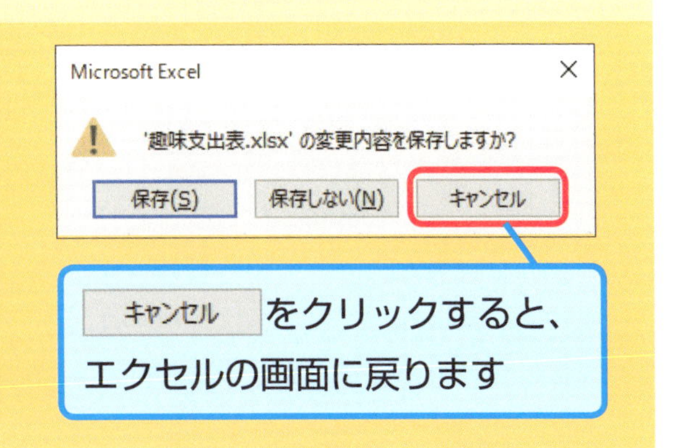

キャンセル をクリックすると、エクセルの画面に戻ります

複数のセルを選択すると、一番左上のセルが白く表示されるのはなぜ？

A 複数のセルを選択すると、一番左や左上のセルは白く表示される仕組みになっています

セルの範囲選択を広げるとき、ドラッグをした最初のセルは白いままで青く反転しません。この白色のセルが選択範囲の中のアクティブセルということを表しています。名前ボックスには、白く反転しているセルがアクティブセルとしてセル番号が表示されます。

複数列のセル範囲

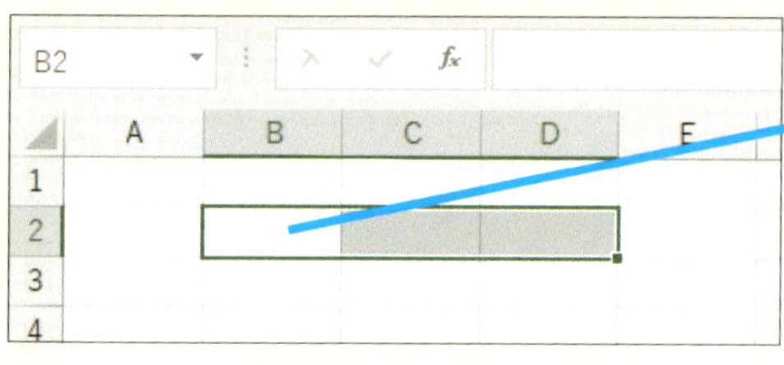

セルB2からセルD2をドラッグすると、セルB2が白い色になります

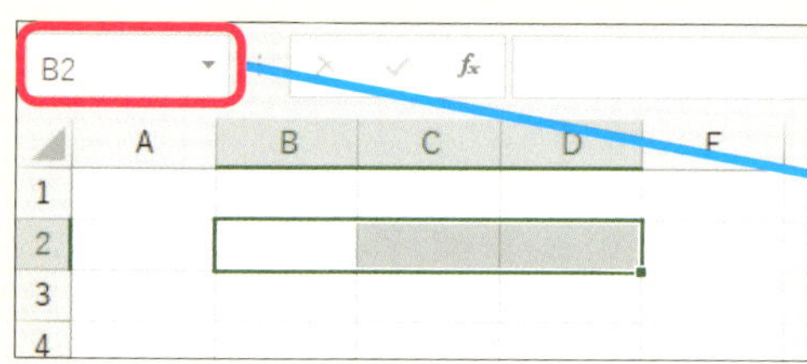

選択されたセルB2からセルD2のアクティブセルはセルB2となります

複数行のセル範囲

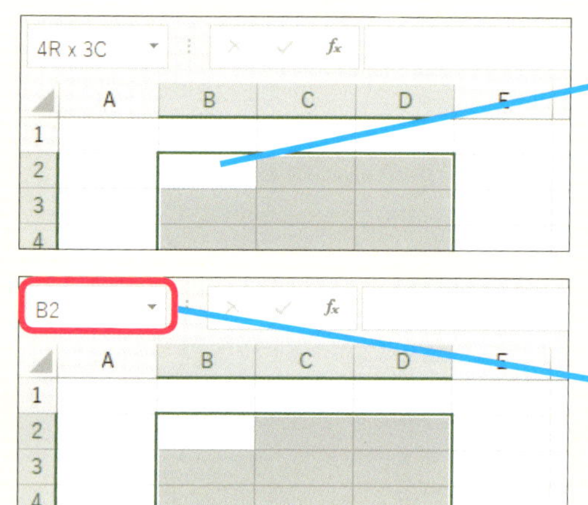

セルB2からセルD5をドラッグすると、セルB2が白い色になります

選択されたセルB2からセルD5のアクティブセルはセルB2となります

セルの移動とコピーはどう違う？

A セルの移動は、元のセルから別のセルにデータを移し、コピーは両方にデータを残します

移動の場合は、元のセルにあったデータがなくなり、移動先の位置にデータが表示されます。コピーの場合は、コピー元のセルとコピー先のセルの両方にデータが表示されます。

●データの移動

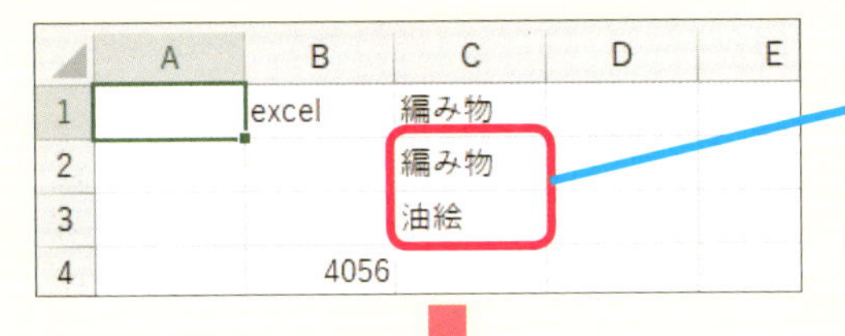

セルC2の「編み物」とセルC3の「油絵」をセルA4とセルA5に移動します

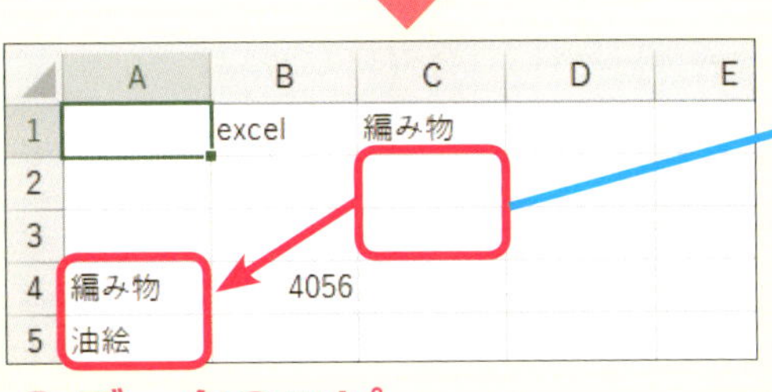

セルC2とセルC3にあったデータがなくなります

●データのコピー

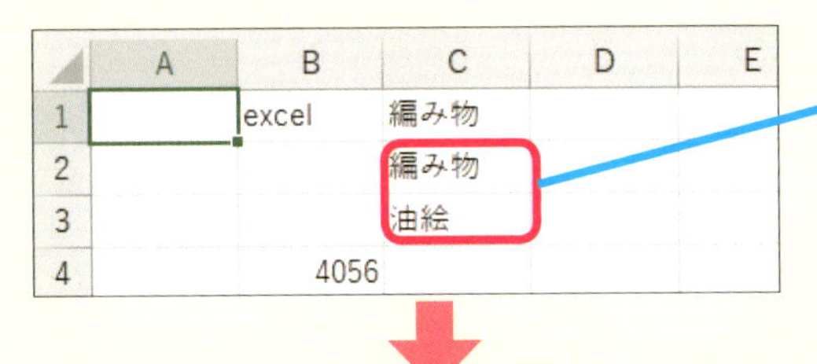

セルC2の「編み物」とセルC3の「油絵」をセルA4とセルA5にコピーします

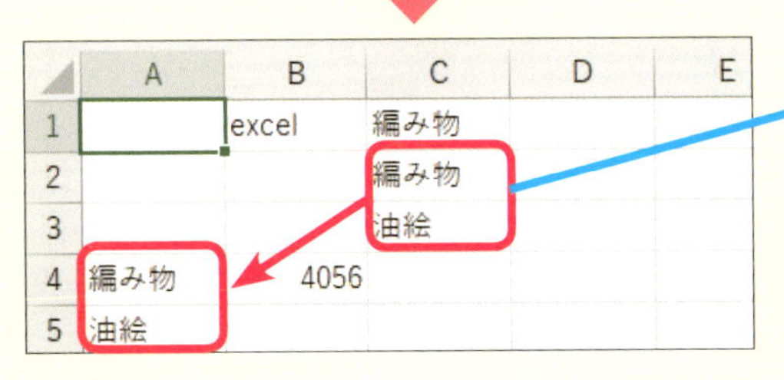

セルC2とセルC3のデータは残ります

貼り付けを実行した後に表示されるマークは何？

A ［貼り付けのオプション］ボタンです

セルや文字をコピーして、別のセルへの貼り付けを実行すると、貼り付けられたセルの右下にボタン（(Ctrl)▾）が表示されます。これは、［貼り付けのオプション］ボタンです。［貼り付けのオプション］ボタンをクリックすると、貼り付けの方法を選択できます。オートフィルを行うときも、同じように右下に［オートフィルオプション］ボタン（）が表示されます。

●貼り付けのオプション

貼り付けを実行すると、貼り付けられたセルの右下にボタンが表示されます

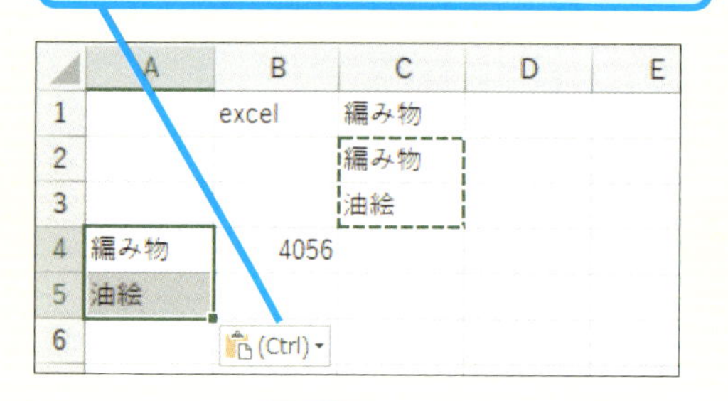

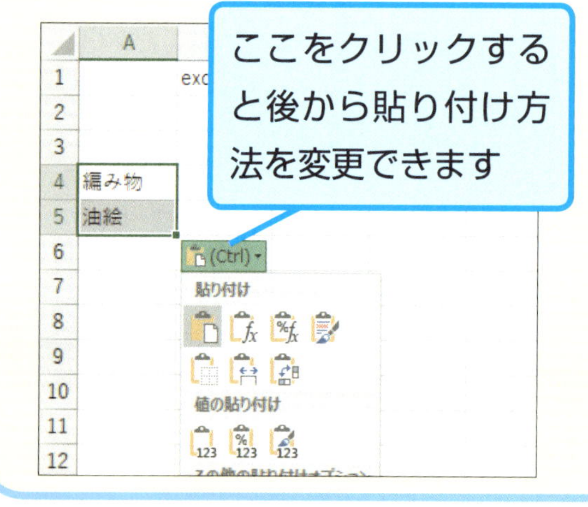

●オートフィルオプション

オートフィルを実行すると、一番下のセルの右下にボタンが表示されます

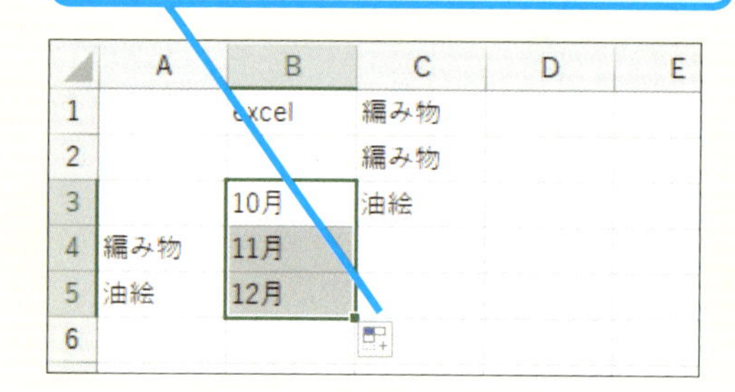

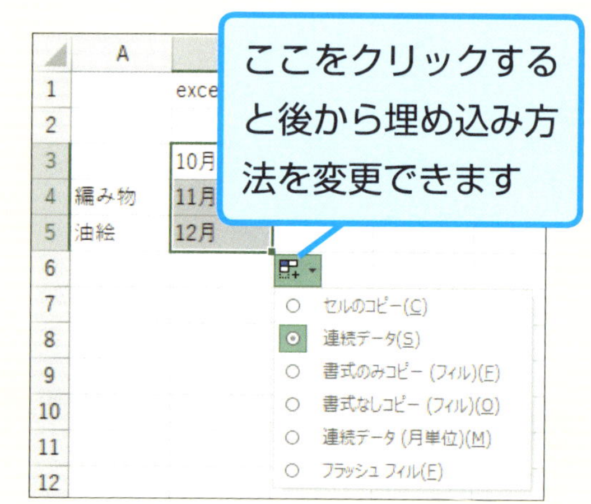

セルの選択範囲を広げようとしたら、セルの内容が移動してしまった

A 選択範囲を広げるときはマウスポインターの形状に注意しましょう

選択範囲を広げるときは、マウスポインターの形状が✚になっていることを確認してドラッグします。しかし、アクティブセルにマウスポインターを合わせたときは、マウスポインターの形状が✥となり、ドラッグするとセルが移動してしまいます。選択範囲を広げる前に、マウスポインターの形状を必ず確認してください。

● セルが正しく選択できるとき

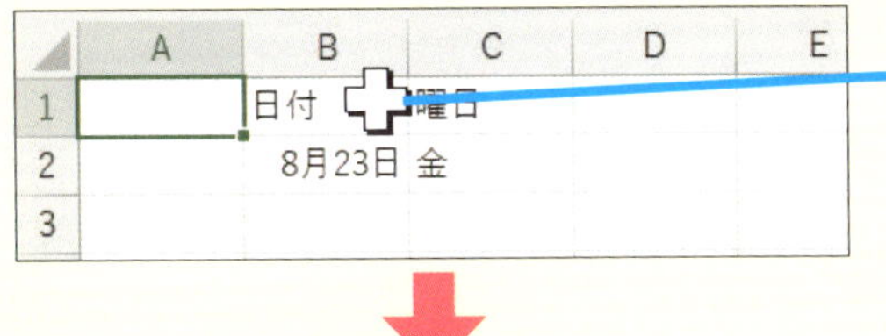

セルB1からセルC2を選択します

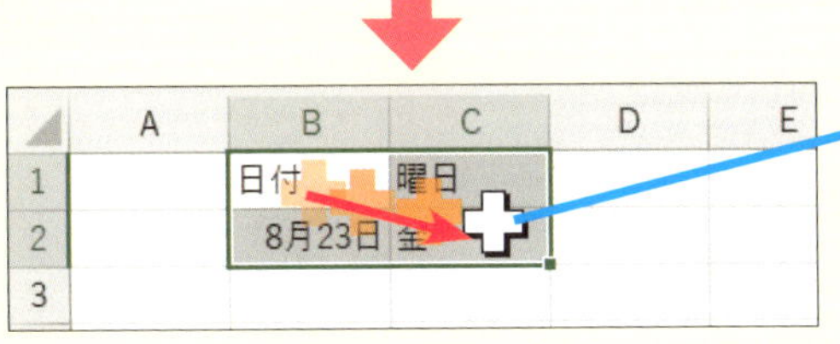

範囲選択を広げるときは、マウスポインターの形状が✚か確認してドラッグします

● セルが移動してしまうとき

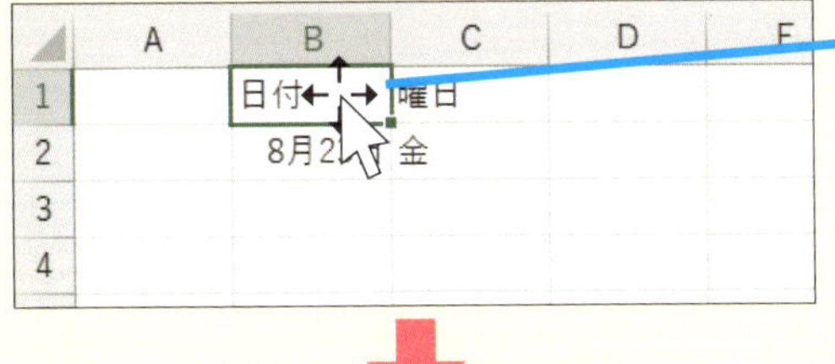

セルB1を選択します

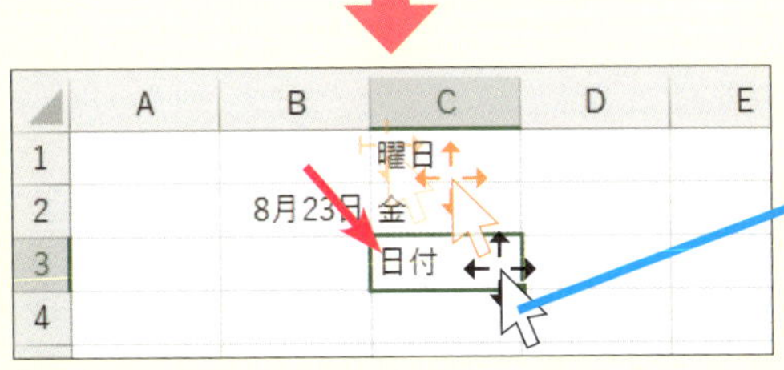

マウスポインターの形状が✥のときにドラッグすると、セルが移動してしまいます

簡単に「上書き保存」を実行したい

A ［ファイル］タブの上側にある［上書き保存］ボタンをクリックします

いったん保存したブックであれば、［ファイル］タブの上にある［上書き保存］ボタン（ ）をクリックすれば、すぐにブックを保存できます。ただ、2回目以降の上書き保存では、保存の実行や中止に関して何も確認のメッセージが表示されません。上書き保存の場合は、編集内容にかかわらず、以前のブックの内容が失われてしまいます。古いブックを取っておきたいときは、レッスン⓬を参考に名前を付けてブックを保存しましょう。

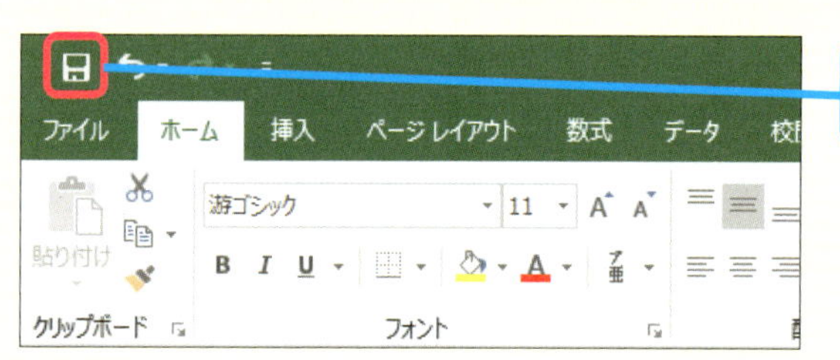

◆［上書き保存］ボタン

●いったん保存したブックで上書き保存を実行する場合

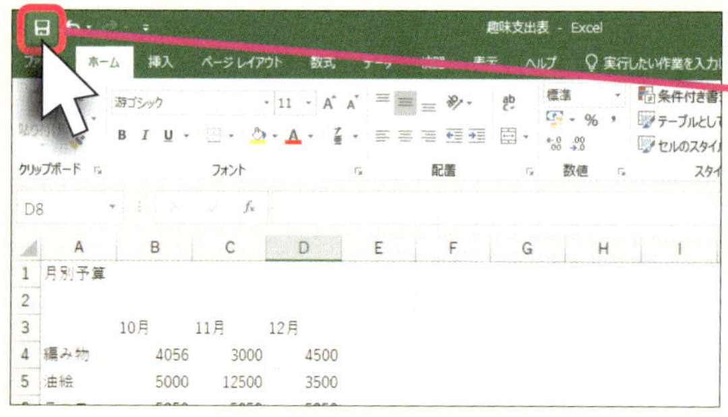

 に を合わせ、そのまま、マウスをクリック しします

いったん保存したブックで、［上書き保存］ボタンをクリックするとブックが上書き保存されます

保存に関する確認のメッセージや画面は表示されません

ヒント

新規に作成したブックで、初めて［上書き保存］ボタンをクリックすると［名前を付けて保存］の画面が表示されます。

第4章

セルで計算をしてみよう

エクセルは表を作成するだけでなく、表を使った計算がとても得意です。この章では、第３章で作成した趣味支出表を元にして、月々の合計や項目ごとの平均を求める計算のやり方などを紹介します。セルに入力した数字のデータを計算に活用し、表を仕上げていきましょう。

この章の内容

レッスン 20

電卓のように計算しよう

キーワード 数式　練習用ファイル ▶レッスン20.xlsx

エクセルでは、電卓を使って行うような計算も簡単です。足し算、引き算、掛け算、割り算などの演算子を使って数式を入力することで、けた数が多い場合や式が複雑で長いときも、すぐに正確な計算結果を求められます。このレッスンでは四則演算の方法で、10月から12月の編み物の合計金額を計算しましょう。

操作はこれだけ

合わせる 　クリック 　入力する 

セルの中に四則演算の数式を入力します

先頭に「=」を付けて、数式を入力します

	A	B	C	D	E	F
1	=1+2*3					
2						

(SUM　=1+2*3)

	A	B	C	D	E	F
1	7					
2						

(A1　=1+2*3)

数式バーに数式、セルに数式の計算結果が表示されます

●計算の方法

セルの中で計算するときは、数式の宣言として半角文字の「=」（イコール）を先頭に入力し、続けて数式を入力します。

ヒント

エクセルでは掛け算の「×」は「*」（アスタリスク）、割り算の「÷」は「/」（スラッシュ）の演算子で表します。演算子や数式を入力するときは、全角文字ではなく半角文字で入力してください。

●エクセルで使う演算子

内容	演算子	入力方法（キー操作）
数式の宣言	=	Shift + = - ほ キー
足し算	+	Shift + + ; れ キー
引き算	-	= - ほ キー
掛け算	*	Shift キー＋ * : け キー
割り算	/	? / め キー

① アクティブセルを移動します

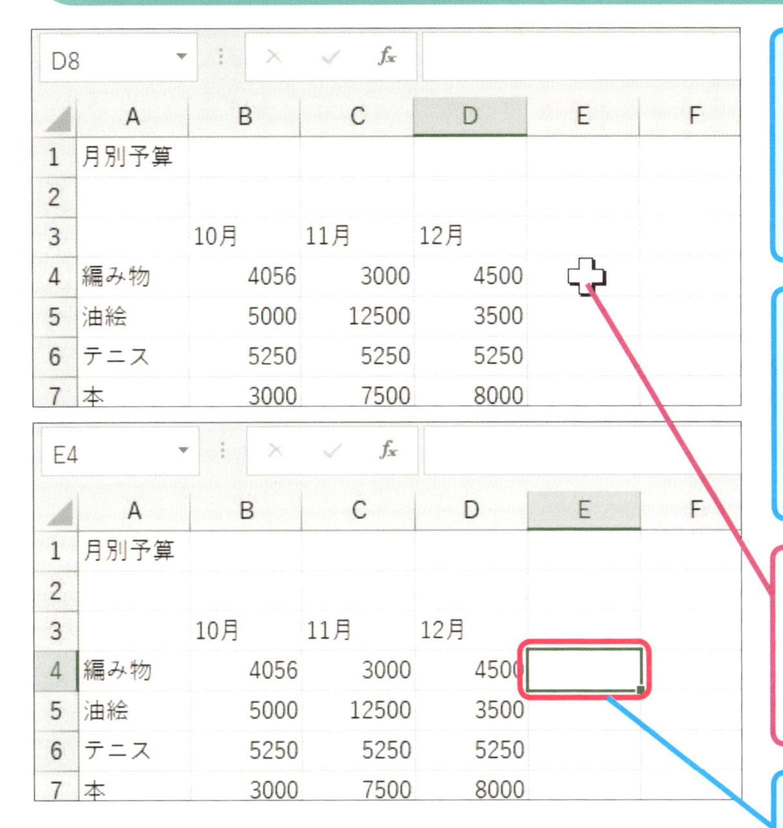

レッスン⓭（81ページ）を参考にして「趣味支出表」のブックを開いておきます

ここでは、セルE4に「=4056+3000+4500」と数式を入力します

セルE4に✚を合わせ、そのまま、マウスをクリックします

セルE4がアクティブセルになりました

② アクティブセルに「=」を入力します

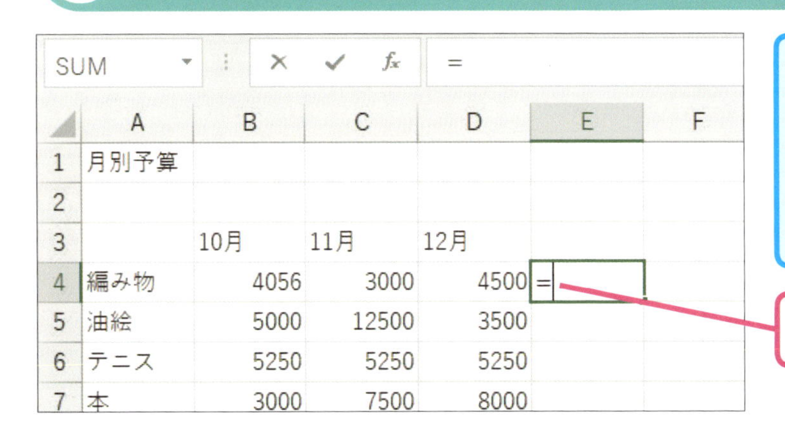

レッスン⓫の手順2（67ページ）を参考にして入力モードを［半角英数］に切り替えます

「=」と入力します

次のページに続く▶▶▶

③ アクティブセルに数式の内容を入力します

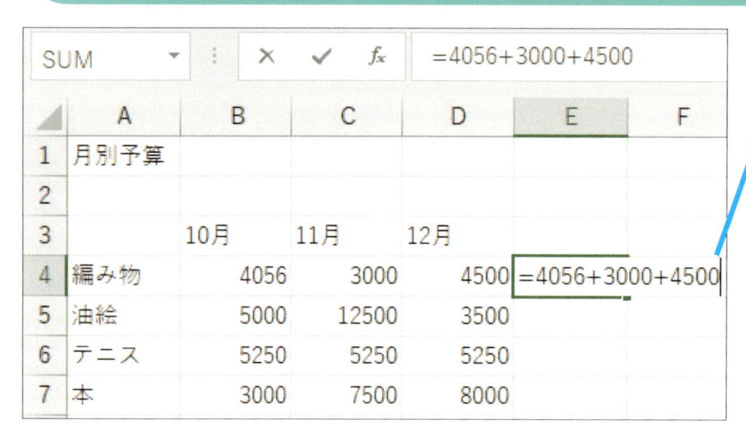

そのまま、「4056+3000+4500」と入力します

Enter キーを押します

注意

数式の最後の文字が演算子（「+」「-」「*」「/」）だとエラーが発生し、セルの入力を確定できません

④ 数式と計算結果を表示します

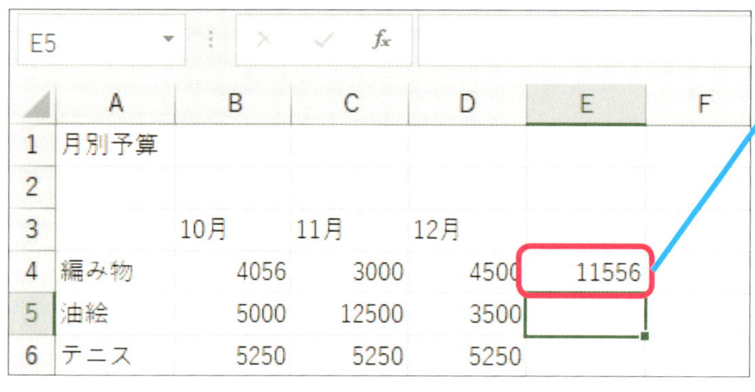

数式の入力が確定し、数式の計算結果が表示されました

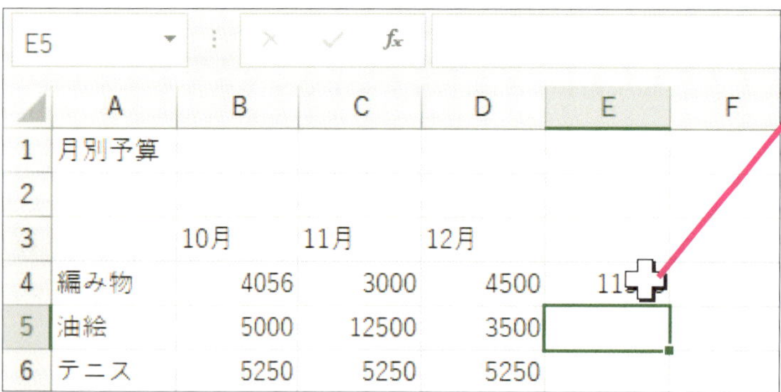

セルE4に✚を合わせ、そのまま、マウスをクリックします

5 数式と計算結果を確認します

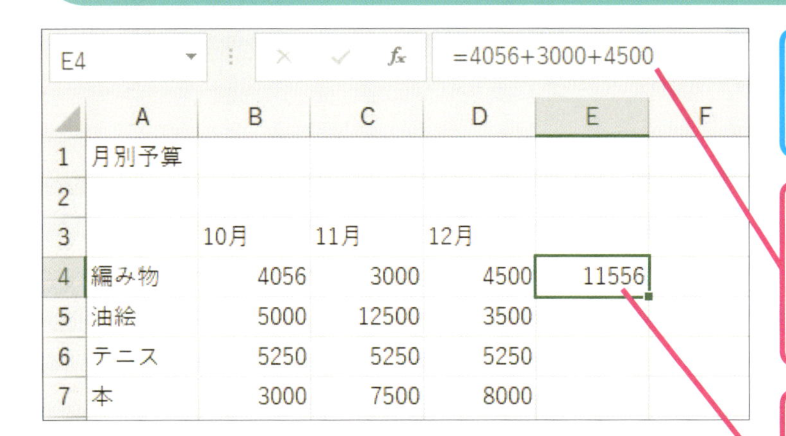

セルE4がアクティブセルになりました

❶数式バーに数式が表示されていることを確認します

❷セルE4に計算結果が表示されていることを確認します

6 アクティブセルの数式を消去します

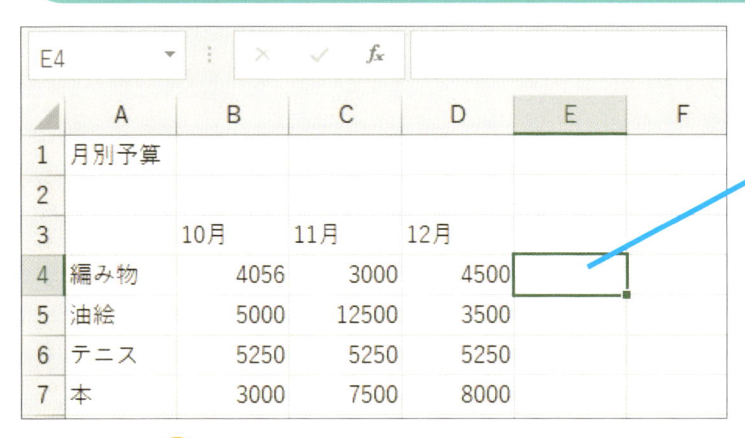

Deleteキーを押します

アクティブセルの数式が消去されました

ヒント

手順5で数式の入力を確定した後でも、レッスン⓫（68ページ）の方法で、いつでも数式の内容を編集できます。

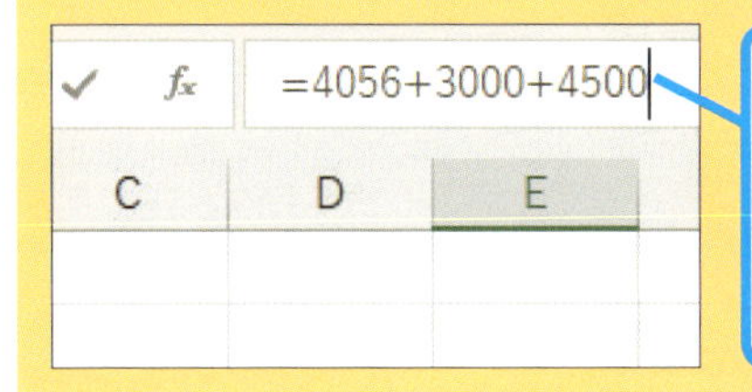

数式バーにカーソル（|）を表示すれば、数式を編集できます

データの合計を求めよう

キーワード オートSUM（オートサム）

練習用ファイル  レッスン21.xlsx

セルに入力された数字データから、このレッスンでは関数を使って合計金額を求めます。関数とはエクセルでよく使う計算をひとまとめにしたものです。「合計」や「平均」など、関数を使えばいちいち数式を入力しなくても簡単に計算できます。このレッスンでは［オートSUM］ボタンを使って合計を求めてみましょう。

操作はこれだけ

合わせる  クリック  ドラッグ 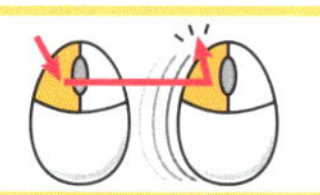

選択範囲を広げて［オートSUM］ボタンをクリックします

関数の使用

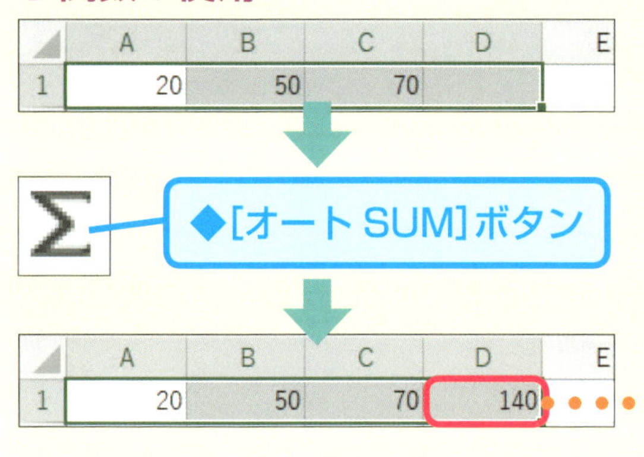

SUM関数（サム関数）

=SUM(A1:C1)

セルA1からセルC1までのデータの合計

関数を使わない数式

数式 =A1+B1+C1 結果 140

セルA1とB1、C1のデータの合計を計算します

D1 =A1+B1+C1

	A	B	C	D	E
1	20	50	70	140	

関数を使った数式

数式 =SUM(A1:C1) 結果 140

セルA1からC1までのデータの合計を計算します

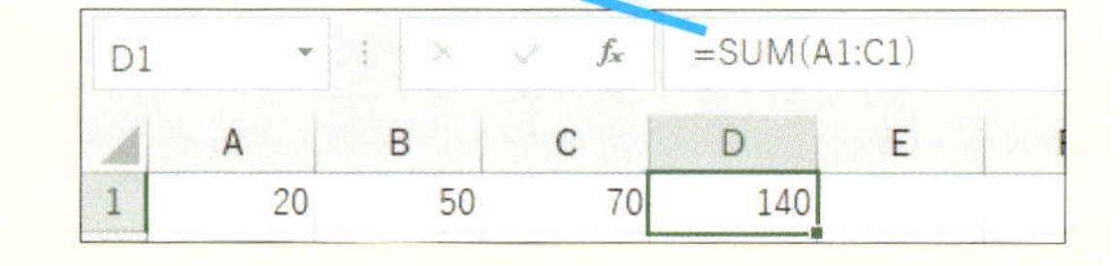

第4章 セルで計算をしてみよう

① 表の項目名を入力します

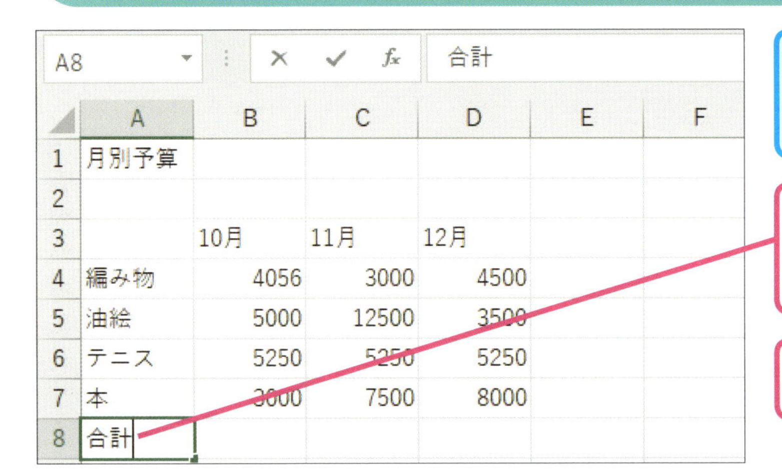

A8 | 合計

	A	B	C	D	E	F
1	月別予算					
2						
3		10月	11月	12月		
4	編み物	4056	3000	4500		
5	油絵	5000	12500	3500		
6	テニス	5250	5250	5250		
7	本	3000	7500	8000		
8	合計					

ここでは、趣味支出の10月分の合計を求めます

❶セルA8に「合計」と入力します

❷ Enter キーを押します

② 選択範囲を広げます

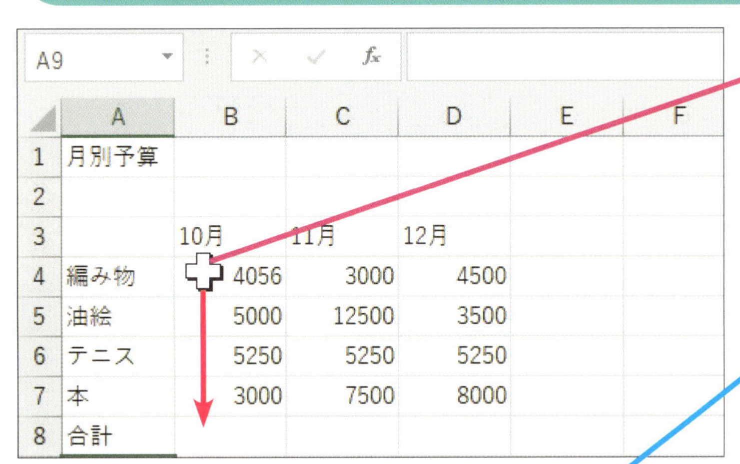

A9

	A	B	C	D	E	F
1	月別予算					
2						
3		10月	11月	12月		
4	編み物	4056	3000	4500		
5	油絵	5000	12500	3500		
6	テニス	5250	5250	5250		
7	本	3000	7500	8000		
8	合計					

セルB4に を合わせ、そのまま、セルB8までマウスをドラッグ 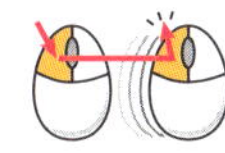 します

B4 | 4056

	A	B	C	D	E	F
1	月別予算					
2						
3		10月	11月	12月		
4	編み物	4056	3000	4500		
5	油絵	5000	12500	3500		
6	テニス	5250	5250	5250		
7	本	3000	7500	8000		
8	合計					
9						

セルB4からセルB8が選択範囲になりました

間違った場合は？

選択範囲がセルB4からセルB8以外に広がってしまった場合、セルB4に を合わせて、もう一度、セルB8までのドラッグをやり直します

次のページに続く▶▶▶

3 合計を求めます

［ホーム］タブの内容を表示しておきます

Σに を合わせ、そのまま、マウスをクリック します

ヒント

画面の大きさや設定によって、リボンに表示されているボタンの並び方や絵柄、大きさが変わることがあります。その場合は、リボン名などを参考に読み進めてください。

Σ オート SUM

画面の大きさや設定によってボタンの表示が異なります

4 合計が求められました

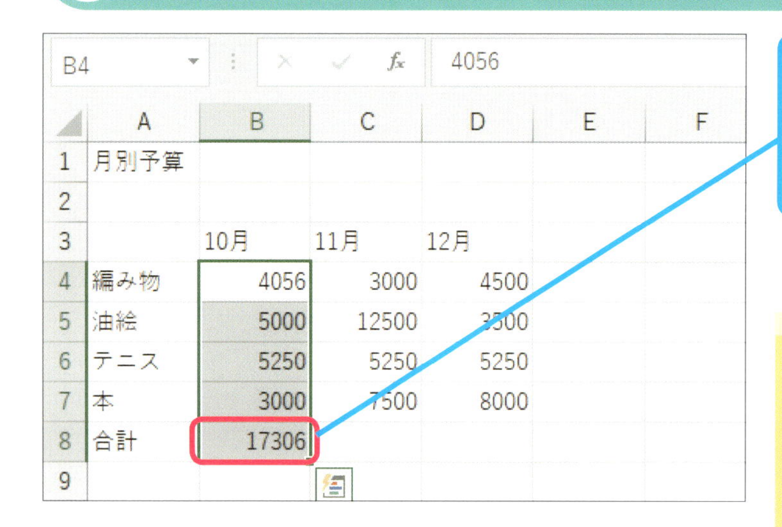

	A	B	C	D	E	F
1	月別予算					
2						
3		10月	11月	12月		
4	編み物	4056	3000	4500		
5	油絵	5000	12500	3500		
6	テニス	5250	5250	5250		
7	本	3000	7500	8000		
8	合計	17306				
9						

セルB4からセルB7の合計が、セルB8に表示されました

ヒント

セルの選択範囲を広げてΣをクリックすると、セルのデータの合計が、隣接するセルに表示されます。

⑤ アクティブセルを変更します

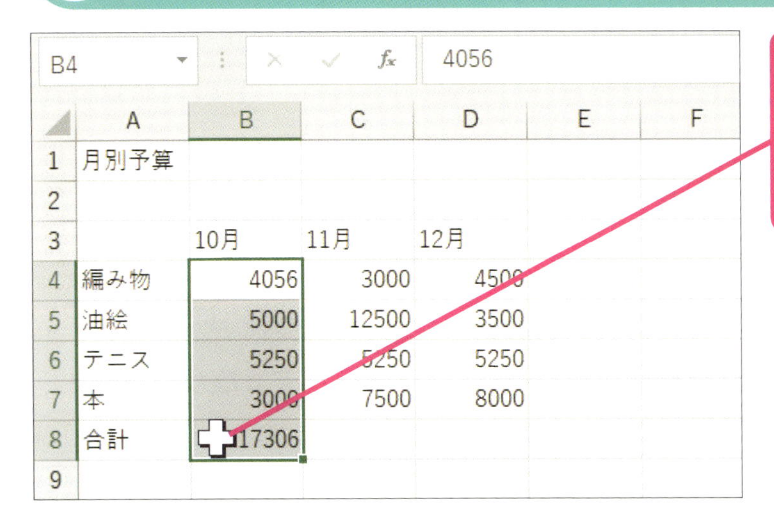

セルB8に を合わせ、そのまま、マウスをクリック します

⑥ 数式と計算結果を確認します

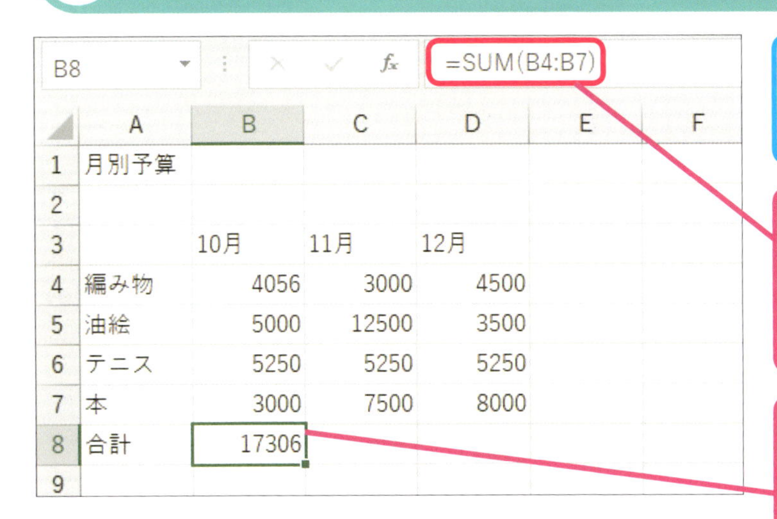

セルB8がアクティブセルになりました

❶数式バーに数式が表示されていることを確認します

❷セルB8に計算結果が表示されていることを確認します

ヒント

数式バーには「数式」が表示され、セルには「数式の計算結果」が表示されます。

レッスン 22

数式をコピーしよう

キーワード 数式のコピー

数式や関数を使うと、簡単に計算結果が求められますが、計算したいデータが多い場合、レッスン㉑の方法で1つずつ数式を入力するのは大変です。隣の行や列に数字が同じように並んでいれば、オートフィルの機能を利用して、フィルハンドルをドラッグするだけで、数式を一気にコピーしてまとめて計算ができます。

操作はこれだけ

合わせる  クリック  ドラッグ 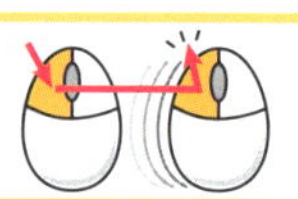

フィルハンドルをドラッグします

セルB4からセルB7の合計がセルB8に表示されています

	A	B	C	D	E	F
1	月別予算					
2						
3		10月	11月	12月		
4	編み物	4056	3000	4500		
5	油絵	5000	12500	3500		
6	テニス	5250	5250	5250		
7	本	3000	7500	8000		
8	合計	17306				

フィルハンドルをドラッグすると、数式がコピーされます

●数式のコピー

数式が入っているセルのフィルハンドルをドラッグします。

3000
17306

◆フィルハンドル

	A	B	C	D	E	F
1	月別予算					
2						
3		10月	11月	12月		
4	編み物	4056	3000	4500		
5	油絵	5000	12500	3500		
6	テニス	5250	5250	5250		
7	本	3000	7500	8000		
8	合計	17306	=SUM(C4:C7)			

セルC4からセルC7の合計がセルC8に表示されます

数式の入ったセルをダブルクリックすると、関数の参照セルが枠で囲まれます

① フィルハンドルにマウスポインターを合わせます

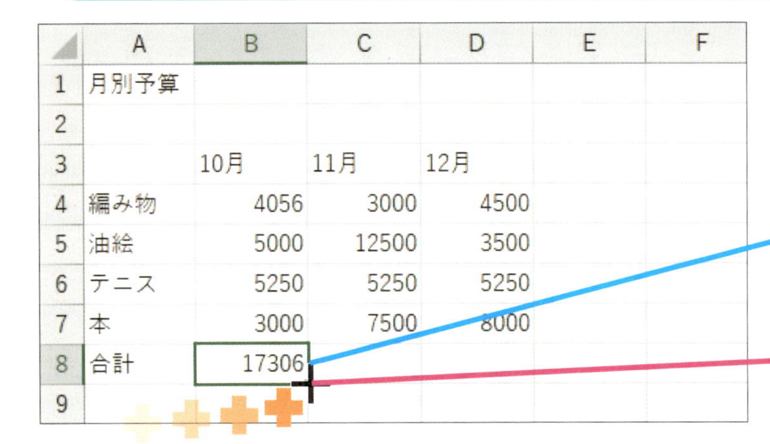

	A	B	C	D	E	F
1	月別予算					
2						
3		10月	11月	12月		
4	編み物	4056	3000	4500		
5	油絵	5000	12500	3500		
6	テニス	5250	5250	5250		
7	本	3000	7500	8000		
8	合計	17306				
9						

ここでは、月ごとの合計を求めます

セルB8をアクティブセルにしておきます

フィルハンドルに＋を合わせます

② フィルハンドルをドラッグします

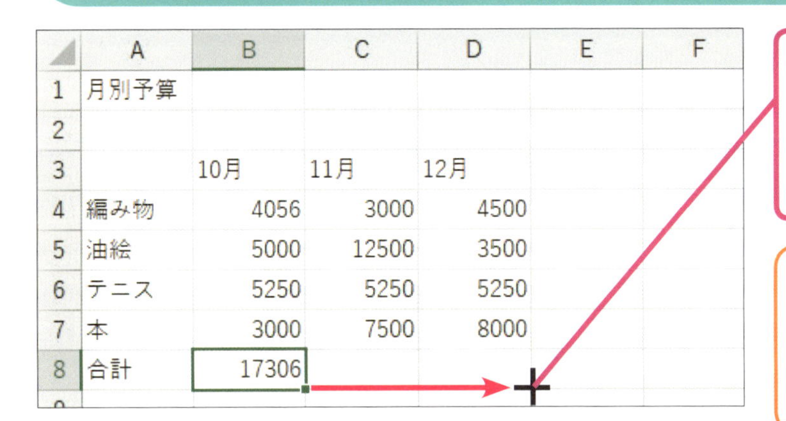

	A	B	C	D	E	F
1	月別予算					
2						
3		10月	11月	12月		
4	編み物	4056	3000	4500		
5	油絵	5000	12500	3500		
6	テニス	5250	5250	5250		
7	本	3000	7500	8000		
8	合計	17306				

そのまま、セルD8までマウスをドラッグします

注意

マウスポインターが＋になっていることを確認してからドラッグしましょう

③ 数式がコピーされました

	A	B	C	D	E	F
1	月別予算					
2						
3		10月	11月	12月		
4	編み物	4056	3000	4500		
5	油絵	5000	12500	3500		
6	テニス	5250	5250	5250		
7	本	3000	7500	8000		
8	合計	17306	28250	21250		

セルB8の数式が、セルC8からセルD8にコピーされました

レッスン 23

平均を計算しよう

動画で見る

キーワード AVERAGE関数（アベレージ関数） 練習用ファイル 

レッスン㉑（116ページ）で説明した[オートSUM］ボタンは、合計だけではなく、選択範囲のデータの平均や最大、最小などの値を求めるときにも使用します。このレッスンでは、［オートSUM］ボタンで平均を求めるときに、セルを手動で選択せず、自動で選択する方法を解説します。

操作はこれだけ　合わせる 　クリック 　ドラッグ 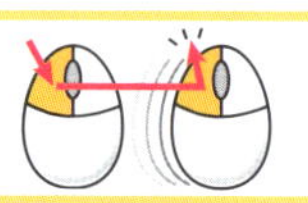

平均を求めるセルの隣をアクティブセルにします

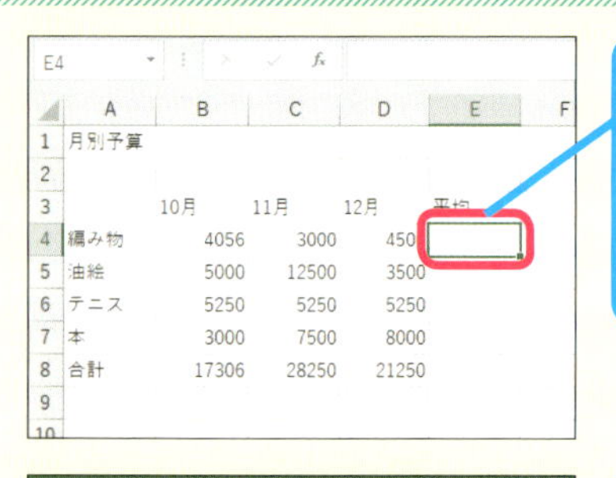

数字が並んだセルの隣をアクティブセルにします

Σ・の・から 平均(A) を選択します

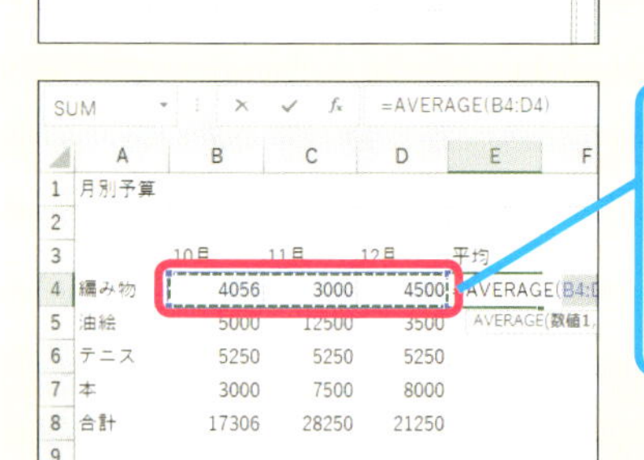

平均を求めるセルが自動で選択されます

● セルの自動選択

数字が並んだセルの右側や下側をアクティブセルにした後に、平均を求める「AVERAGE（アベレージ）関数」を［オートSUM］ボタンの一覧から入力します。

ヒント

［オートSUM］ボタンの一覧から、合計や平均のほかに、数値の個数、最大値、最小値を求める関数などを簡単に入力できます。

第4章 セルで計算をしてみよう

① セルE3に項目名を入力します

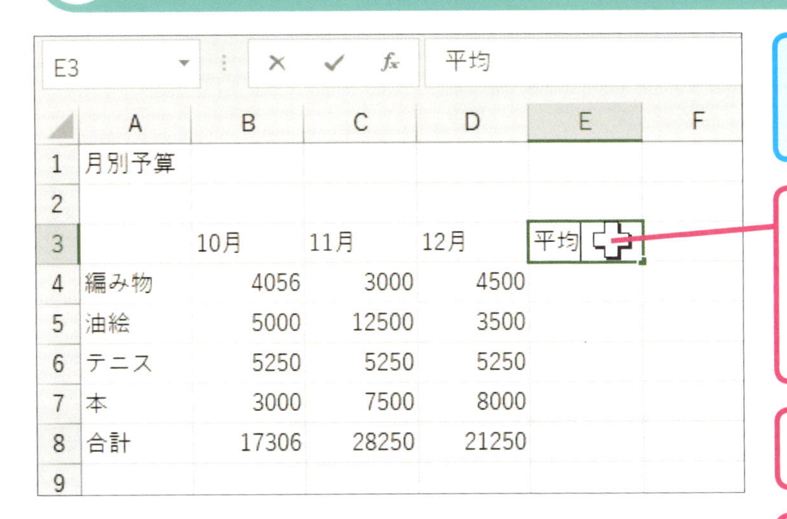

ここでは、編み物の支出の月平均を求めます

❶セルE3に✚を合わせ、そのまま、マウスをクリックします

❷「平均」と入力します

❸ Enter キーを押します

② 関数の一覧を表示します

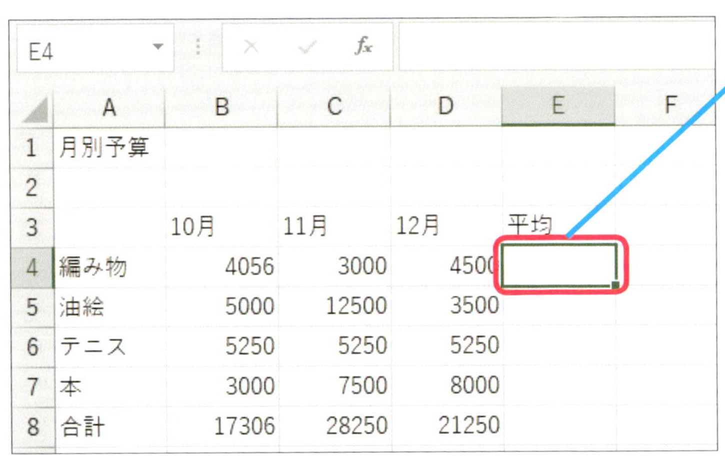

セルE4がアクティブセルになりました

［ホーム］タブの内容を表示しておきます

Σ の ▾ に を合わせ、そのまま、マウスをクリックします

次のページに続く ▶▶▶

3 [平均] を選択します

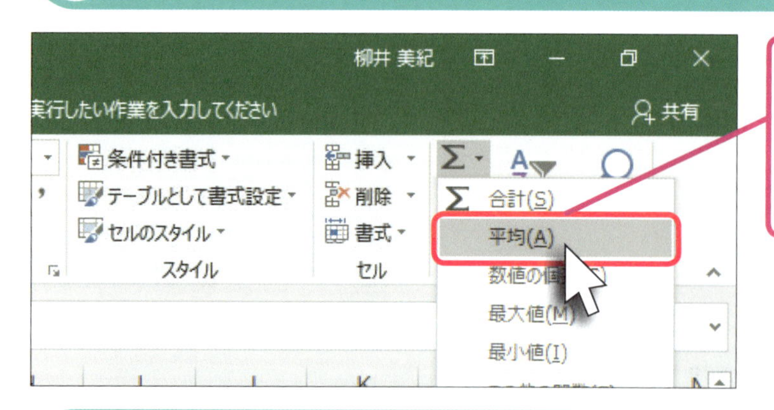

平均(A) にを合わせ、そのまま、マウスをクリックします

4 平均の関数を入力します

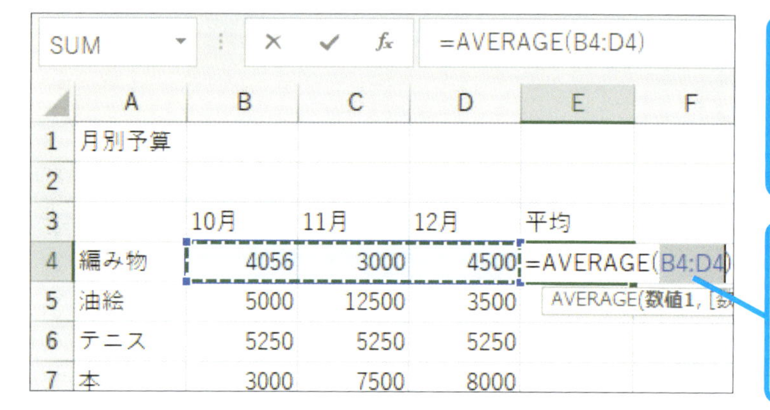

	A	B	C	D	E	F
1	月別予算					
2						
3		10月	11月	12月	平均	
4	編み物	4056	3000	4500	=AVERAGE(B4:D4)	
5	油絵	5000	12500	3500		
6	テニス	5250	5250	5250		
7	本	3000	7500	8000		

セルB4からセルD4が自動的に参照されて数式に入力されます

「=AVERAGE(B4:D4)」と表示されました

Enter キーを押します

5 平均値が求められました

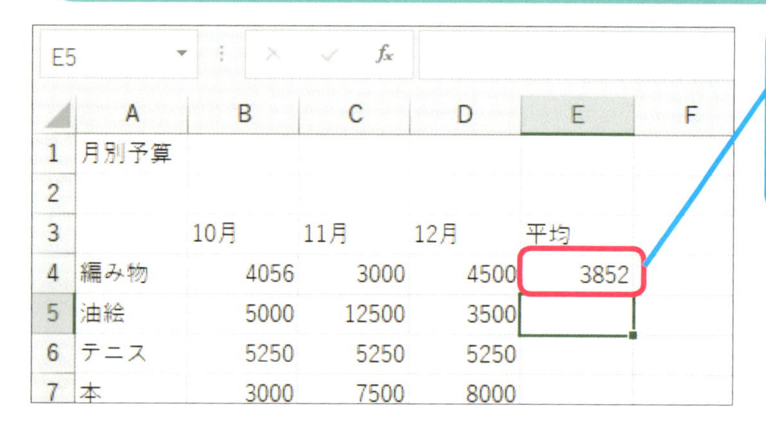

	A	B	C	D	E	F
1	月別予算					
2						
3		10月	11月	12月	平均	
4	編み物	4056	3000	4500	3852	
5	油絵	5000	12500	3500		
6	テニス	5250	5250	5250		
7	本	3000	7500	8000		

セルB4からセルD4の平均値がセルE4に表示されました

6 数式をコピーします

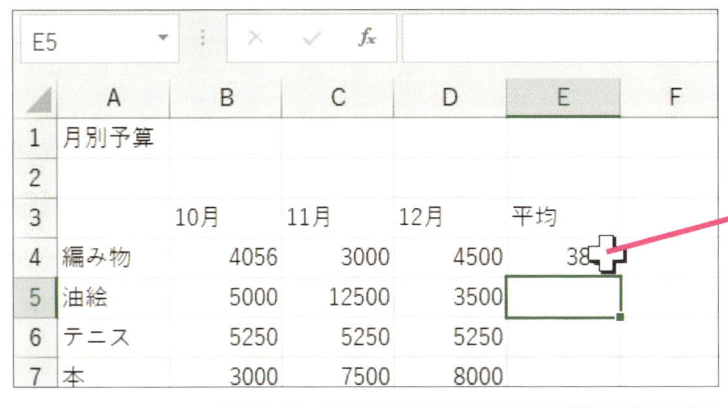

E5 | fx

	A	B	C	D	E	F
1	月別予算					
2						
3		10月	11月	12月	平均	
4	編み物	4056	3000	4500	38	
5	油絵	5000	12500	3500		
6	テニス	5250	5250	5250		
7	本	3000	7500	8000		

ここでは、各支出の月平均を求めます

❶セルE4に［ポインタ］を合わせ、そのまま、マウスをクリック［クリック］します

E4 | fx =AVERAGE(B4:D4)

	A	B	C	D	E	F
1	月別予算					
2						
3		10月	11月	12月	平均	
4	編み物	4056	3000	4500	3852	
5	油絵	5000	12500	3500		
6	テニス	5250	5250	5250		
7	本	3000	7500	8000		

セルE4がアクティブセルになりました

❷フィルハンドルに＋を合わせ、そのまま、セルE7までマウスをドラッグ［ドラッグ］します

7 数式がコピーされました

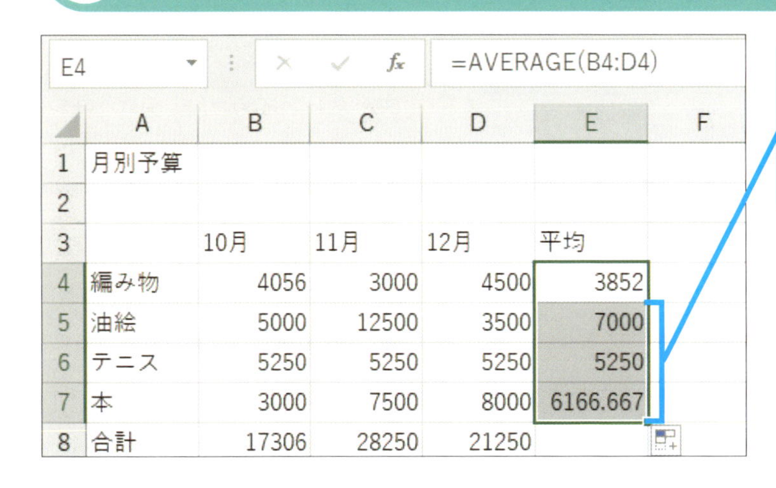

E4 | fx =AVERAGE(B4:D4)

	A	B	C	D	E	F
1	月別予算					
2						
3		10月	11月	12月	平均	
4	編み物	4056	3000	4500	3852	
5	油絵	5000	12500	3500	7000	
6	テニス	5250	5250	5250	5250	
7	本	3000	7500	8000	6166.667	
8	合計	17306	28250	21250		

セルE4の数式が、セルE5からセルE7にコピーされました

レッスン 24 表に日時を表示しよう

キーワード NOW関数（ナウ関数）

練習用ファイル  レッスン24.xlsx

表を用紙に印刷するときは、いつ印刷した表なのかがひと目で分かるように、表の目立つところに日時を挿入しておきましょう。表を印刷するたびに毎回最新の日時を入力するのは大変です。ブックを開いた日時をセルに表示する「NOW（ナウ）関数」を利用すれば、ブックを開くたびに日付の表示が更新されます。

操作はこれだけ

合わせる  クリック 

[数式] タブの [日付/時刻] ボタンから入力します

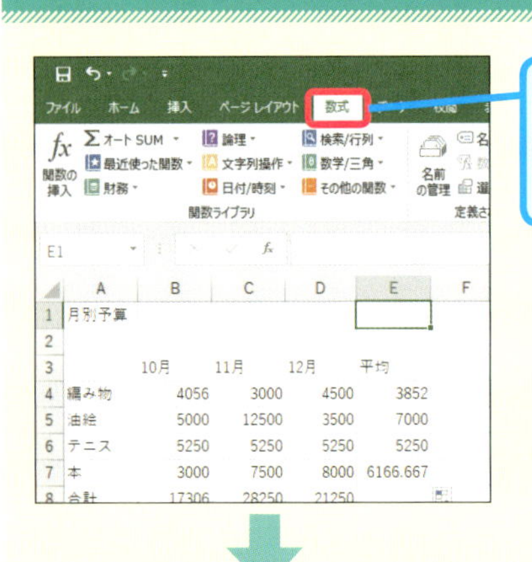

[数式] タブに表示を切り替えます

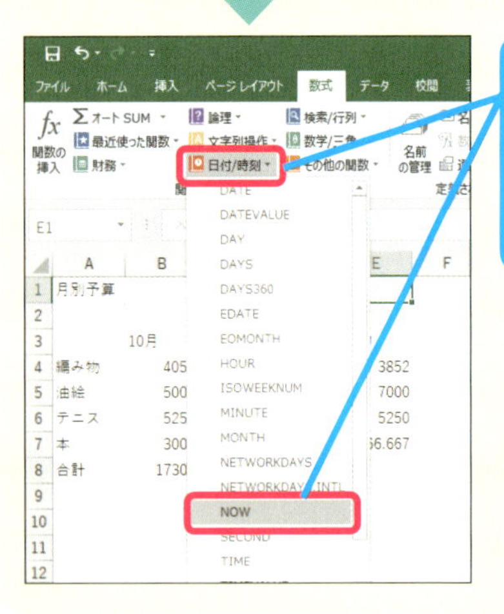

[日付/時刻] ボタンから NOW を選びます

● リボンの [数式] タブ

[ホーム] タブでも関数の一部は入力できますが、[数式] タブに表示を切り替えると、さらに多くの関数を簡単に入力できます。

ヒント

[数式] タブには、エクセルの関数を利用するためのボタンがまとまっています。エクセルには関数が480種類以上ありますが、[財務] や [日付/時刻] などボタンで分類されているため、必要な関数を選びやすくなっています。

① アクティブセルを移動します

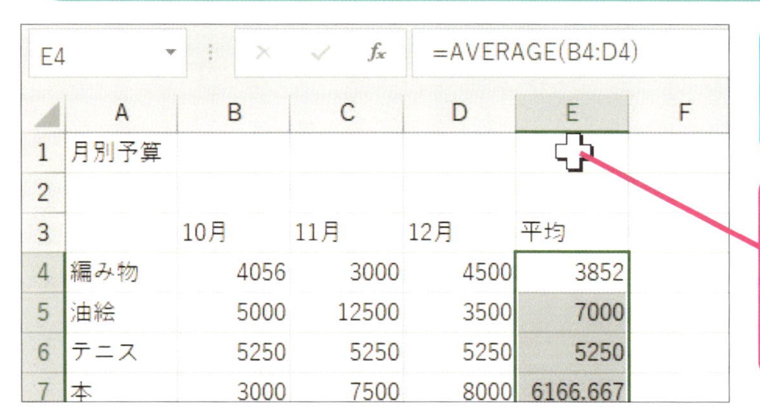

ここでは、セルE1に現在の日時を表示します

セルE1にを合わせ、そのまま、マウスをクリックします

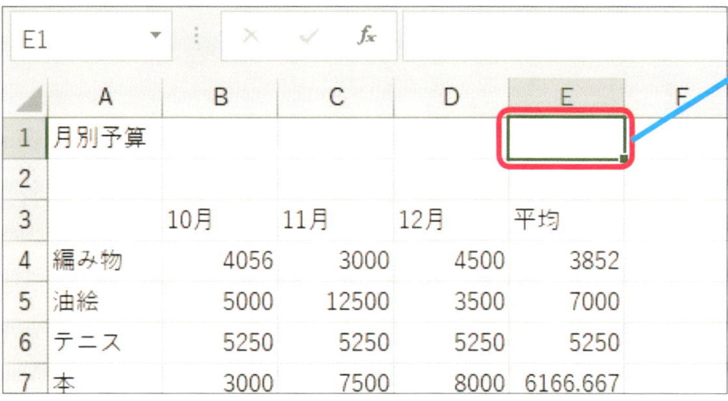

セルE1がアクティブセルになりました

② リボンの［数式］タブを表示します

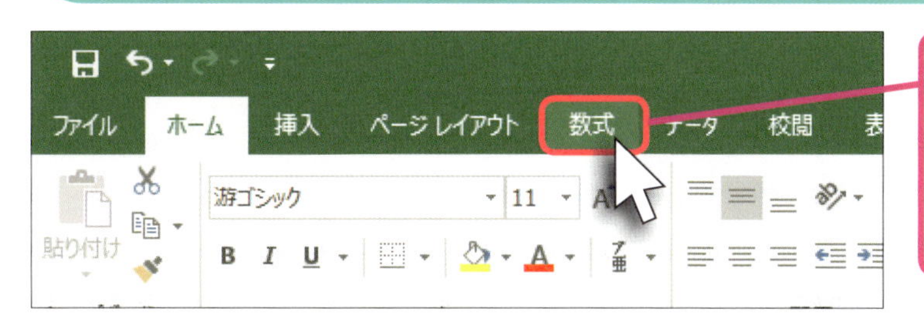

数式 にを合わせ、そのまま、マウスをクリックします

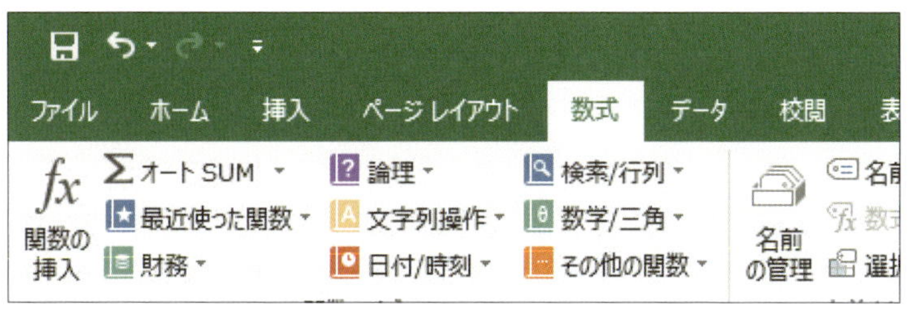

［数式］タブの内容が表示されました

次のページに続く ▶▶▶

3 関数の一覧を表示します

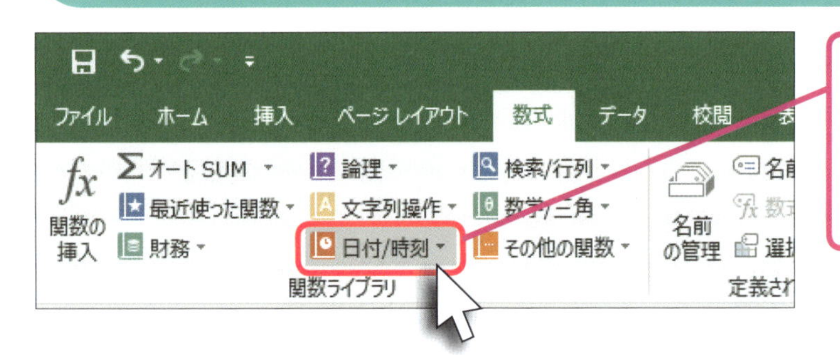

[日付/時刻]にを合わせ、そのまま、マウスをクリックします

4 [NOW] を選択します

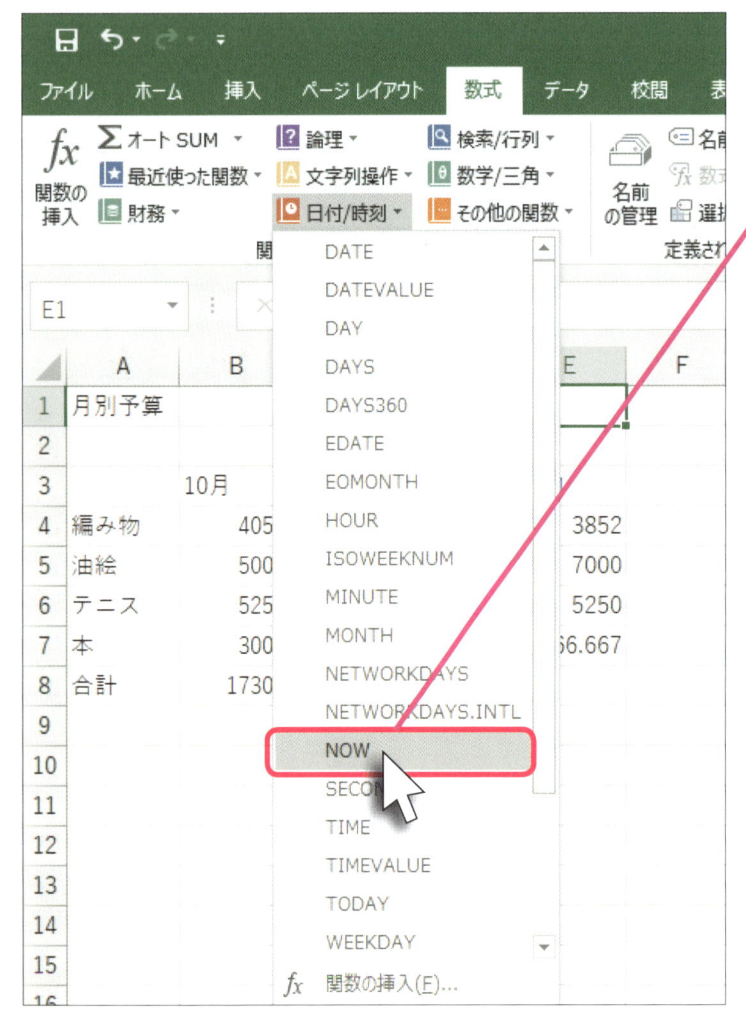

[日付/時刻] の一覧が表示されました

[NOW]にを合わせ、そのまま、マウスをクリックします

ヒント

[オートSUM] ボタンは [ホーム] タブと [数式] タブの両方にあります。[オートSUM] ボタンにはよく利用する関数が集まっています。

5 [OK] ボタンをクリックします

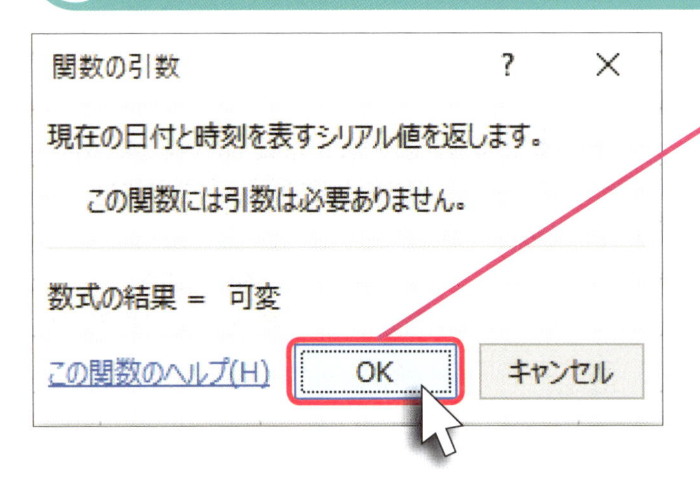

OK に を合わせ、そのまま、マウスをクリックします

ヒント

関数でかっこに囲まれた文字を「引数」（ひきすう）と呼びます。例えば「=SUM(A1:E1)」の場合、「A1:E1」が引数です。NOW関数には引数が必要ありません。

6 ブックを上書きで保存します

E1 =NOW()

	A	B	C	D	E
1	月別予算				2019/8/1 14:52
2					
3		10月	11月	12月	平均
4	編み物	4056	3000	4500	3852
5	油絵	5000	12500	3500	7000
6	テニス	5250	5250	5250	5250
7	本	3000	7500	8000	6166.666667

セルE1に現在の日時が表示されました

編集した内容を失わないように、レッスン⑲（105ページ）を参考にしてブックを上書きで保存しておきます

ヒント

NOW関数で入力した日時は、ブックを開くたびに最新の日時に自動的に更新されます。そのため、ブックを閉じるときに毎回保存を促すメッセージが表示されます。

レッスン❺（37ページ）を参考にしてエクセルを終了しておきます

セルの数値を数式に入力してはいけないの？

A 数値を入力するより、セル番号を参照する方が便利です

レッスン⓴では、編み物の合計を「=4056+3000+4500」と入力して、レッスンの最後に消去しました。レッスン⓴では、エクセルを電卓のように利用できることと、四則演算の基本を紹介しています。しかしエクセルでは、数式に「セル内の数値」を入力するより「セル番号」を参照する方が便利です。セル番号を参照していれば、「セル内の数値」を変更すると自動で再計算されます。また、セル番号を参照した数式をコピーすると、参照先が変わるので、複数の数式を入力する手間も省けます（134ページを参照）。

● セル内の数値を入力した数式

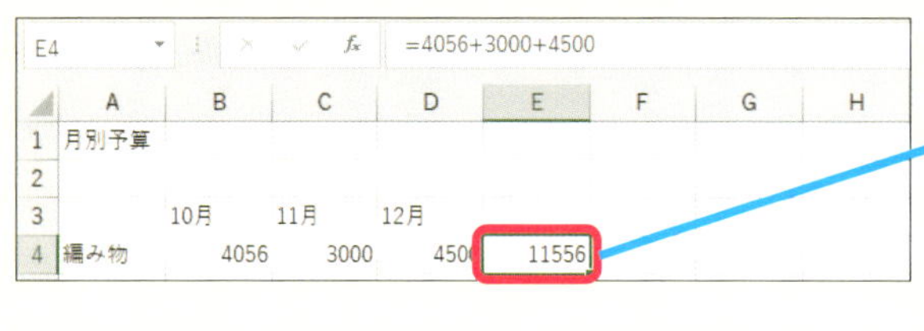

セルE4に「=4096+3000+4500」の数式が入力されています

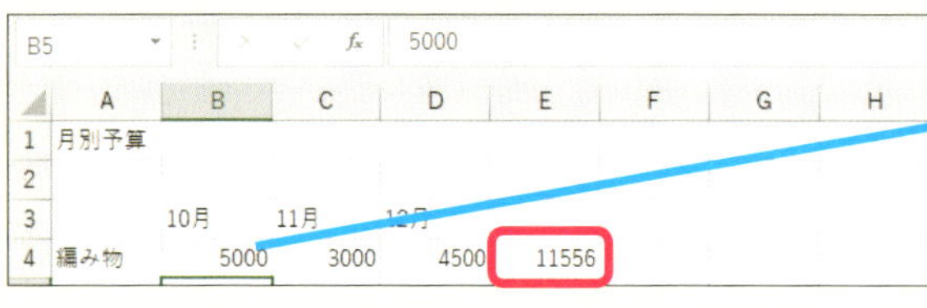

セルB4を「5000」にしても再計算されません

● セル番号を指定した数式

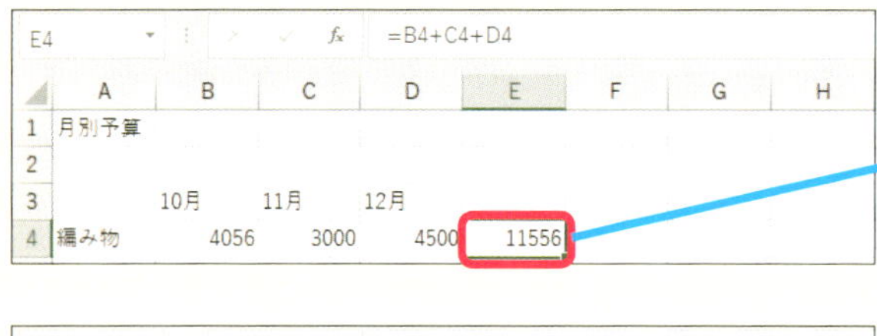

セルE4に「=B4+C4+D4」の数式が入力されています

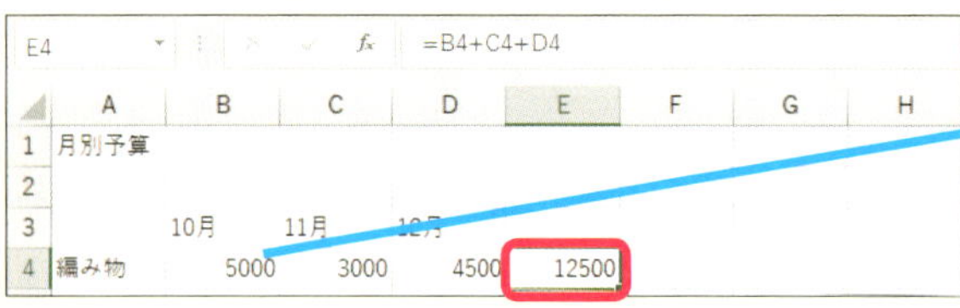

セルB4を「5000」にすると自動で再計算されます

合計や平均で求めたい範囲が違っている

A 色が付いた枠をドラッグしてセルの選択範囲を変更します

数字や計算結果のセルが隣り合っていれば、合計や平均を求めたいセルが正しく選択されます。数字と計算結果のセルの間に別の数式が入っているときは、セルが正しく選択されないことがあります。エクセルが自動的に参照したセルと違う部分を計算したい場合は、セルの選択範囲を変更します。

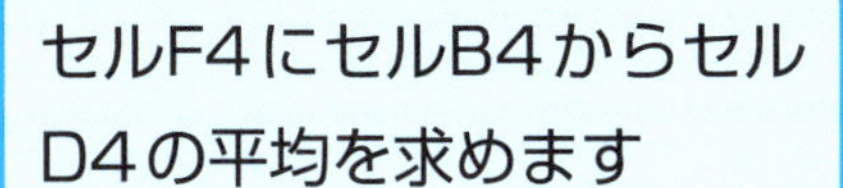

❶レッスン㉓を参考にして、平均の関数を入力します

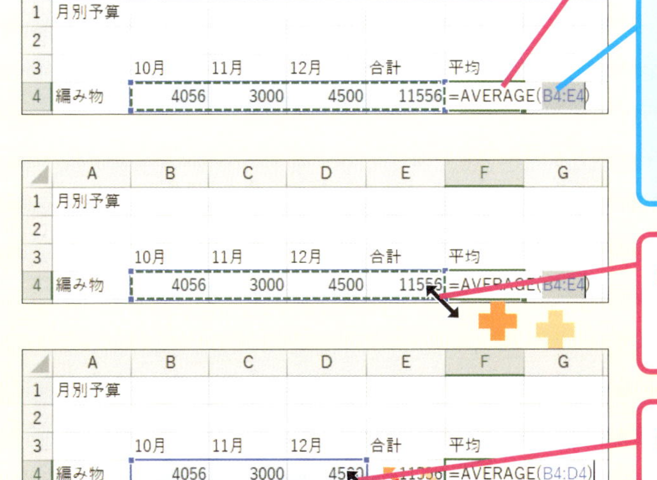

「=AVERAGE(B4:E4)」と表示され、セルB4からセルE4が選択されてしまいました

❷セルE4の■に✚を合わせて↘にします

❸そのまま、セルD4までマウスをドラッグします

❹ Enter キーを押します

セルF4にセルB4からセルD4の平均が求められました

NOW関数の日付はいつ変わるの？

A ブックを開いたときなどに変わります

NOW関数の日付や日時は、NOW関数を入力したときやブックを開いたとき、何かセルを編集したときなどに最新の日時をパソコンから自動的に取り込み、表示を更新します。

ブックを開いたときの日時が自動的に表示されます

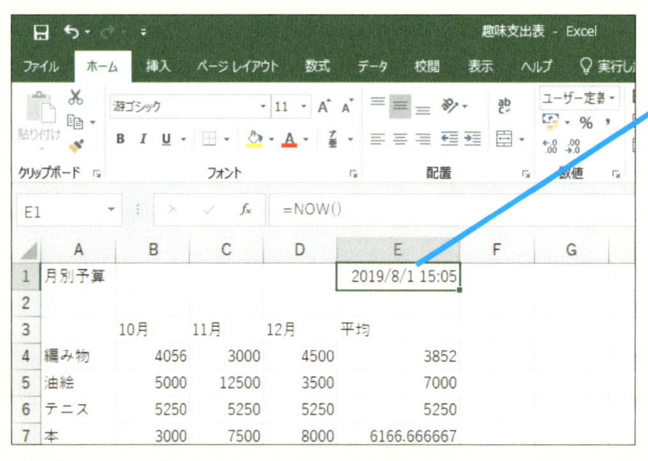

8月1日にブックを開くと、このように表示されます

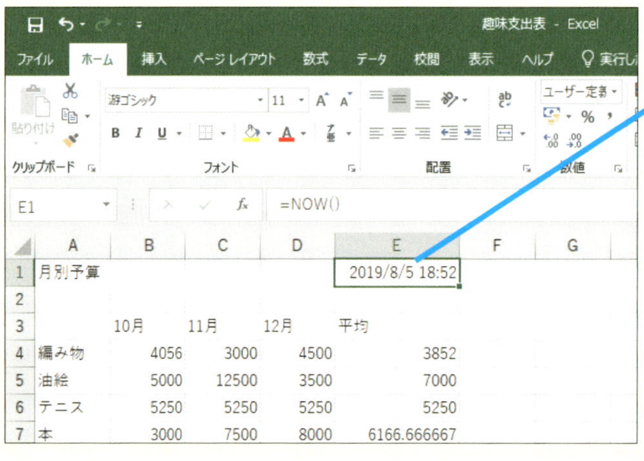

8月5日にブックを開くと、このように表示されます

数式がうまく入力できないのはなぜ？

A 「=」や、演算子（「+」「-」「*」「/」）が正しく入力されているか確認します

エクセルで計算をするときには、数式の先頭に必ず半角文字の「=」を入力します。セルを参照する数式の最後に演算子は付けません。

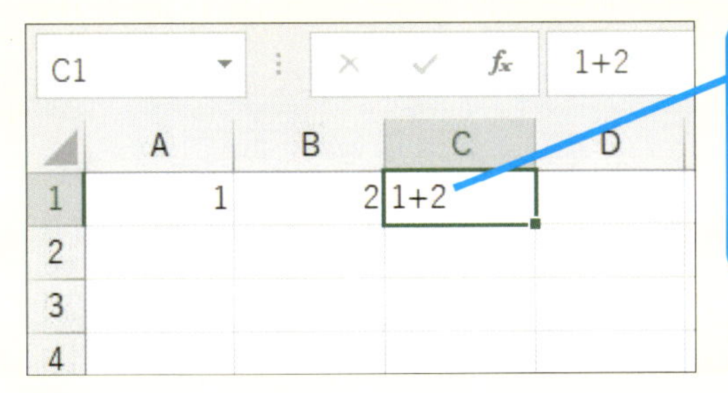

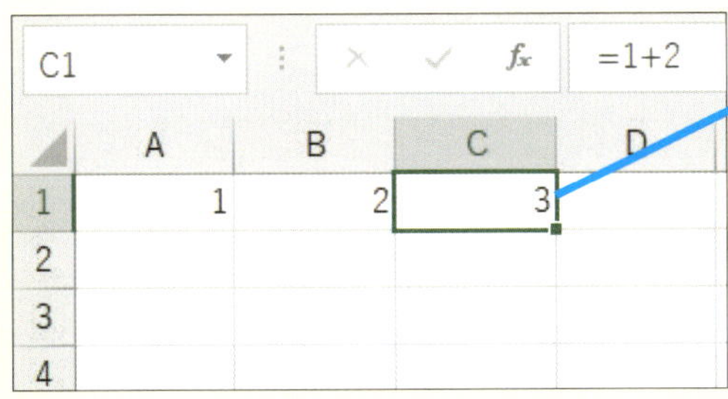

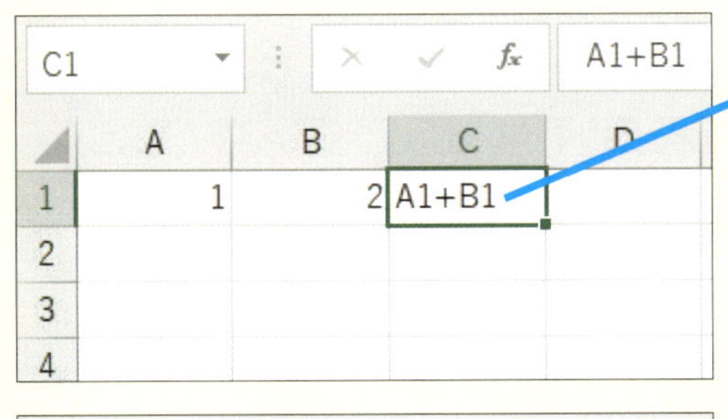

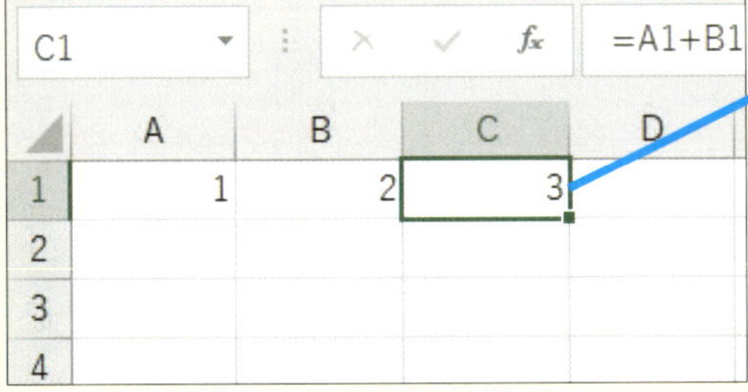

関数をコピーしたセルで正しく合計などが求められるのはなぜ？

A 関数で参照する範囲が、コピーするセルごとに自動的にずれるからです

SUM関数などで求めた合計の結果を右方向や下方向にオートフィルでコピーすると、自動的に正しい合計値が表示されます。これは、コピーされたセルで、範囲を1列右や1行下にエクセルが自動的にずらしているからです。

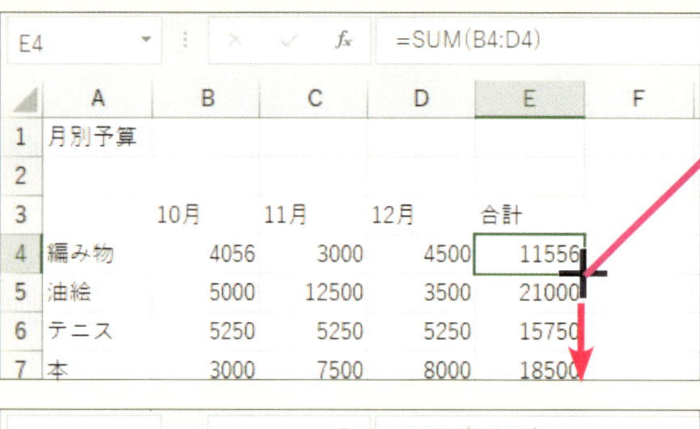

❶レッスン㉒を参考に、セルE4の計算結果をセルE8までコピーします

E5 =SUM(B5:D5)

❷セルE5にを合わせ、そのまま、マウスをクリックします

数式バーに「=SUM(B5:D5)」と表示されます

● 合計の結果とセルの数式

セルの位置	計算結果	数式	意味
セルE4	11556	=SUM(B4:D4)	セルB4からD4を合計する
セルE5	21000	=SUM(B5:D5)	セルB5からD5を合計する
セルE6	15750	=SUM(B6:D6)	セルB6からD6を合計する
セルE7	18500	=SUM(B7:D7)	セルB7からD7を合計する
セルE8	66806	=SUM(B8:D8)	セルB8からD8を合計する

第5章

表の見ためを整えよう

セルにデータを入力しただけの状態では、表に文字や数字が並んでいるのみで、表を作った人以外に表内の数字の意味や内容が正しく伝わらない可能性があります。エクセルは簡単な操作で、見やすく、見栄えのする表が作れます。この章では、日付や金額の表示方法の変更や罫線を引く方法、表のデザインを変更する方法などを説明します。

この章の内容

レッスン
25
日付を年月日の形式で表示しよう

キーワード 数値の書式、長い日付形式　　練習用ファイル ▶レッスン25.xlsx

レッスン㉔（126ページ）ではセルに日時を表示しましたが、時間までは必要がなく、年月日だけが分かればいいという場合もあります。エクセルでは、データを編集せずに、データの見ためだけを簡単に変更できます。セルの表示内容を変更するには、リボンの［数値の書式］の一覧から目的の形式を選びましょう。

操作は
これだけ

合わせる 　クリック 

［数値の書式］から［長い日付形式］を選択します

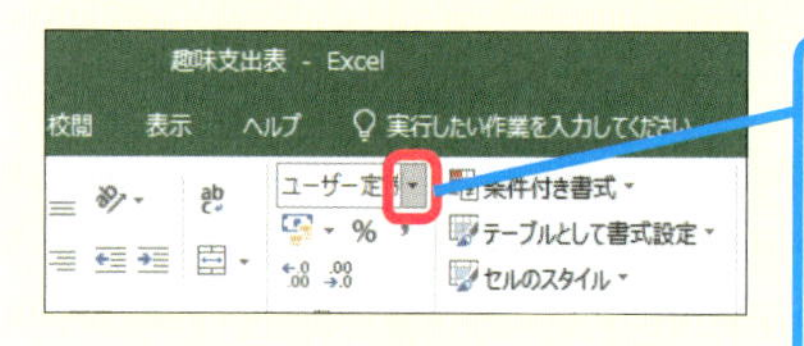

［数値の書式］の ▾ をクリックします

形式の変更後にセルの数値や文字がどう表示されるのかが、［数値の書式］の各項目の下段に表示されます

●表示内容の変更

［数値の書式］を変更すると、セルのデータを一切編集しなくても、セルに表示される内容を変えられます。

●よく使う数値の書式

「日時」のデータを「日」だけの表示にするなど、よく利用される［数値の書式］は、［ホーム］タブの［数値］グループから変更できます。

ヒント

データそのものは変わらないので、数式バーには「=NOW」と表示されます。

第5章 表の見ためを整えよう

① セルE1をアクティブセルにします

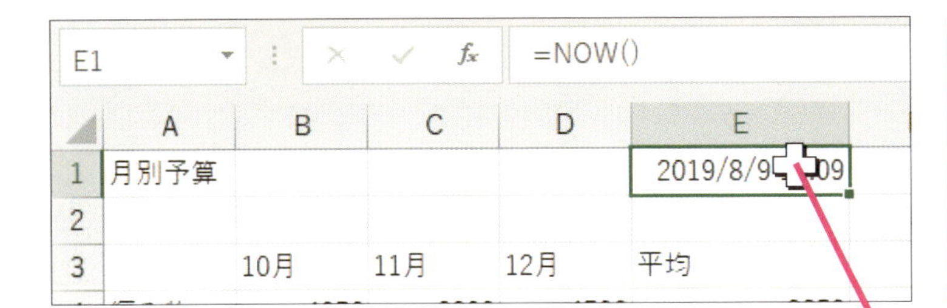

レッスン⑬（81ページ）を参考にして「趣味支出表」のブックを開いておきます

セルE1に✚を合わせ、そのまま、マウスをクリックします

② 数値の書式を変更します

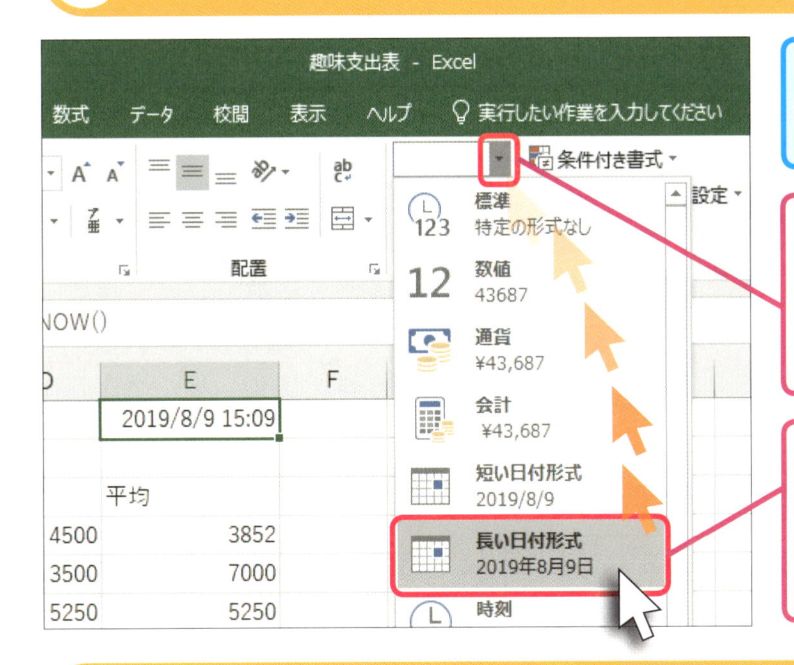

［ホーム］タブの内容を表示しておきます

❶ ▾に↖を合わせ、そのまま、マウスをクリックします

❷ ［長い日付形式 2019年8月9日］に↖を合わせ、そのまま、マウスをクリックします

③ 数値の書式を確認します

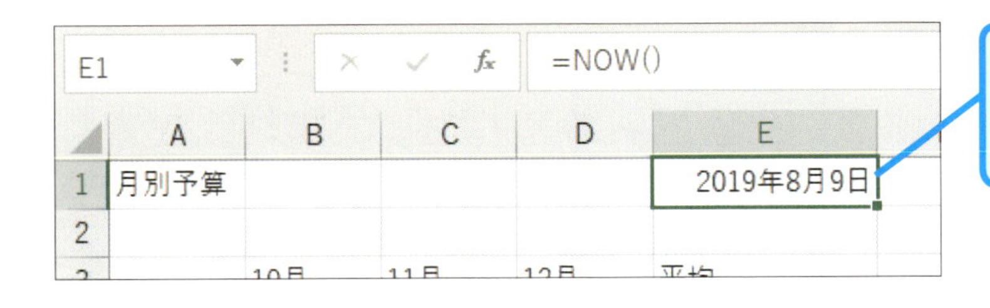

日時が年月日の形式で表示されました

レッスン 26 数字を金額の形式で表示しよう

キーワード 数値の書式、通貨　　練習用ファイル ▶レッスン26.xlsx

金額として数字を入力したつもりでも、ほかの人に表を見せたときに、何を意味するデータなのか分かってもらえないと意味がありません。レッスン㉕（137ページ）で使用した［数値の書式］を利用すれば、日時だけではなく、データが金額ということがひと目で分かるように、表示される内容を変更できます。

操作はこれだけ　合わせる 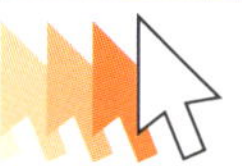　クリック 　ドラッグ 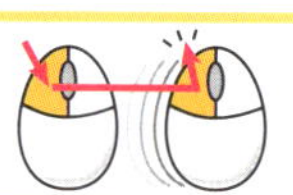

［数値の書式］から［通貨］を選択します

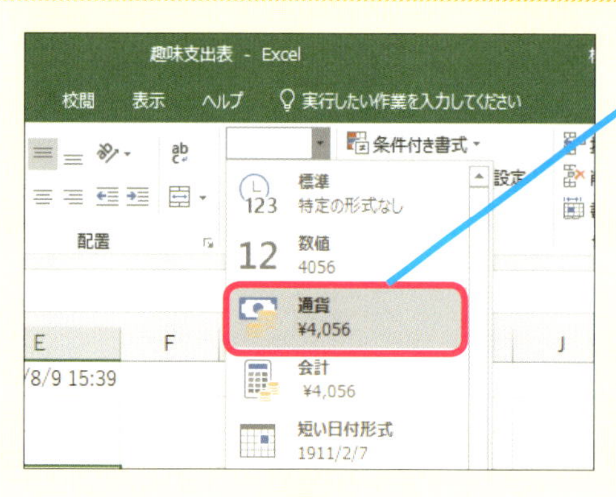

［数値の書式］から［通貨］を選びます

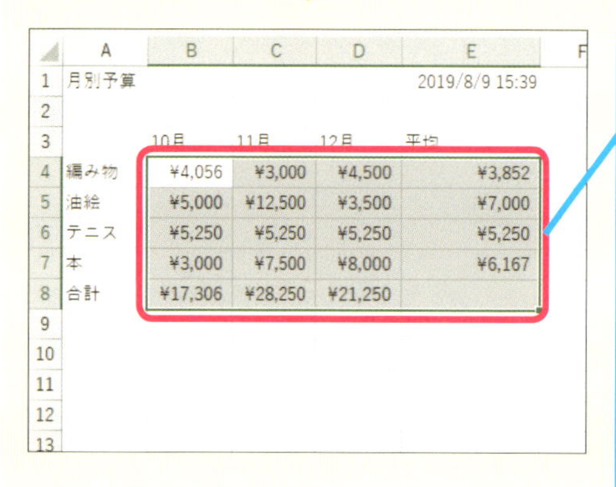

	A	B	C	D	E
1	月別予算				2019/8/9 15:39
2					
3		10月	11月	12月	平均
4	編み物	¥4,056	¥3,000	¥4,500	¥3,852
5	油絵	¥5,000	¥12,500	¥3,500	¥7,000
6	テニス	¥5,250	¥5,250	¥5,250	¥5,250
7	本	¥3,000	¥7,500	¥8,000	¥6,167
8	合計	¥17,306	¥28,250	¥21,250	

金額だとひと目で分かる内容に数値の書式が変更されます

金額の［数値の書式］

［数値の書式］の ▾ から［通貨］を選択すると、数字が四捨五入されて、3けたごとに「,」（カンマ）が入り、円の通貨単位（¥）が表示されます。

ヒント

数字に「,」を付けたり、金額のデータの前に「¥」などの通貨記号を付けたりすることで、数字が読み取りやすくなります。「,」や「¥」は、手動でも入力できますが、［数値の書式］で複数のセルを一度に変更できます。

第5章 表の見ためを整えよう

① 選択範囲を広げます

	A	B	C	D	E
1	月別予算				2019/8/9 15:39
2					
3		10月	11月	12月	平均
4	編み物	4056	3000	4500	3852
5	油絵	5000	12500	3500	7000
6	テニス	5250	5250	5250	5250
7	本	3000	7500	8000	6166.666667
8	合計	17306	28250	21250	
9					

セルB4に を合わせ、そのまま、セルE8までマウスをドラッグします

② 数値の書式を変更します

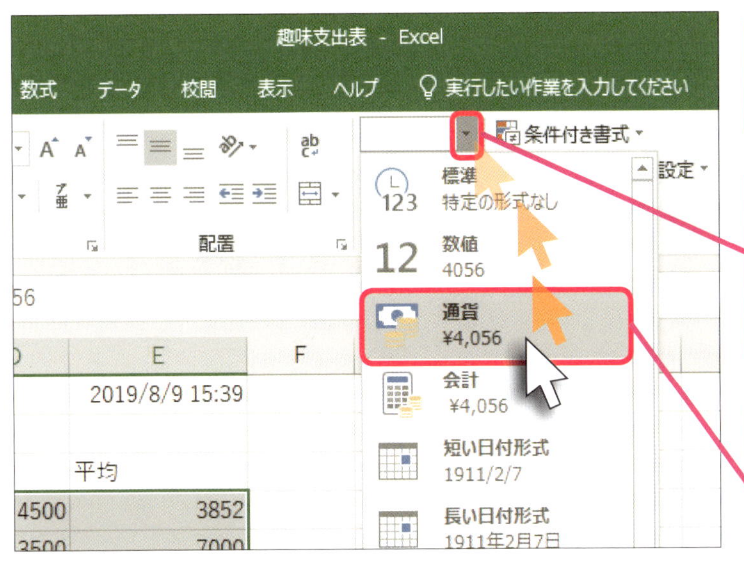

［ホーム］タブの内容を表示しておきます

❶ に を合わせ、そのまま、マウスをクリックします

❷ 通貨 ¥4,056 に を合わせ、そのまま、マウスをクリックします

	A	B	C	D	E
1	月別予算				2019/8/9 15:39
2					
3		10月	11月	12月	平均
4	編み物	¥4,056	¥3,000	¥4,500	¥3,852
5	油絵	¥5,000	¥12,500	¥3,500	¥7,000
6	テニス	¥5,250	¥5,250	¥5,250	¥5,250
7	本	¥3,000	¥7,500	¥8,000	¥6,167
8	合計	¥17,306	¥28,250	¥21,250	
9					

数字が四捨五入されて、3けたごとに「,」が入り、「¥」が表示されました

レッスン
27
セルの大きさを変更しよう

キーワード 列の幅、行の高さ　　練習用ファイル ▶レッスン27.xlsx

列の幅や行の高さは自由に変更できます。列や行を適切な大きさにすると、セルの中のデータが読みやすく、表全体のバランスもよくなり、見やすい表になります。このレッスンでは、日付を入力して幅が広がり過ぎたE列の列幅と１行目の行の高さを変更します。列幅は自動調整し、行の高さは数値で指定します。

操作はこれだけ　合わせる  クリック 

［書式］から列の幅や行の長さを変更します

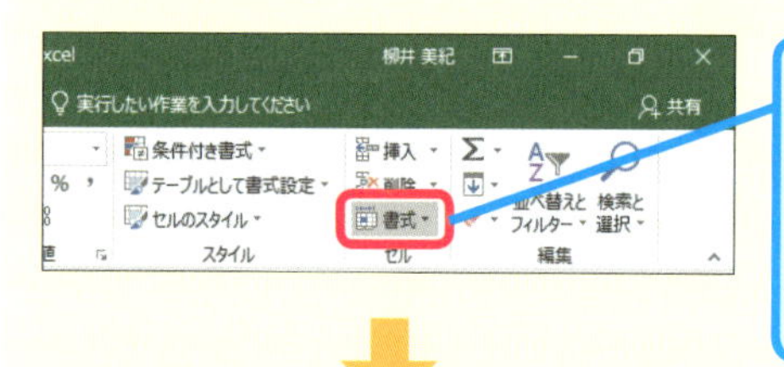

［書式］ボタンをクリックします

列の幅や行の高さを変更する方法を選べます

セルのサイズ
行の高さ(H)...
行の高さの自動調整(A)
列の幅(W)...
列の幅の自動調整(I)
既定の幅(D)...
表示設定
非表示/再表示(U)
シートの整理
シート名の変更(R)
シートの移動またはコピー(M)...
シート見出しの色(T)
保護
シートの保護(P)...
セルのロック(L)
セルの書式設定(E)...

●列や行の長さの変更

［ホーム］タブの［セル］グループから［書式］ボタンの一覧で候補を選び、列や行の長さを広げたり狭めたりできます。

ヒント

［書式］ボタンの一覧からセルの長さを変更すると、列なら縦方向、行なら横方向のすべてのセルの長さが変更されます。

1 セルE1をアクティブセルにします

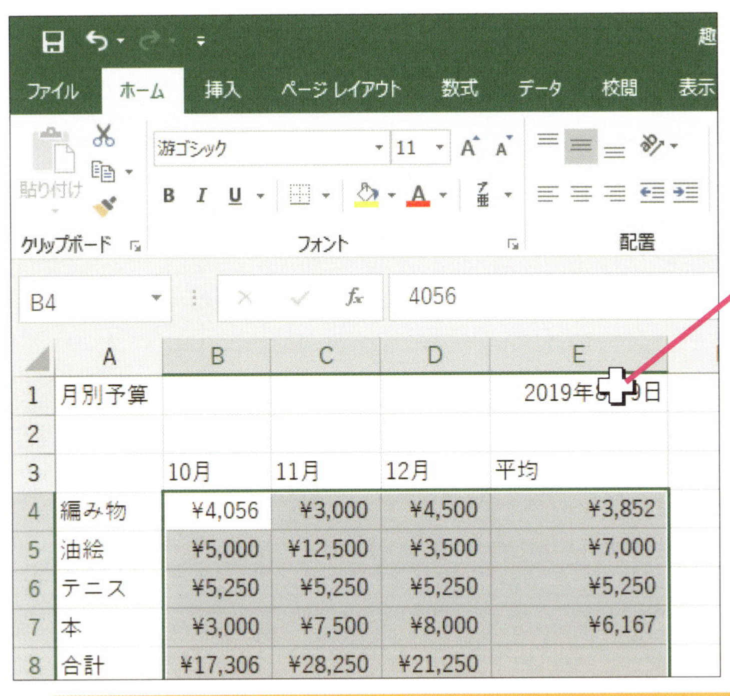

ここでは、セルE1を含めた列番号Eの幅を変更します

セルE1に[マウスポインター]を合わせ、そのまま、マウスをクリック[クリック]します

2 列の幅を自動調整します

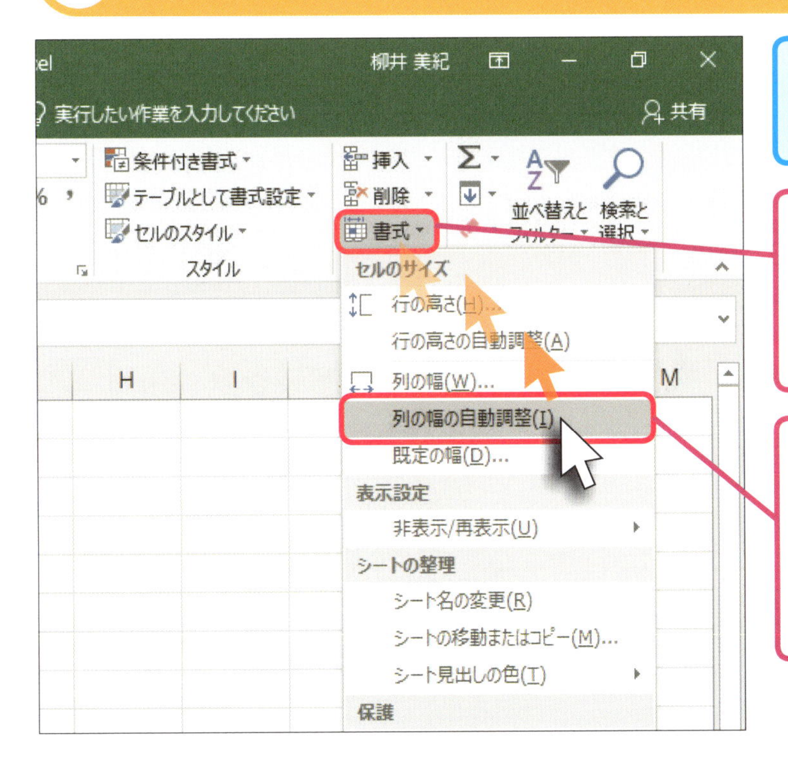

[ホーム]タブの内容を表示しておきます

❶ [書式]に[マウスポインター]を合わせ、そのまま、マウスをクリック[クリック]します

❷ [列の幅の自動調整(I)]に[マウスポインター]を合わせ、そのまま、マウスをクリック[クリック]します

次のページに続く▶▶▶

3 列の幅が変更されました

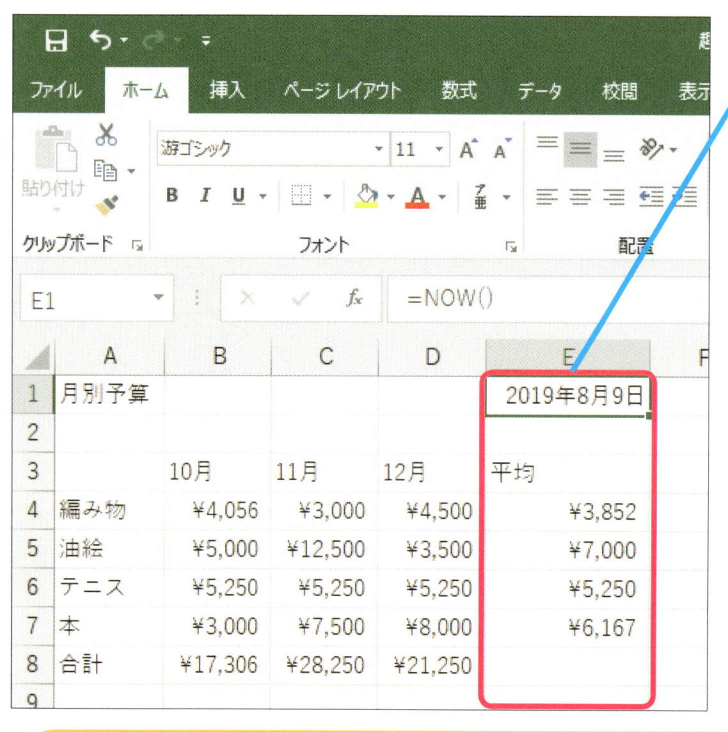

セルE1を含めた列番号Eの幅が狭くなりました

ヒント

［列の幅の自動調整］を選ぶと、アクティブセルのデータがセルにピッタリと収まる大きさに列の幅が調整されます。

4 行の高さを変更する画面を表示します

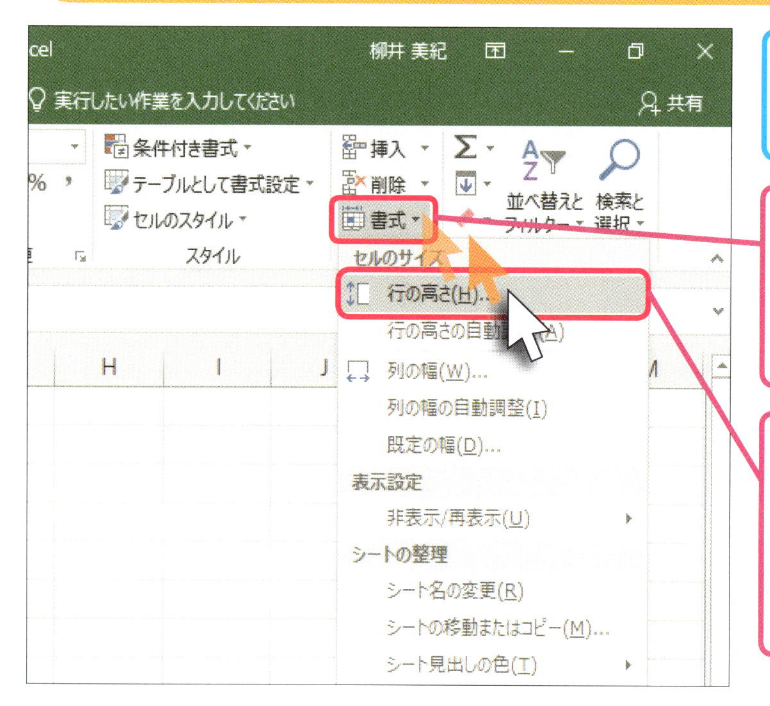

［ホーム］タブの内容を表示しておきます

❶［書式］にマウスポインターを合わせ、そのまま、マウスをクリックします

❷［行の高さ(H)...］にマウスポインターを合わせ、そのまま、マウスをクリックします

5 行の高さを変更します

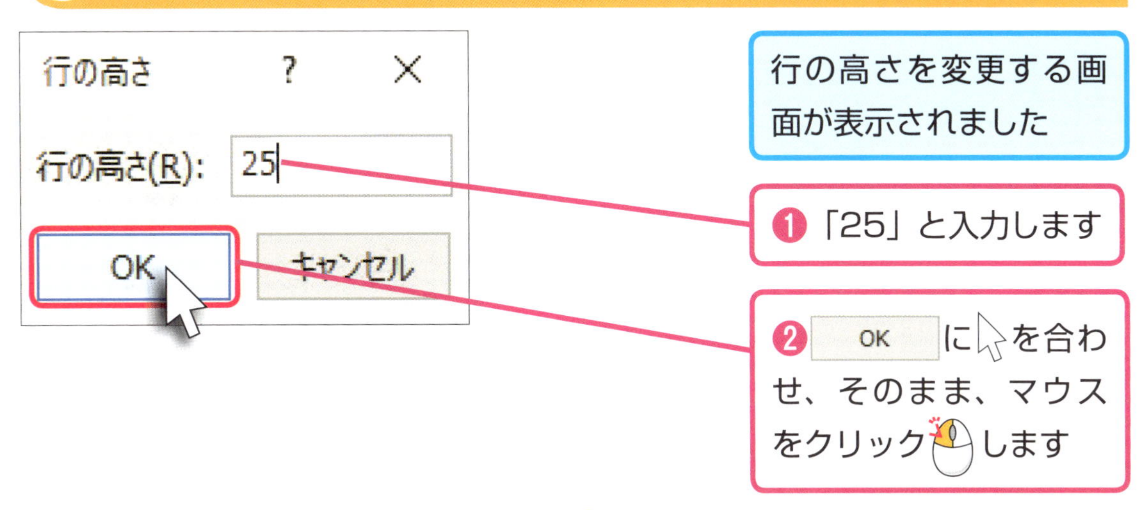

ヒント
この手順で設定している数字は「ポイント」という行の高さの単位です。標準の高さは「18.00」です。

6 行の高さが変更されました

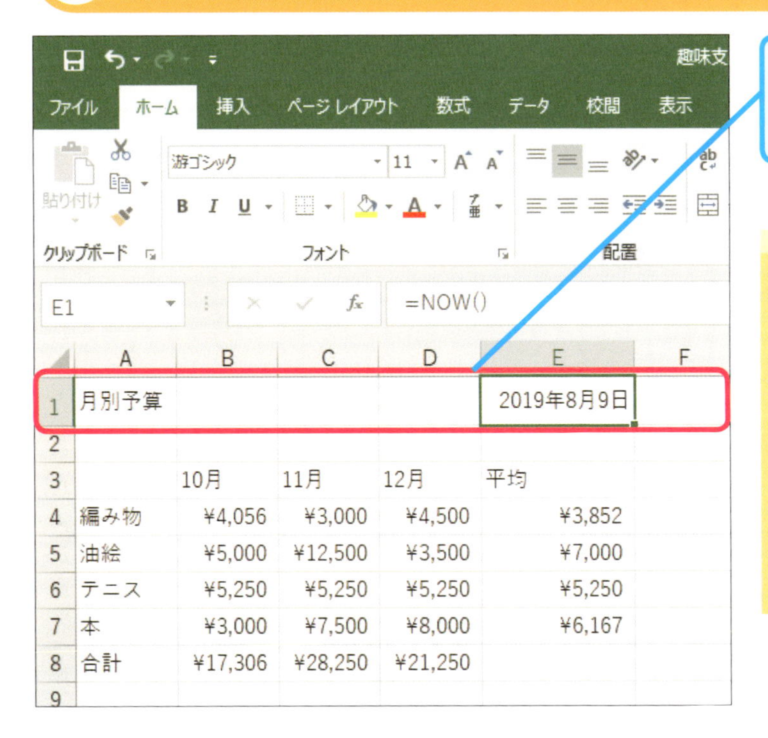

ヒント
このレッスンでは、列番号Eの幅と行番号1の高さを変更しましたが、あらかじめセルの選択範囲を広げておくと、複数の列や行の長さも、まとめて変更できます。

レッスン28

表に罫線を引こう

キーワード 罫線　練習用ファイル ▶レッスン28.xlsx

ワークシート上に最初から表示されている枠線は、画面上でセルを区別するためだけのもので、目立たない上に、通常は印刷もされません。特定のデータを目立たせるときは、セルの周囲に罫線を引いて明確に区切りましょう。罫線を引く範囲と罫線の種類を変えれば、データの区別を付けやすい表にできます。

操作はこれだけ　合わせる 　クリック 　ドラッグ 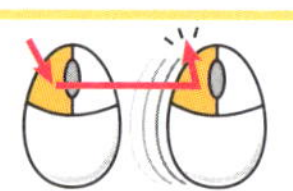

選択範囲のセルに罫線を引きます

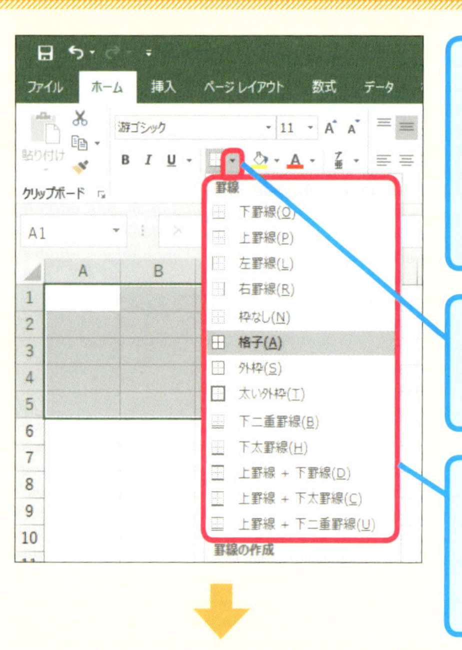

●罫線の種類

［罫線］ボタンの右にある をクリックすると、罫線の一覧が表示されます。一覧から引きたい罫線の種類を選択します。

ヒント

［罫線］ボタンで引きたい罫線の種類をクリックする前に、罫線を引く対象が正しく選択されているかを確認しましょう。

第5章 表の見ためを整えよう

① 選択範囲を広げます

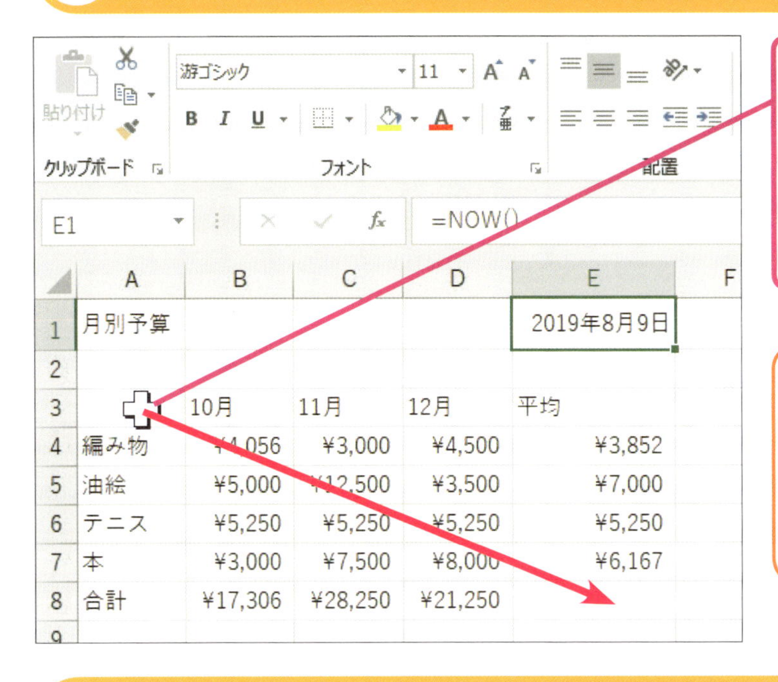

セルA3に を合わせ、そのまま、セルE8までマウスをドラッグ します

注意
セルの中心にマウスポインターを移動し、形状が に変わってからドラッグします

② 罫線の種類を選びます

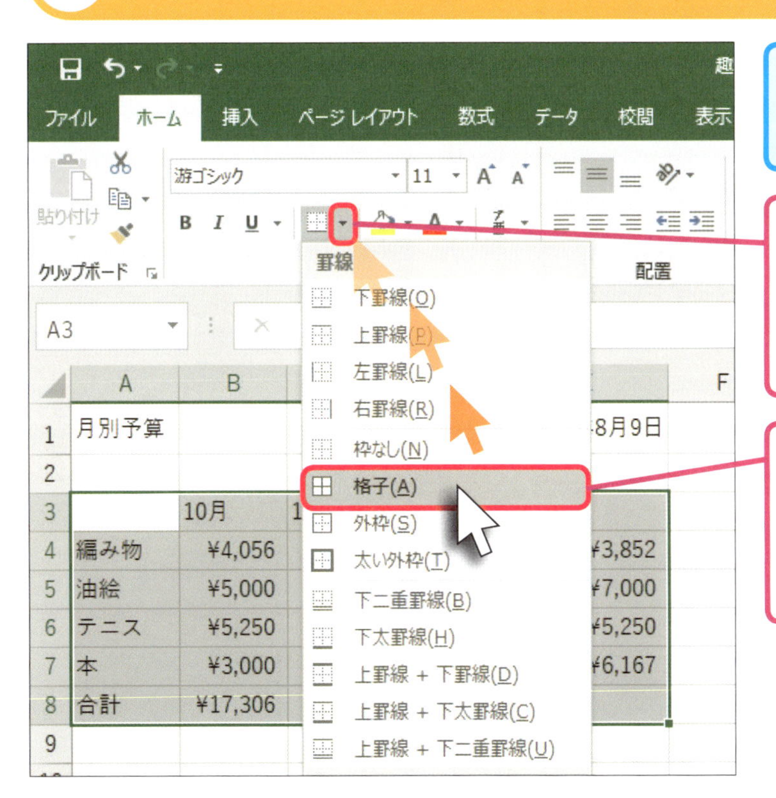

［ホーム］タブの内容を表示しておきます

❶ に を合わせ、そのまま、マウスをクリック します

❷ 格子(A) に を合わせ、そのまま、マウスをクリック します

次のページに続く▶▶▶

3 罫線が引かれました

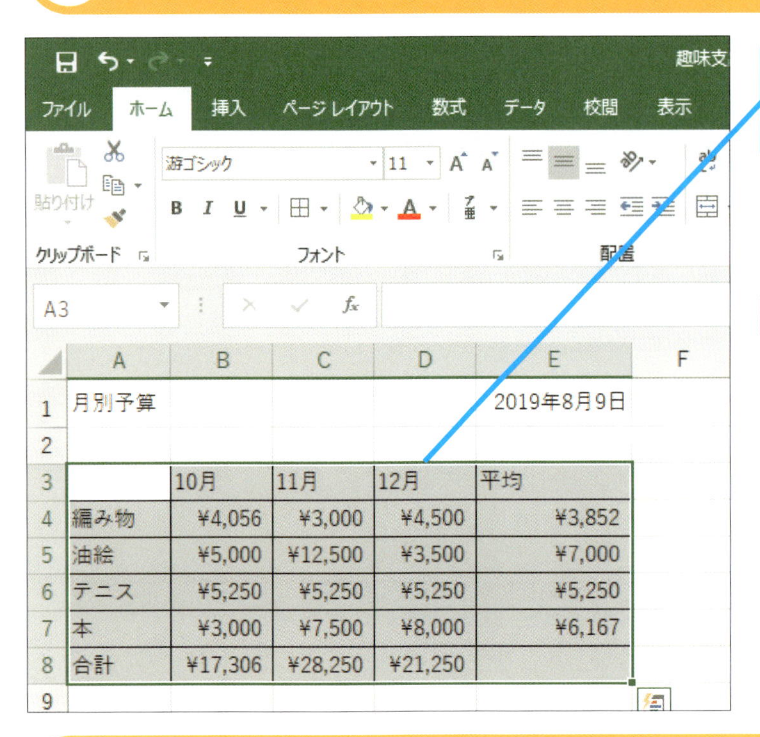

選択範囲に格子の罫線を引けました

間違った場合は？

セルA3からセルE8に格子の罫線を引けなかったときは、レッスン⓲（99ページ）を参考に操作を元に戻して、手順1からやり直します

4 選択範囲を変更します

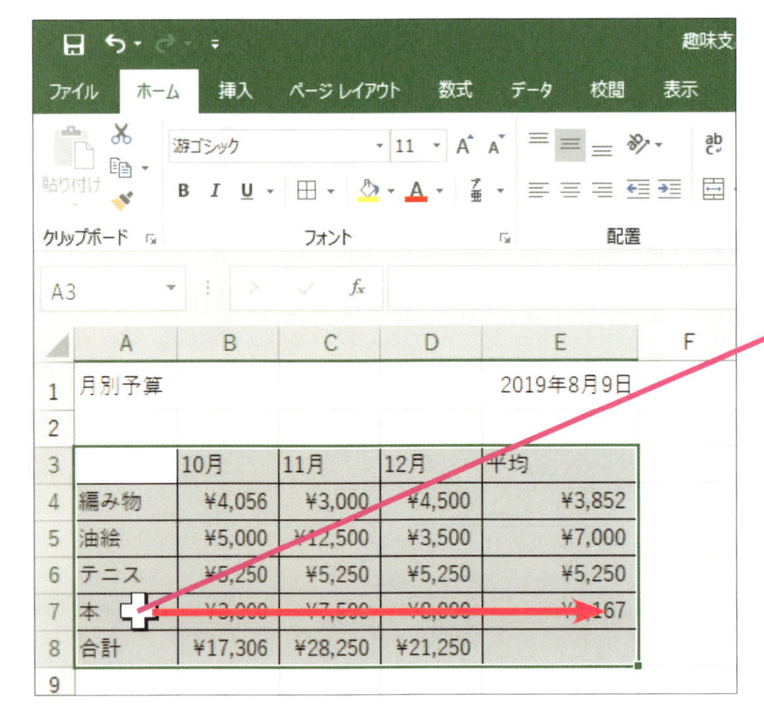

ここでは、セルA7からE7の下側に、データの詳細と合計を分ける二重線を引きます

セルA7に✚を合わせ、そのまま、セルE7までマウスをドラッグします

5 罫線を選択します

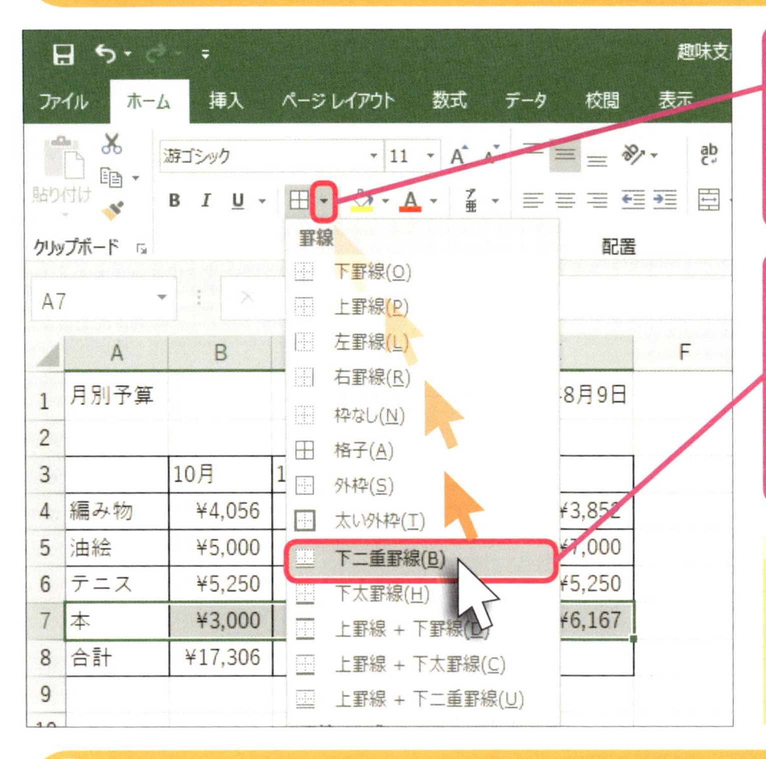

❶ [▼]に[マウスポインター]を合わせ、そのまま、マウスをクリックします

❷ [下二重罫線(B)]に[マウスポインター]を合わせ、そのまま、マウスをクリックします

ヒント

［下二重罫線］を使えば、選択範囲のセルの下側に二重線を引けます。

6 罫線を確認します

	A	B	C	D	E	F
1	月別予算				2019年8月9日	
2						
3		10月	11月	12月	平均	
4	編み物	¥4,056	¥3,000	¥4,500	¥3,852	
5	油絵	¥5,000	¥12,500	¥3,500	¥7,000	
6	テニス	¥5,250	¥5,250	¥5,250	¥5,250	
7	本	¥3,000	¥7,500	¥8,000	¥6,167	
8	合計	¥17,306	¥28,250	¥21,250		
9						
10						
11						
12						
13						
14						
15						

セルA1に[十字ポインター]を合わせ、そのまま、マウスをクリックします

選択範囲に下二重罫線の罫線を引けました

ヒント

選択範囲を解除すると、罫線を確認しやすくなります。

終わり

レッスン 29

見栄えのする表にしよう

キーワード セルのスタイル

練習用ファイル ▶レッスン29.xlsx

エクセル 2019に用意されている［セルのスタイル］という機能を使えば、見やすい表を簡単に作成できます。［セルのスタイル］には文字の大きさや色のバランスを組み合わせた書式が用意されているので、表の内容に合わせたスタイルを選択するだけで、表の見ためを簡単に変更できます。

操作はこれだけ

合わせる  クリック  ドラッグ 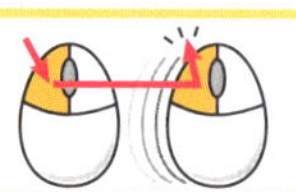

［セルのスタイル］から書式を変更します

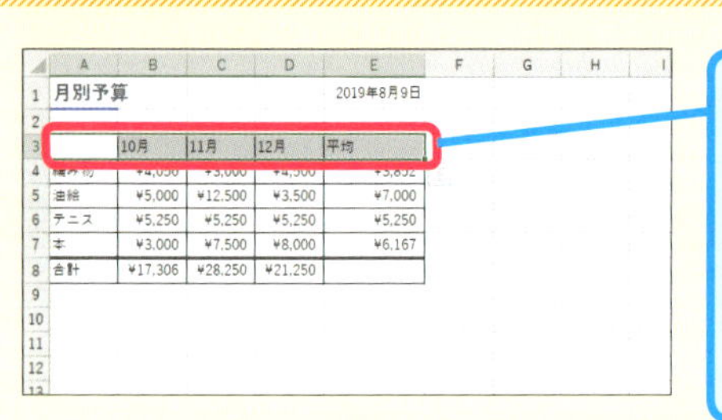

選択範囲を広げて見ためを変更するセルを選択します

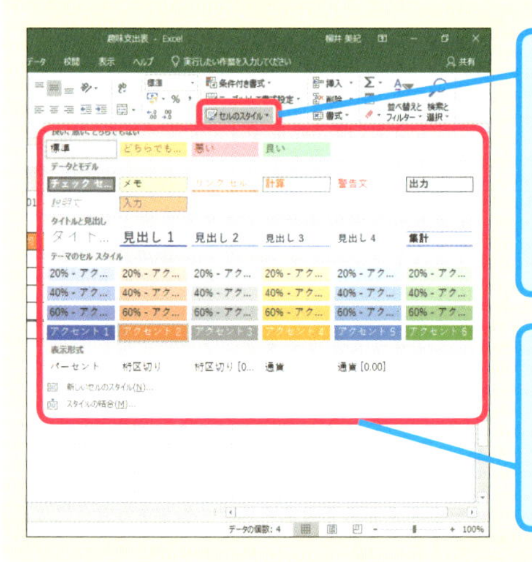

［セルのスタイル］ボタンをクリックします

さまざまな書式を選択できます

●書式の一覧表示

データの色や形を変更したいセルに選択範囲を広げ、［セルのスタイル］ボタンをクリックすると、書式の一覧が表示されます。

●書式の変更

［セルのスタイル］には、見栄えのする色や形の組み合わせが用意されています。選択範囲のセルのデータは、一覧に表示されている書式の色や文字の大きさに変更されます。

1 セルの見ためを［タイトル］に変更します

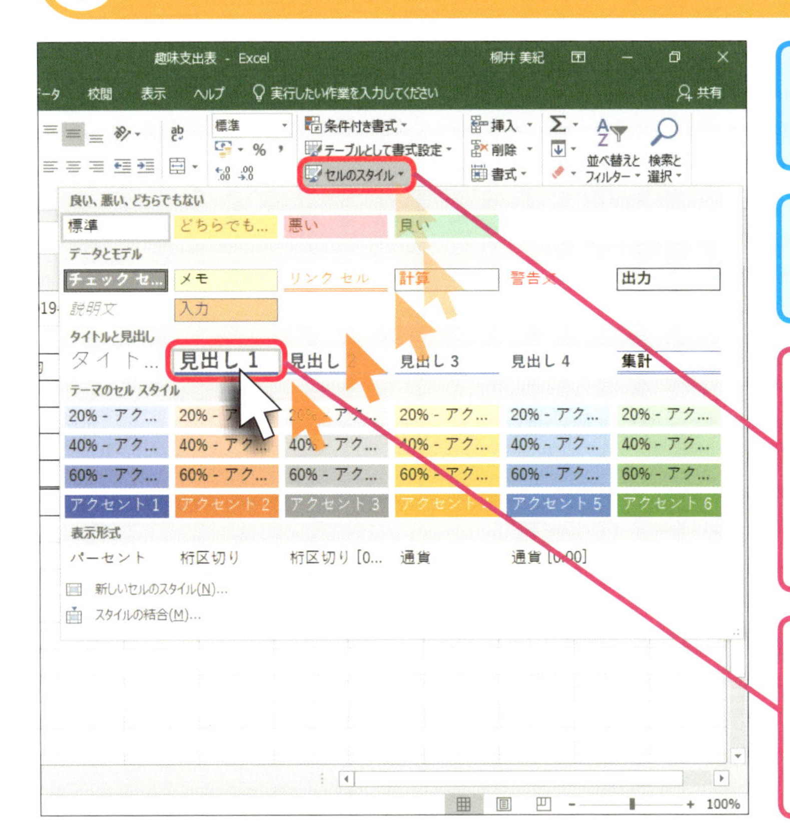

［ホーム］タブの内容を表示しておきます

セルA1をアクティブセルにしておきます

❶［セルのスタイル］にマウスポインターを合わせ、そのまま、マウスをクリックします

❷［見出し 1］にマウスポインターを合わせ、そのまま、マウスをクリックします

2 セルの見ためを確認します

	A	B	C	D	E	F
1	月別予算				2019年8月9日	
2						
3		10月	11月	12月	平均	
4	編み物	¥4,056	¥3,000	¥4,500	¥3,852	
5	油絵	¥5,000	¥12,500	¥3,500	¥7,000	
6	テニス	¥5,250	¥5,250	¥5,250	¥5,250	
7	本	¥3,000	¥7,500	¥8,000	¥6,167	
8	合計	¥17,306	¥28,250	¥21,250		
9						
10						
11						
12						
13						

セルが［見出し 1］と同じ見ためになりました

間違った場合は？

［見出し 1］の選択後、セルA1以外の見ためが変わってしまったときは、レッスン⓲（99ページ）を参考に操作を元に戻して、手順1からやり直します

次のページに続く▶▶▶

3 選択範囲を広げます

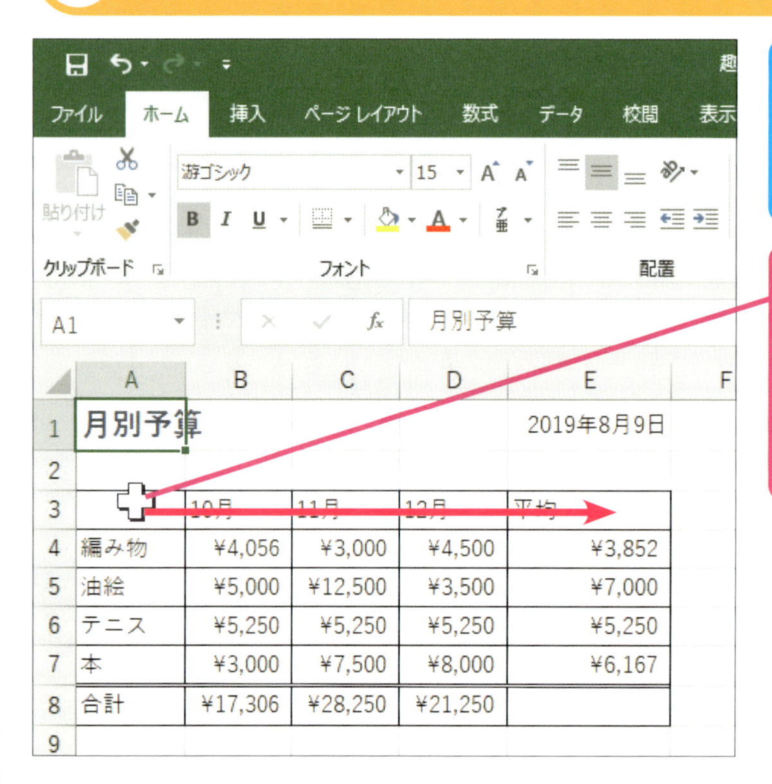

ここでは、行番号3の表の見出しの見ためを変更します

セルA3に ✚ を合わせ、そのまま、セルE3までマウスをドラッグ します

4 選択範囲が広がりました

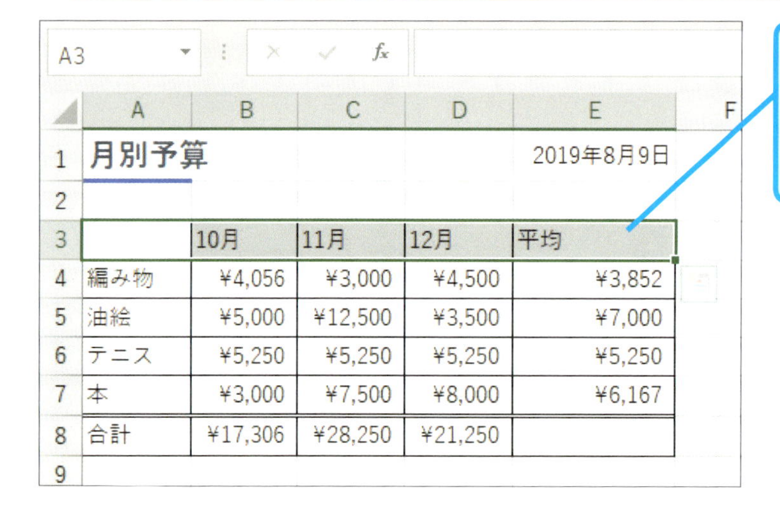

セルA3からセルE3までのセルを選択できました

5 セルの見ためを［アクセント2］に変更します

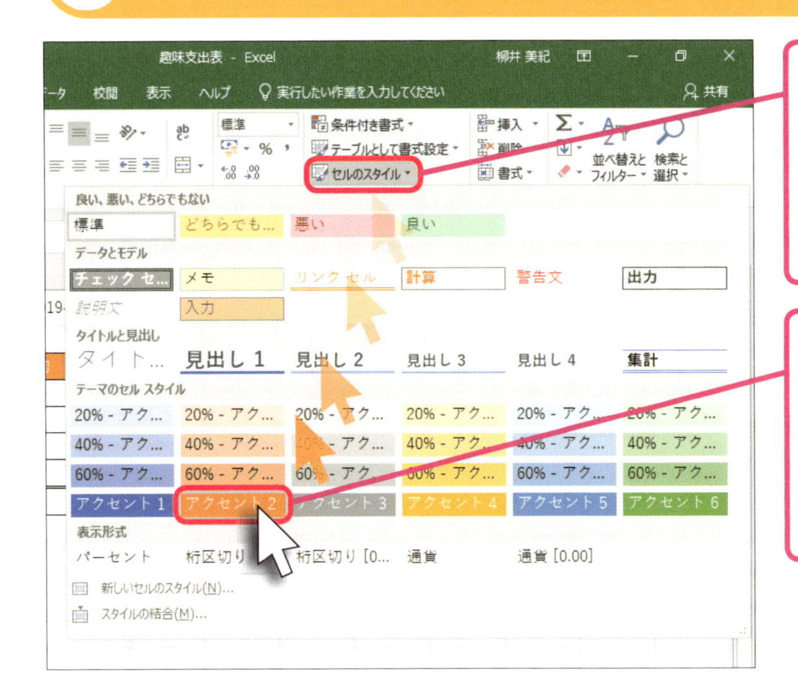

❶ セルのスタイル に を合わせ、そのまま、マウスをクリックします

❷ アクセント２ に を合わせ、そのまま、マウスをクリックします

6 セルの見ためが変更されました

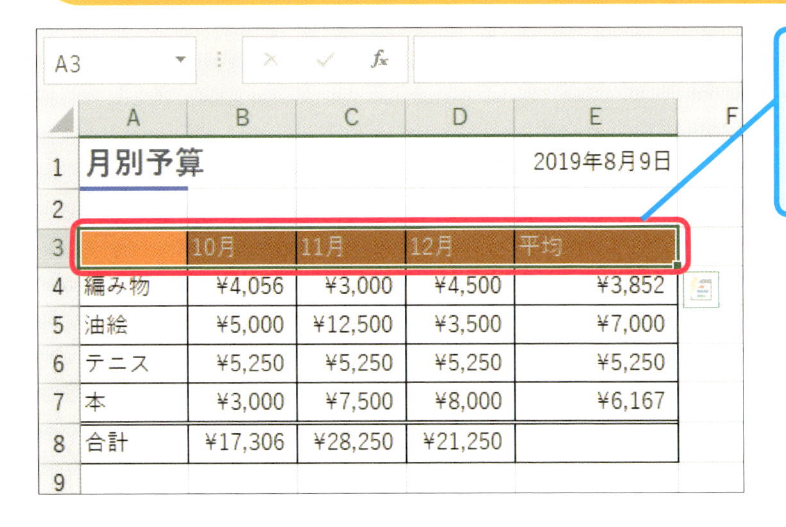

セルが アクセント２ と同じ見ためになりました

次のページに続く ▶▶▶

7 選択範囲を変更します

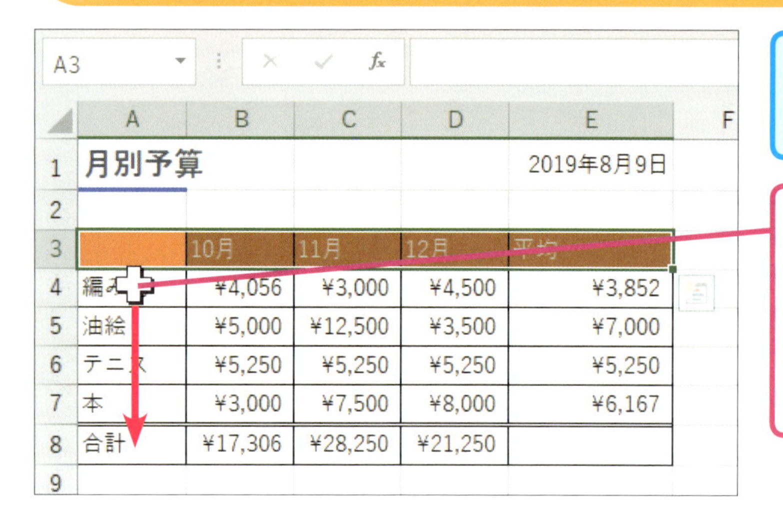

ここでは、列番号Aの項目の見ためを変更します

セルA4に を合わせ、そのまま、セルA8までマウスをドラッグ します

8 選択範囲が広がりました

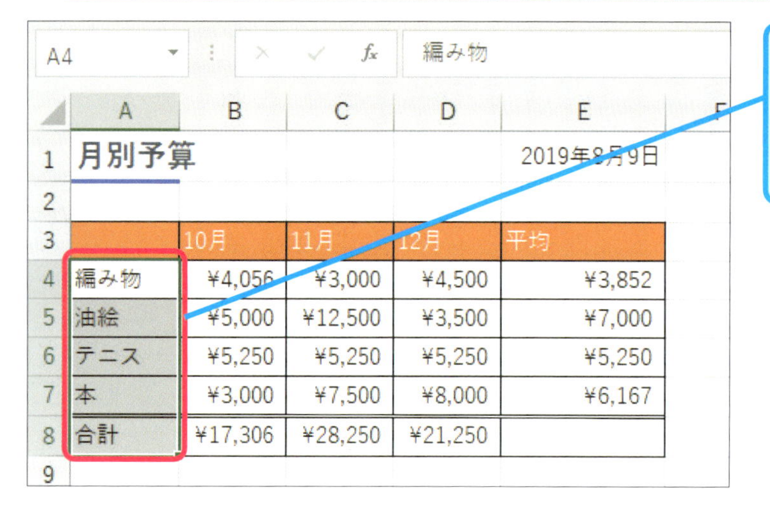

セルA4からセルA8までのセルを選択できました

9 セルの見ためを［40%-アクセント2］に変更します

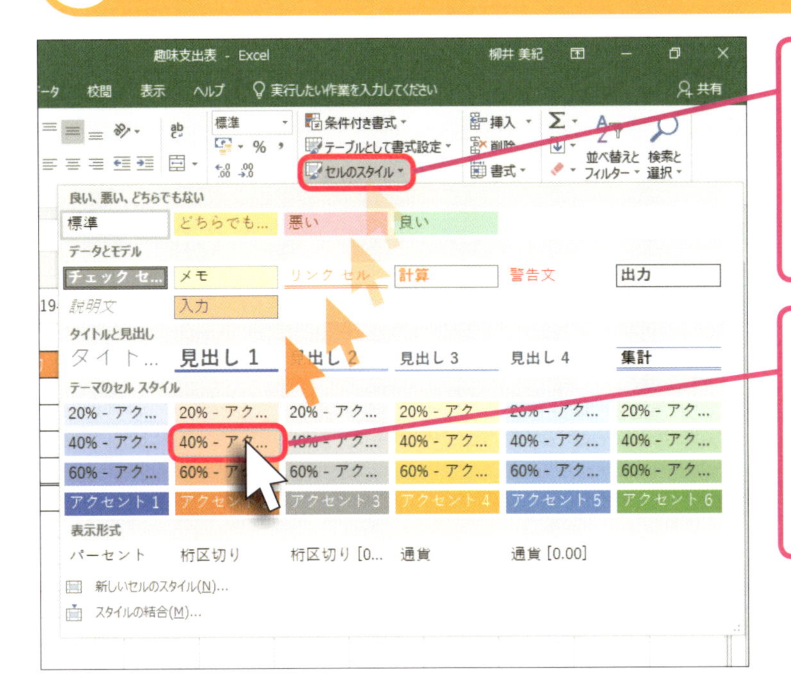

❶ セルのスタイル に を合わせ、そのまま、マウスをクリック します

❷ 40% - アク... に を合わせ、そのまま、マウスをクリック します

10 セルの見ためが変更されました

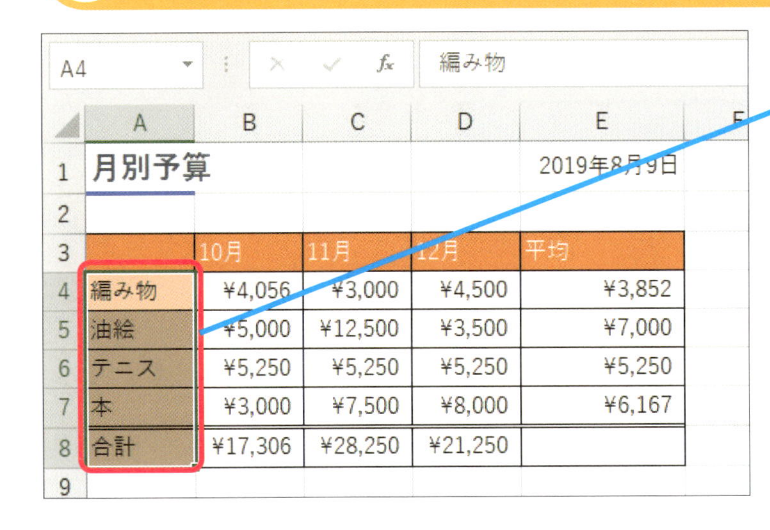

セルが 40% - アク... と同じ見ためになりました

間違った場合は？

［スタイル］の選択後、左の画面と見ためが違ったり、選択範囲を間違えてしまったときは、レッスン⓲（99ページ）を参考に操作を元に戻して、手順9からやり直します

終わり

レッスン 30

文字の表示位置を変更しよう

キーワード 配置

練習用ファイル ▶レッスン30.xlsx

セルに入力したデータは、数字の場合は右に、文字の場合は左にそろいます。[配置] という機能を利用すれば、セルの中での文字の表示位置を後から変更できます。このレッスンでは、「10月」「11月」「12月」「平均」の表の見出しを中央にそろえて表示し、さらに表を見やすくしてみましょう。

操作はこれだけ

合わせる  クリック  ドラッグ 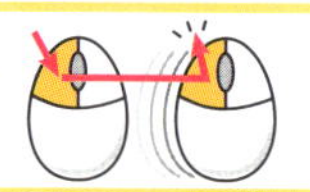

[配置] グループにあるボタンを利用します

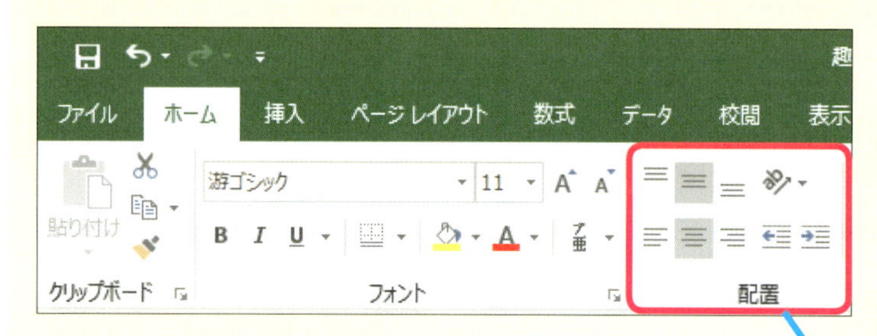

◆[配置] グループ

● データの配置

セルに入力したデータは、[ホーム] タブの [配置] グループにあるボタンをクリックして位置を変更できます。

ヒント

セルの中にあるデータは、[配置] グループにある6つのボタンを組み合わせることで、データの表示位置を変更することができます。

●上下の配置

ボタン	ボタン名と文字の配置
≡	上揃え
≡	上下中央揃え
≡	下揃え

●左右の配置

ボタン	ボタン名と文字の配置
≡	左揃え
≡	中央揃え
≡	右揃え

① 選択範囲を変更します

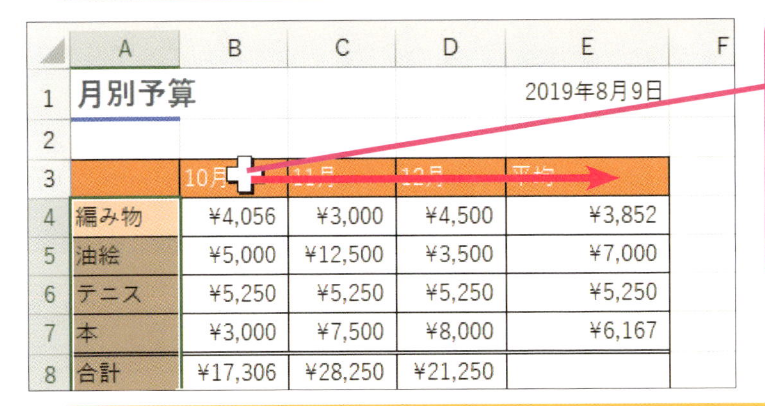

	A	B	C	D	E	F
1	月別予算				2019年8月9日	
2						
3		10月	11月	12月	平均	
4	編み物	¥4,056	¥3,000	¥4,500	¥3,852	
5	油絵	¥5,000	¥12,500	¥3,500	¥7,000	
6	テニス	¥5,250	¥5,250	¥5,250	¥5,250	
7	本	¥3,000	¥7,500	¥8,000	¥6,167	
8	合計	¥17,306	¥28,250	¥21,250		

セルB3に✚を合わせ、そのまま、セルE3までマウスをドラッグします

② ［中央揃え］ボタンをクリックします

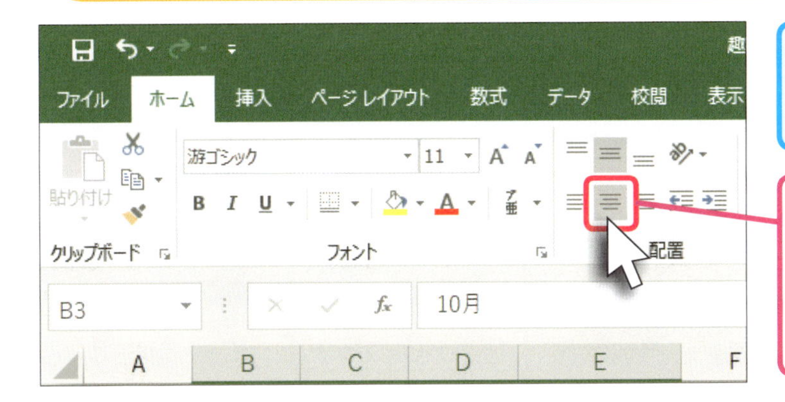

［ホーム］タブの内容を表示しておきます

≡に↖を合わせ、そのまま、マウスをクリックします

③ 文字が中央にそろいました

	A	B	C	D	E	F
1	月別予算				2019年8月9日	
2						
3		10月	11月	12月	平均	
4	編み物	¥4,056	¥3,000	¥4,500	¥3,852	
5	油絵	¥5,000	¥12,500	¥3,500	¥7,000	
6	テニス	¥5,250	¥5,250	¥5,250	¥5,250	
7	本	¥3,000	¥7,500	¥8,000	¥6,167	
8	合計	¥17,306	¥28,250	¥21,250		

文字がセルの中央にそろって表示されました

ヒント！

マウスポインターを合わせていないとき、色が濃くなっているボタンが今選択されている配置です。

終わり

文字の形や大きさを細かく変更できる？

A ［フォント］と［フォントサイズ］で文字の形や大きさを変えられます

表のタイトルや列の見出しなど、セルに入力されている文字の形（フォント）や文字の大きさは自由に変更できます。操作2や操作4のように設定項目にマウスポインターを合わせると、設定後のイメージが表示されます。

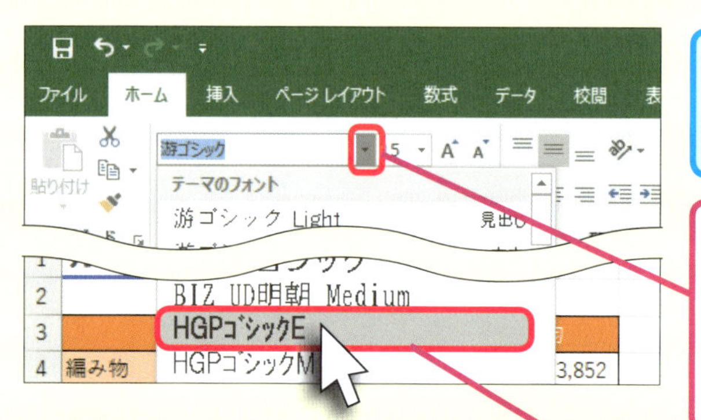

セルA1をアクティブセルにしておきます

❶ [▾]に[ポインター]を合わせ、そのまま、マウスをクリックします

❷ [HGPゴシックE]に[ポインター]を合わせ、そのまま、マウスをクリックします

❸ [▾]に[ポインター]を合わせ、そのまま、マウスをクリックします

❹ [18]に[ポインター]を合わせ、そのまま、マウスをクリックします

文字の形と大きさが変わりました

第5章 表の見た目を整えよう

罫線や配置などの書式を一度に消したい

A ［クリア］ボタンの一覧にある［書式のクリア］を使いましょう

セル内の数値や文字はそのまま残しておき、罫線やセルの色など、書式のみを消去するときは、［ホーム］タブの［クリア］ボタンを使うといいでしょう。

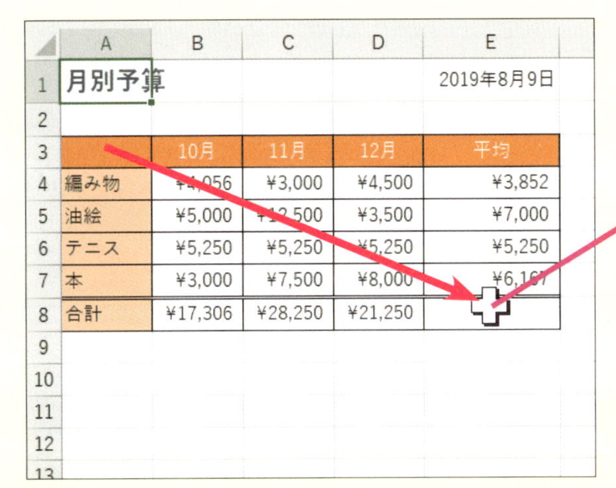

	A	B	C	D	E
1	月別予算				2019年8月9日
2					
3		10月	11月	12月	平均
4	編み物	¥4,056	¥3,000	¥4,500	¥3,852
5	油絵	¥5,000	¥12,500	¥3,500	¥7,000
6	テニス	¥5,250	¥5,250	¥5,250	¥5,250
7	本	¥3,000	¥7,500	¥8,000	¥6,167
8	合計	¥17,306	¥28,250	¥21,250	

ここではセルA3からセルE8の書式を消します

❶セルA3に✚を合わせ、そのまま、セルE8までマウスをドラッグします

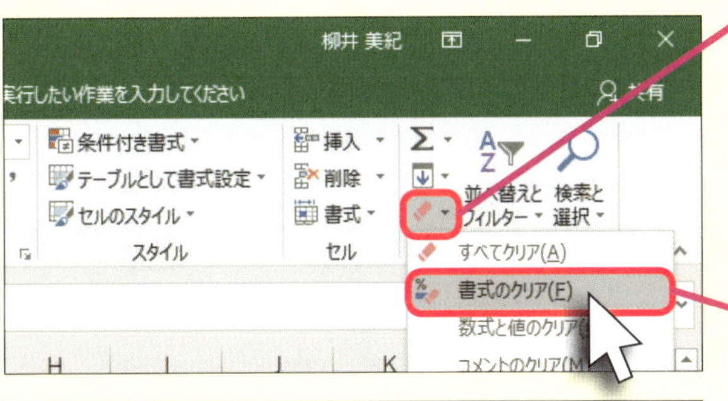

❷にを合わせ、そのまま、マウスをクリックします

❸ 書式のクリア(F) にを合わせ、そのまま、マウスをクリックします

	A	B	C	D	E
1	月別予算				2019年8月9日
2					
3		10月	11月	12月	平均
4	編み物	4056	3000	4500	3852
5	油絵	5000	12500	3500	7000
6	テニス	5250	5250	5250	5250
7	本	3000	7500	8000	6166.666667
8	合計	17306	28250	21250	

選択したセルの書式がすべて消えました

表のタイトルを表の中央に表示させたい！

A 以下の操作でセルを結合してタイトルを中央にそろえます

表のタイトルなどをバランスよく配置するには、[セルを結合して中央揃え] ボタンを使いましょう。[ホーム] タブの [配置] グループにある [セルを結合して中央揃え] ボタンをクリックすると、選択範囲のセルが1つのセルに統合された上で、文字が中央に配置されます。

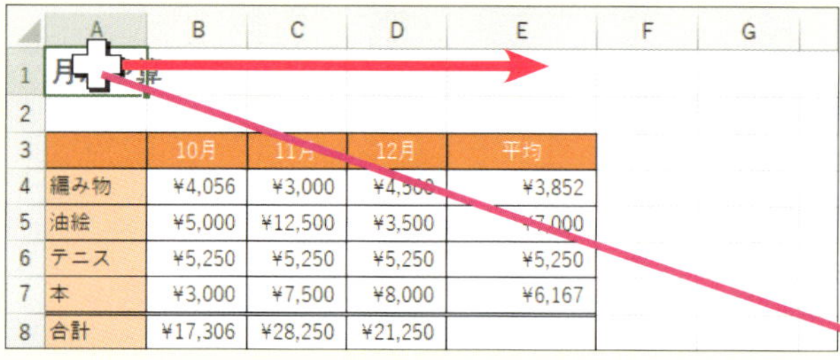

	10月	11月	12月	平均
編み物	¥4,056	¥3,000	¥4,500	¥3,852
油絵	¥5,000	¥12,500	¥3,500	¥7,000
テニス	¥5,250	¥5,250	¥5,250	¥5,250
本	¥3,000	¥7,500	¥8,000	¥6,167
合計	¥17,306	¥28,250	¥21,250	

タイトルを含む複数のセルに選択範囲を広げます

❶セルA1にを合わせ、そのまま、セルE1までドラッグします

月別予算

	10月	11月	12月	平均
編み物	¥4,056	¥3,000	¥4,500	¥3,852
油絵	¥5,000	¥12,500	¥3,500	¥7,000
テニス	¥5,250	¥5,250	¥5,250	¥5,250
本	¥3,000	¥7,500	¥8,000	¥6,167
合計	¥17,306	¥28,250	¥21,250	

❷に を合わせ、そのまま、マウスをクリックします

月別予算

	10月	11月	12月	平均
編み物	¥4,056	¥3,000	¥4,500	¥3,852
油絵	¥5,000	¥12,500	¥3,500	¥7,000
テニス	¥5,250	¥5,250	¥5,250	¥5,250
本	¥3,000	¥7,500	¥8,000	¥6,167
合計	¥17,306	¥28,250	¥21,250	

セルA1からセルE1が結合され、1つのセルになりました

タイトルが表の中央に表示されました

列の幅を狭めたら、セルに「######」と表示されてしまった！

A 列の幅を広げれば、元のデータをセルに表示できます

数字や数式が入力されているセルで、入力した文字数よりセルの幅が狭くなり、数字や計算結果を表示しきれないと、「######」と表示されてしまいます。「######」と表示されてしまったときは、列の幅を広げましょう。

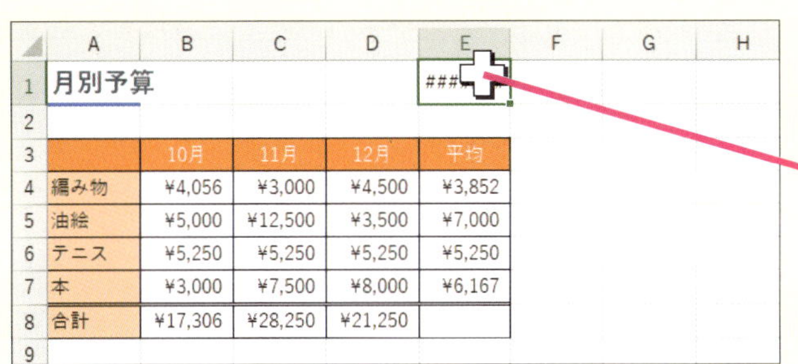

	A	B	C	D	E	F	G	H
1	月別予算				###			
2								
3		10月	11月	12月	平均			
4	編み物	¥4,056	¥3,000	¥4,500	¥3,852			
5	油絵	¥5,000	¥12,500	¥3,500	¥7,000			
6	テニス	¥5,250	¥5,250	¥5,250	¥5,250			
7	本	¥3,000	¥7,500	¥8,000	¥6,167			
8	合計	¥17,306	¥28,250	¥21,250				
9								

❶「######」と表示されているセルに✚を合わせ、そのまま、マウスをクリックします

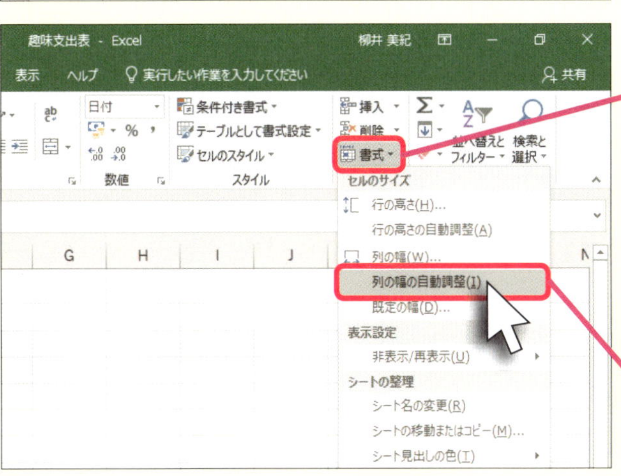

❷ 書式 にを合わせ、そのまま、マウスをクリックします

❸ 列の幅の自動調整(I) にを合わせ、そのまま、マウスをクリックします

	A	B	C	D	E	F	G
1	月別予算				2019年8月9日		
2							
3		10月	11月	12月	平均		
4	編み物	¥4,056	¥3,000	¥4,500	¥3,852		
5	油絵	¥5,000	¥12,500	¥3,500	¥7,000		
6	テニス	¥5,250	¥5,250	¥5,250	¥5,250		
7	本	¥3,000	¥7,500	¥8,000	¥6,167		
8	合計	¥17,306	¥28,250	¥21,250			
9							

列番号Eの幅が広がり、セルの内容が正しく表示されました

いろいろな罫線を引きたい

A 選択範囲と罫線の種類を変えてみましょう

レッスン㉘では、表に簡単な罫線を引きましたが、さらに見栄えのする罫線を引くには、「選択範囲」と「罫線の種類」を変えていきます。下の図は、セルA3からE8を選択して［太い外枠］、さらにセルA3からA8を選択して［太い外枠］を選択します。また、セルA3からE3を選択して［下太罫線］を選択しています。どこにどのような罫線の種類が必要かを考えながら、選択範囲を広げて引いてみましょう。

	A	B	C	D	E
1	月別予算				
2					
3		10月	11月	12月	平均
4	編み物	¥4,056	¥3,000	¥4,500	¥3,852
5	油絵	¥5,000	¥12,500	¥3,500	¥7,000
6	テニス	¥5,250	¥5,250	¥5,250	¥5,250
7	本	¥3,000	¥7,500	¥8,000	¥6,167
8	合計	¥17,306	¥28,250	¥21,250	

罫線
- 下罫線(O)
- 上罫線(P)
- 左罫線(L)
- 右罫線(R)
- 枠なし(N)
- 格子(A)
- 外枠(S)
- 太い外枠(T)
- 下二重罫線(B)
- 下太罫線(H)
- 上罫線 + 下罫線(D)
- 上罫線 + 下太罫線(C)
- 上罫線 + 下二重罫線(U)

	A	B	C	D	E
1	月別予算				
2					
3		10月	11月	12月	平均
4	編み物	¥4,056	¥3,000	¥4,500	¥3,852
5	油絵	¥5,000	¥12,500	¥3,500	¥7,000
6	テニス	¥5,250	¥5,250	¥5,250	¥5,250
7	本	¥3,000	¥7,500	¥8,000	¥6,167
8	合計	¥17,306	¥28,250	¥21,250	

セルA3からD8の範囲に［太い外枠］の罫線が引かれています

セルA3からE3の範囲に［下太罫線］の罫線が引かれています

第6章

見やすいグラフを作ってみよう

表の中の数字を見比べても、支出や売り上げなどが増加傾向にあるのか、減少しているのか、注意深く見ないと判断できないことがあります。数字をグラフにすれば、棒や円の大きさでデータを比較でき、数字の増減をひと目で確認できるようになります。この章では、作成した表を元にグラフを作成して、データを見やすくする方法を紹介します。

この章の内容

レッスン31 グラフを作成しよう

キーワード グラフの作成　　練習用ファイル ▶レッスン31.xlsx

エクセルで表を作成しておくと、表を元にしたグラフを簡単に作成できます。棒グラフ、折れ線グラフ、円グラフなど、10種類以上のグラフを利用できます。

それぞれのグラフの見せ方も平面や立体、円柱、ピラミッドなど複数のグラフが用意されており、目的に合ったグラフを選択できます。

操作はこれだけ　合わせる 　クリック 　ドラッグ 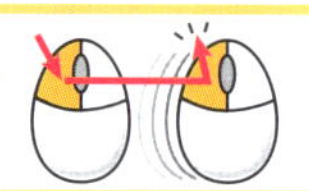

選択範囲のデータのグラフを作成します

平均と合計以外のセル（セルA3からセルD7）を選択します

［挿入］タブからグラフの種類を選択します

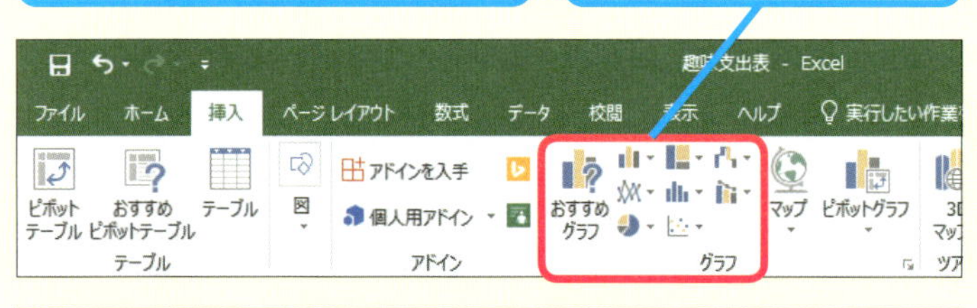

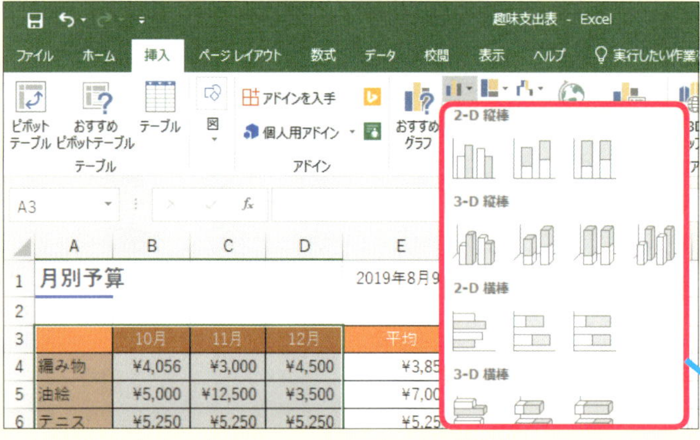

グラフの形を選択します

グラフにする表の選択

グラフを正しく作成するには、データの選択範囲がポイントになります。通常は表の見出しと、その中の数字データを選択すれば大丈夫です。

グラフの種類の選択

グラフは［挿入］タブから作成できます。作成したい種類のグラフのボタンをクリックすると、さらに細かい一覧からグラフの形を選択できます。

1 選択範囲を広げます

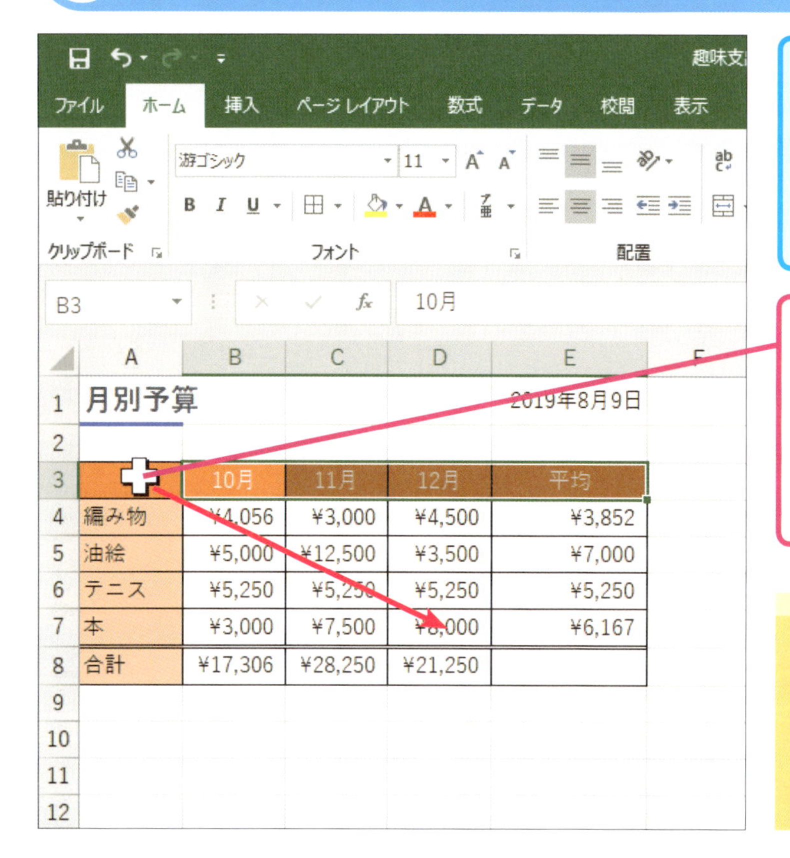

レッスン⑬（81ページ）を参考にして「趣味支出表」のブックを開いておきます

セルA3に✚を合わせ、そのまま、セルD7までマウスをドラッグします

ヒント

ここでは10月から12月の項目名を含めてドラッグし、合計や平均は選択範囲に含めません。

2 リボンの［挿入］タブを表示します

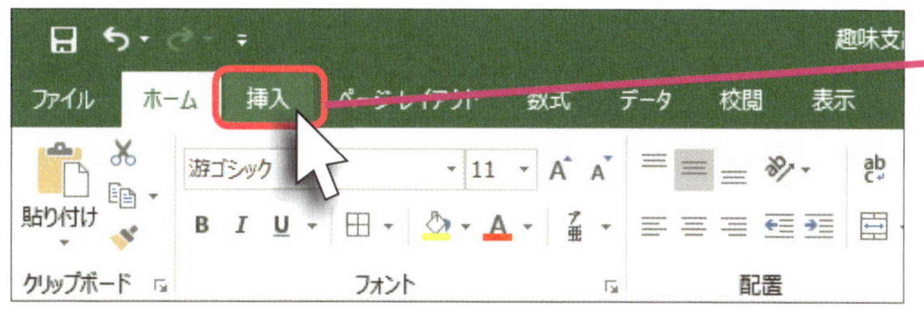

挿入にを合わせ、そのまま、マウスをクリックします

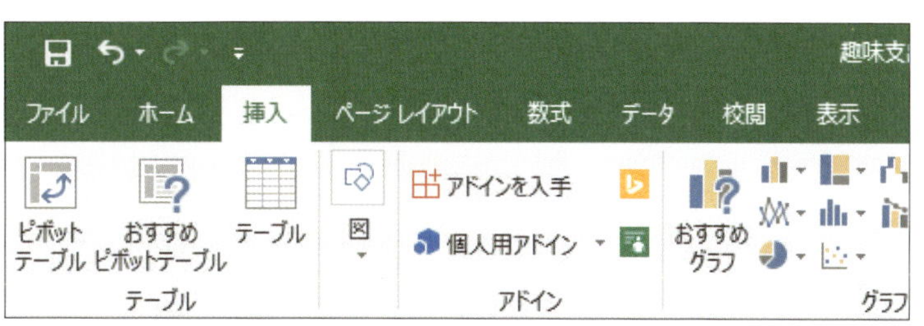

［挿入］タブの内容が表示されました

次のページに続く▶▶▶

3 グラフの種類を選択します

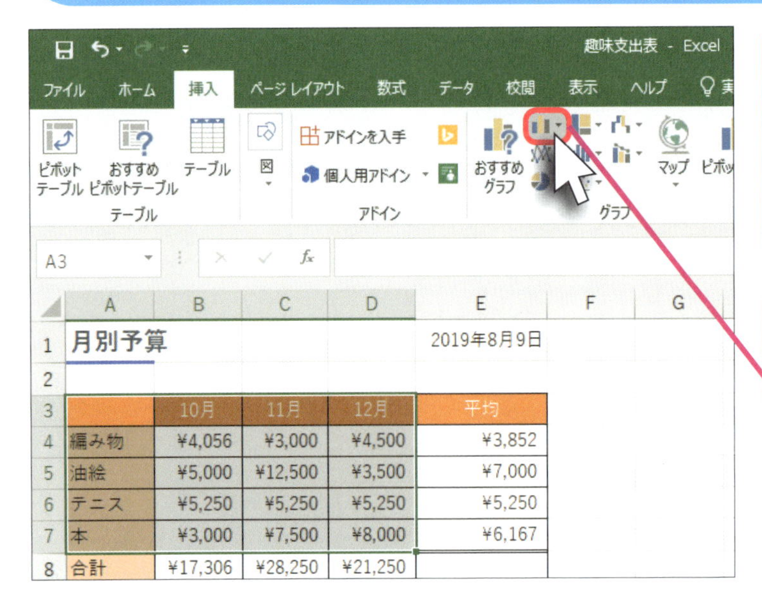

ここでは、縦棒の種類を選んで「3-D積み上げ縦棒グラフ」のグラフを作成します

に を合わせ、そのまま、マウスをクリック します

4 グラフの形を選択します

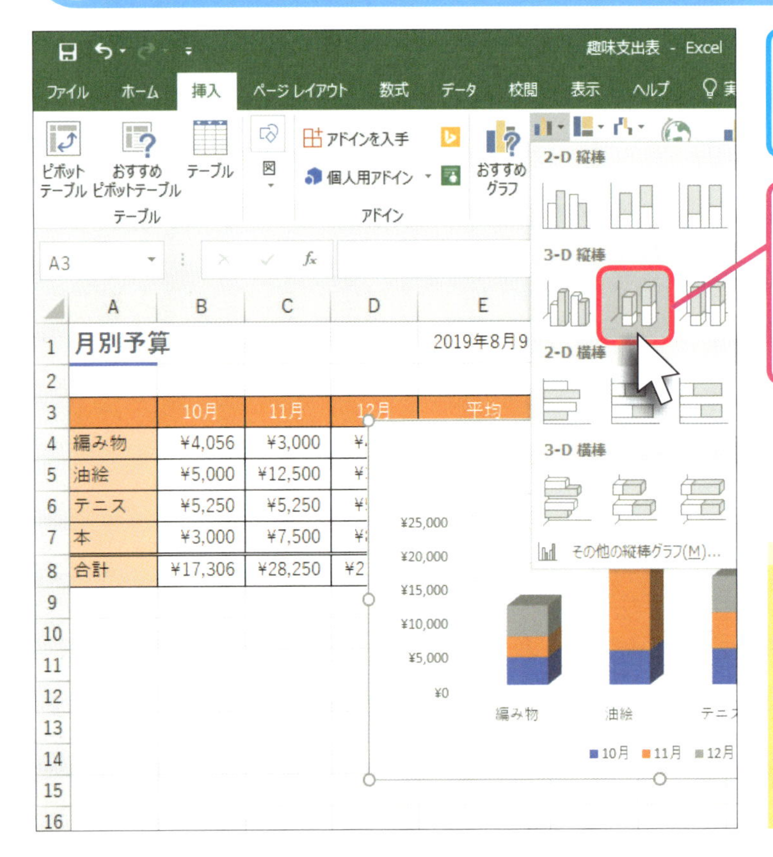

縦棒グラフの一覧が表示されました

に を合わせ、そのまま、マウスをクリック します

ヒント

グラフの一覧にマウスポインターを合わせると、作成されるグラフのイメージがワークシート上に表示されます。

⑤ グラフが作成されました

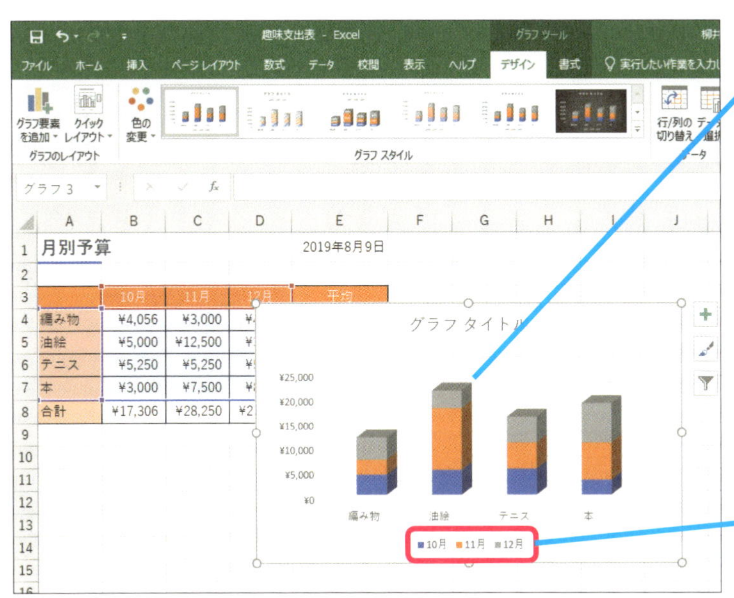

ヒント

どのグラフを利用したらいいか判断に迷うときは、［挿入］タブにある［おすすめグラフ］ボタンを利用すると便利です。範囲選択したデータに合わせて、エクセルが最適と思われるグラフとヒントを表示してくれます。一覧に表示されるグラフをクリックして出来上がりのイメージも確認できます。

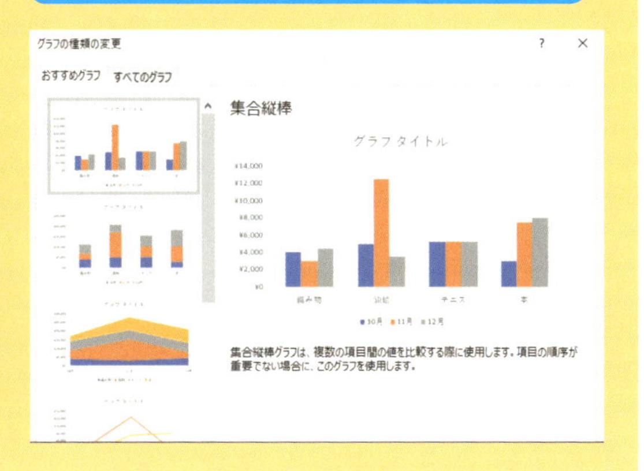

ヒント

グラフを選択すると、グラフ領域の右上に3つのボタン（＋ 🖌 ▼）が表示されます。このボタンを利用すると、グラフの見ためのほか、データの追加や削除といったグラフの編集ができます。

グラフを移動しよう

キーワード グラフの移動　　練習用ファイル ▶レッスン32.xlsx

グラフを作成した直後は、表とグラフが重なっていたり、グラフがワークシートの右側にあったりして、データを見比べにくいことがあります。グラフはワークシート上を自由に移動できます。このレッスンでは、グラフを見やすい場所に移動し、ワークシート全体のレイアウトを整えていきましょう。

操作はこれだけ　合わせる 　ドラッグ 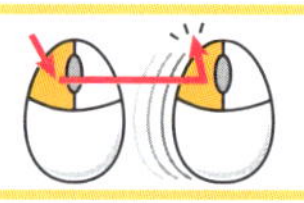

グラフにマウスポインターを合わせてドラッグします

［グラフエリア］と表示される場所にを合わせます

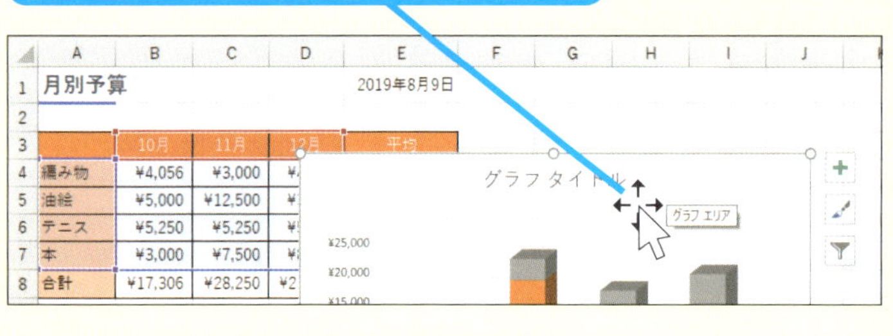

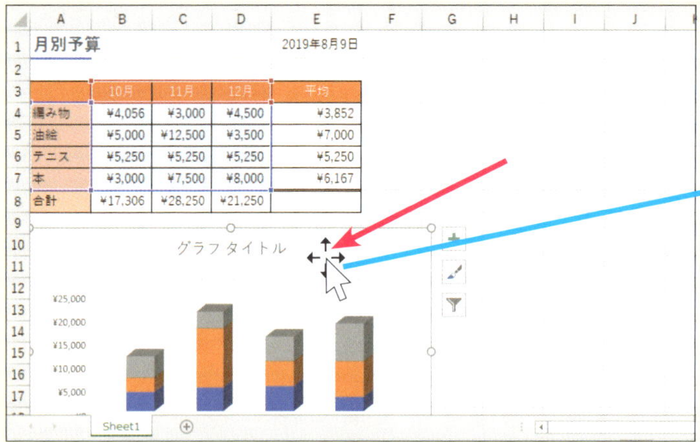

	10月	11月	12月	平均
編み物	¥4,056	¥3,000	¥4,500	¥3,852
油絵	¥5,000	¥12,500	¥3,500	¥7,000
テニス	¥5,250	¥5,250	¥5,250	¥5,250
本	¥3,000	¥7,500	¥8,000	¥6,167
合計	¥17,306	¥28,250	¥21,250	

そのまま、表の下側にドラッグします

グラフの移動

グラフのデータが表示されていない部分にマウスポインターを合わせると、マウスポインターの形状がになります。の状態でドラッグすると、ワークシート上でグラフを移動できます。

① グラフを選択します

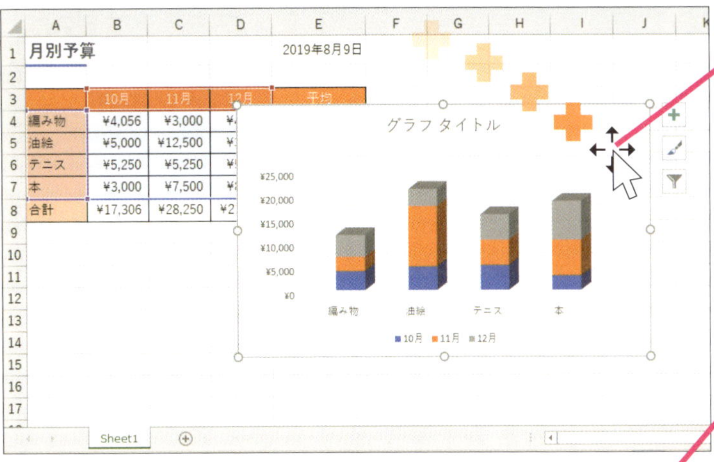

❶グラフの空白部分に✚を合わせます

✚の形状が に変わります

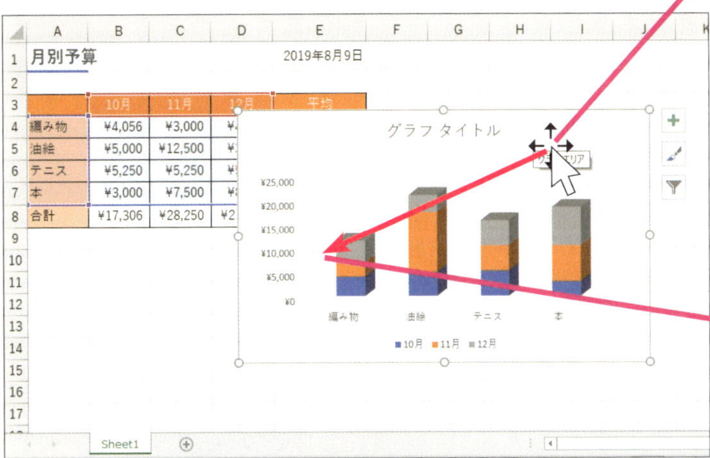

❷［グラフエリア］と表示される場所をクリックします

グラフが選択されました

❸そのまま、表の下側までマウスをドラッグします

② グラフが表の下に移動しました

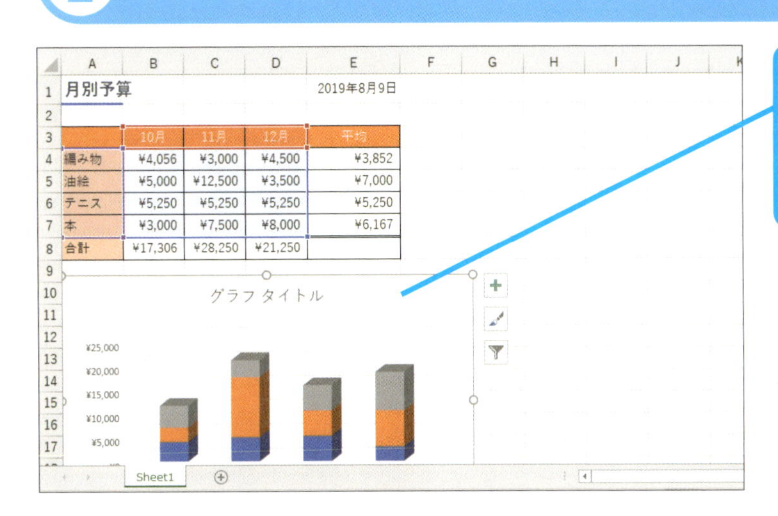

グラフがドラッグした位置まで移動しました

グラフの大きさを変更しよう

キーワード グラフのサイズ　　練習用ファイル ▶ レッスン33.xlsx

ドラッグしてセルの選択範囲を広げられるように、グラフも外枠をドラッグすれば、好きな大きさに変更できます。ウィンドウと異なるのは、グラフの大きさの変動に合わせて、グラフの中にある棒の図や凡例が自動的に拡大・縮小されることです。このレッスンでは、グラフのサイズを大きくしてみましょう。

操作はこれだけ　合わせる 　ドラッグ 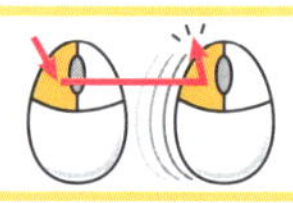

グラフの外枠をドラッグします

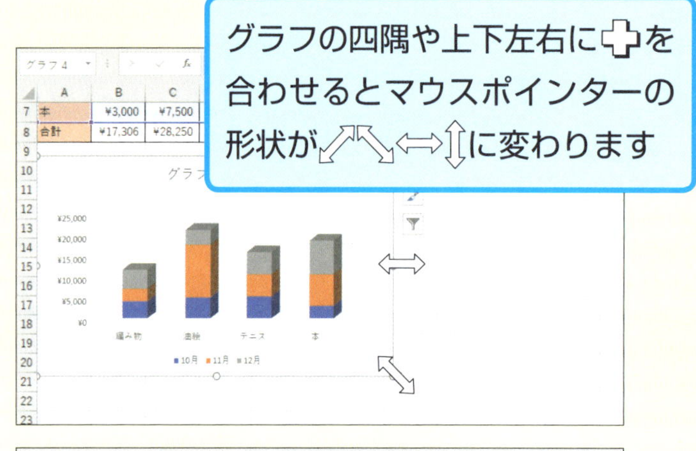

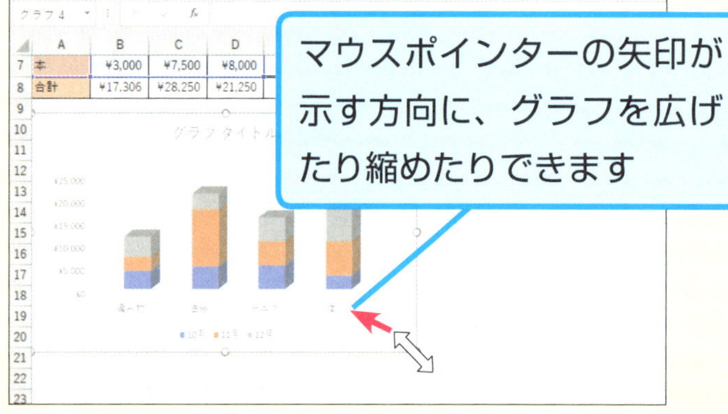

グラフの大きさの変更

グラフの選択時に表示される、グラフの四隅や上下左右の四角いつまみ（◯）にマウスポインターを合わせると、マウスポインターの形状が に変わります。その状態でドラッグすると、グラフの大きさを変更できます。エクセルでは、この四角いつまみ（◯）をハンドルと呼びます。

注意

マウスポインターの形状が に変わらないときは、グラフをクリックしてから操作を続けます

① グラフの外枠を外側にドラッグします

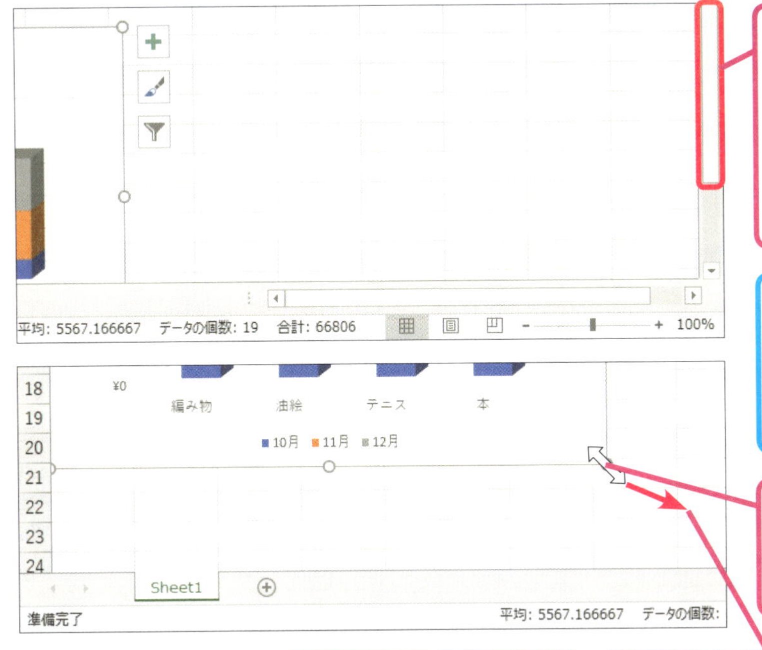

❶ []に [ポインタ] を合わせ、そのまま、マウスを下にドラッグ [ドラッグ] します

レッスン㉜（167ページ）を参考にグラフを選択しておきます

❷グラフ右下のハンドルに[十字]を合わせます

❸そのまま、セルG22までマウスをドラッグ [ドラッグ] します

[十字]の形状が[両矢印]に変わります

② グラフのサイズが大きくなりました

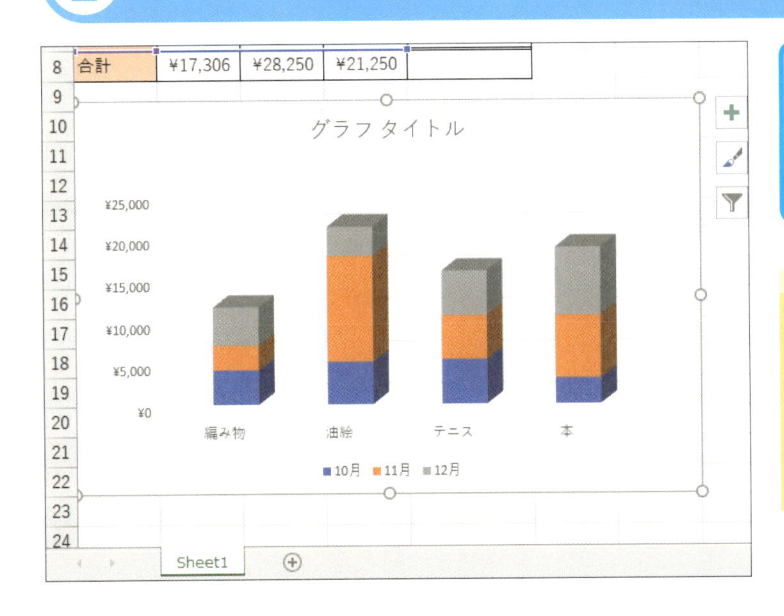

グラフのサイズがドラッグ [ドラッグ] した位置まで大きくなりました

ヒント！

グラフの内側に向かってドラッグ [ドラッグ] すれば、グラフのサイズは小さくなります。

終わり

グラフのタイトルの文字を変更しよう

キーワード グラフタイトル　　練習用ファイル ▶ レッスン34.xlsx

グラフを作成すると、グラフの上部に［グラフタイトル］と表示されます。この文字をグラフが表現している内容にタイトルを変更すると、グラフの内容がさらに分かりやすくなります。グラフタイトルを編集するには、グラフタイトルを2回クリックしてカーソルを表示し、文字を書き換えます。

操作は これだけ　合わせる 　クリック 　入力する 

2回クリックしてカーソルを表示します

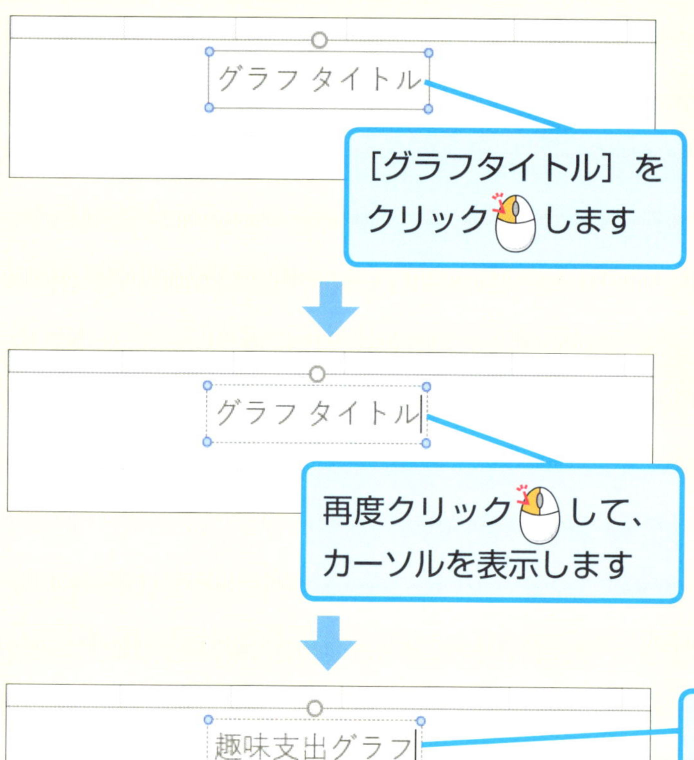

●カーソルの表示

「グラフタイトル」と表示されている文字の一番後ろにマウスポインターを合わせ、I となってからクリックすると、文字を入力できるようになります。

●グラフタイトルの編集

グラフタイトル内にカーソルが表示されたら、Back space キーで文字を消し、新しいグラフタイトルを入力します。

1 ［グラフタイトル］を選択します

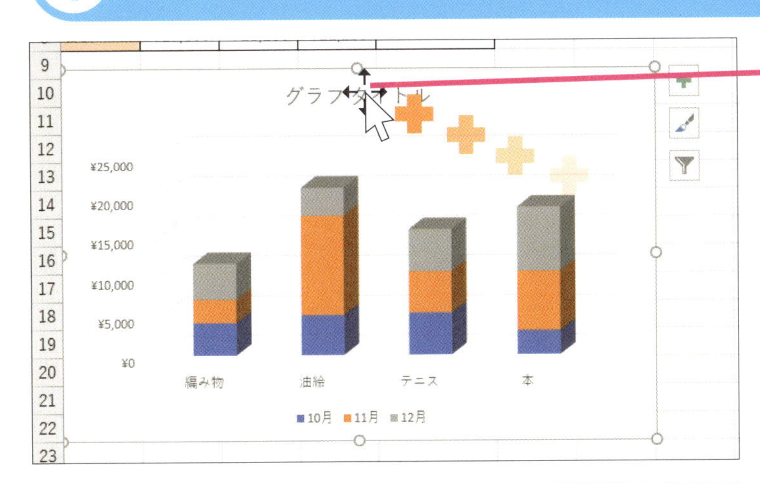

❶［グラフタイトル］に✚を合わせます

✚の形状が✥に変わります

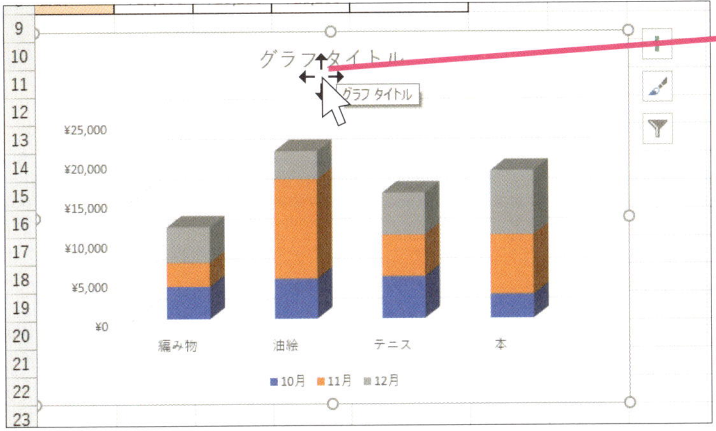

❷［グラフタイトル］と表示されている場所をクリックします

注意
別の要素を選択したときは、99ページを参考に↶をクリックして［グラフタイトル］を選択し直します

グラフ タイトル

［グラフタイトル］が選択されました

［グラフタイトル］の枠線が直線になり、四隅にハンドル（○）が表示されました

次のページに続く▶▶▶

② カーソルを表示して文字を編集できるようにします

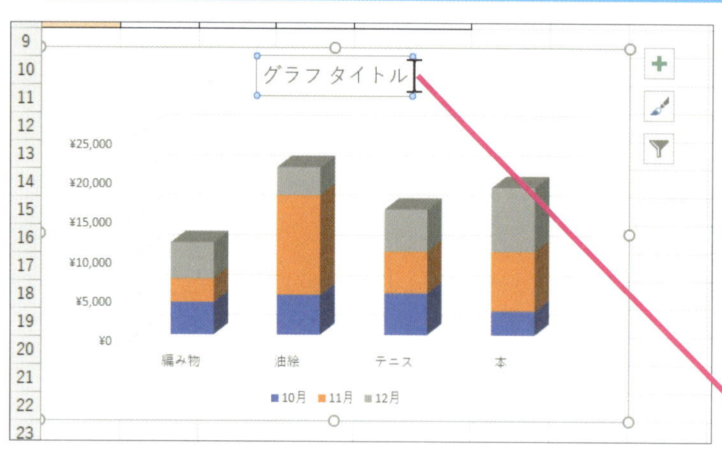

❶［グラフタイトル］に✥を合わせます

✥の形状がIに変わります

❷そのまま、「ル」の右側でマウスをクリックします

［グラフタイトル］の枠線が点線になり、［グラフタイトル］の中にカーソル（|）が表示されました

ヒント

グラフの編集では、「選択している場所」を操作前にしっかり確認することが大切です。「別の場所を選択してしまい、操作後に思いもよらない結果になってしまった」ということがないようにしましょう。どこが選択されているかを確認するには、「ハンドル」（○）が一番の目印です。操作に慣れてきたら、グラフ内のさまざまな場所をクリックしてみてください。文字の上、線の上、グラフの上など、クリックした場所にハンドルが表示されます。ハンドルをよく見れば、どこが選択されているかが分かります。

3 タイトルの文字を変更します

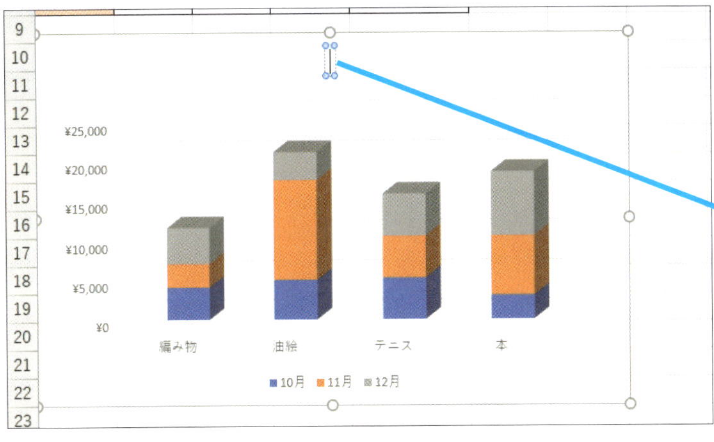

❶ Back space キーを8回押して文字を消します

［グラフタイトル］の文字が削除されました

レッスン❽の手順6（55ページ）を参考にして入力モードを［ひらがな］に切り替えておきます

❷「趣味支出グラフ」と入力します

4 グラフのタイトルの編集を終了します

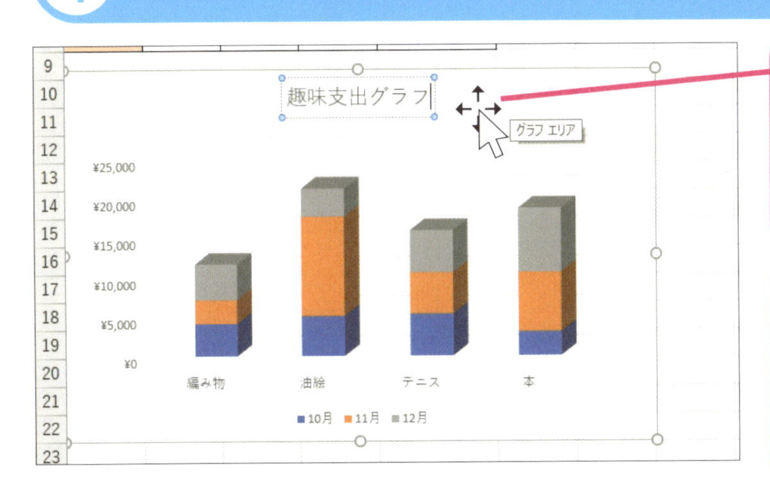

［グラフエリア］と表示される場所をクリックします

ヒント

タイトル以外をクリックすると、［グラフタイトル］の編集が終了します。

終わり

グラフの色を変更しよう

キーワード 色の変更　　練習用ファイル ▶レッスン35.xlsx

グラフの色や見ためは、グラフを作成した後でも変更できます。グラフを選択するとリボンにタブが増えますが、ここでは、[デザイン] タブの [色の変更] ボタンの一覧を使用して、グラフ全体の色を変更してみましょう。[色の変更] ボタンでバランスのいい色の組み合わせを選択できます。

操作はこれだけ　合わせる 　クリック 

一覧から色の組み合わせを選びます

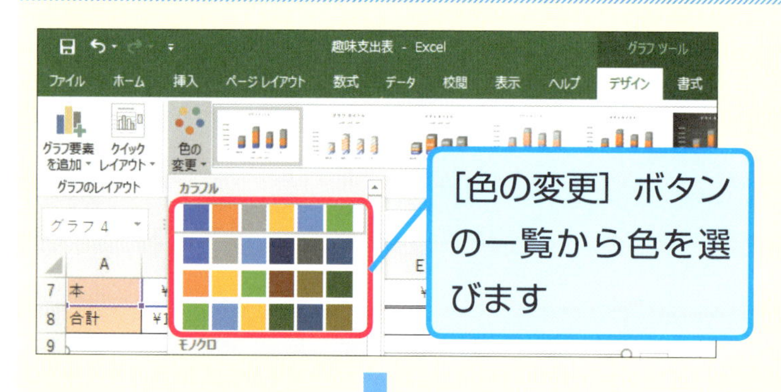

● [グラフツール]
グラフを選択するとリボンに [グラフツール] が表示されます。作成したグラフの色や形、その他さまざまな設定を変更するときに使用します。

● [色の変更] の一覧
[グラフツール]の[デザイン]タブから [色の変更] ボタンの一覧を表示して、グラフの色合いを変更します。

	A	B	C	D	E
7	本	¥3,000	¥7,500	¥8,000	¥6,167
8	合計	¥17,306	¥28,250	¥21,250	

趣味支出グラフ
¥25,000
¥20,000
¥15,000
¥10,000
¥5,000
¥0
編み物　音楽　テニス　本
10月　11月　12月

グラフの色が変わります

1 グラフを選択します

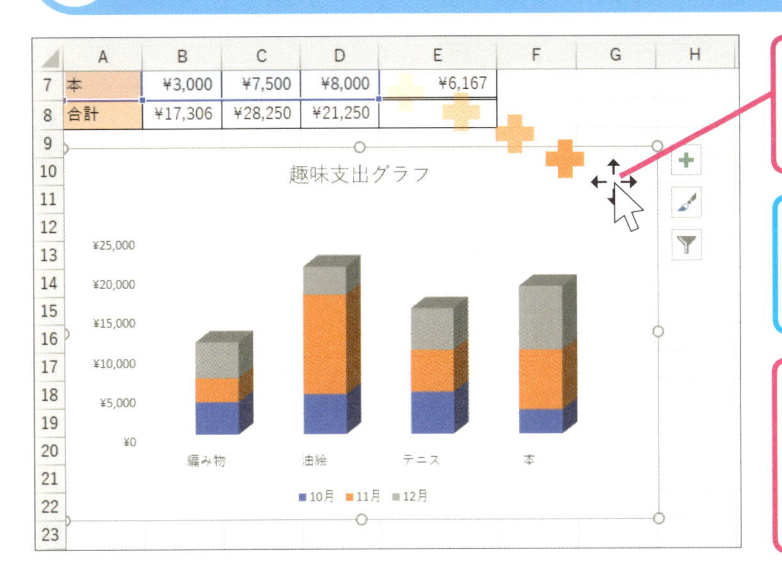

❶グラフの空白部分に✚を合わせます

✚の形状が に変わります

❷［グラフエリア］と表示される場所をクリックします

2 ［デザイン］タブを表示します

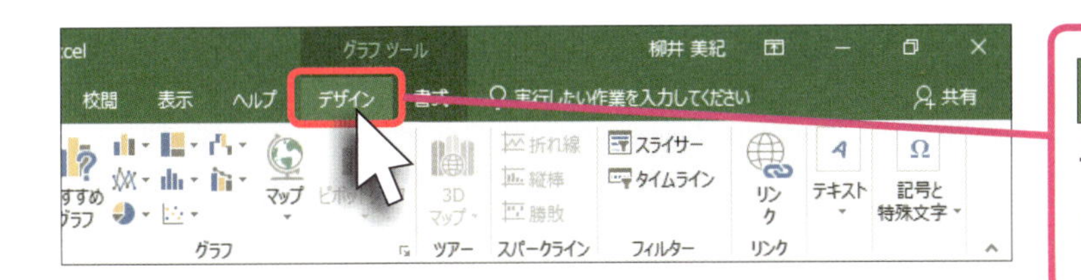

デザイン に を合わせ、そのまま、マウスをクリックします

注　　意

［デザイン］タブが表示されないときは、グラフをクリックして選択した上で操作を続けます

ヒント

グラフを選択すると、リボンに［デザイン］タブと［書式］タブが表示されます。［デザイン］タブは、グラフ全体の色や種類の変更、［書式］タブはグラフの詳細設定ができます。

次のページに続く▶▶▶

3 [色の変更] ボタンの一覧を表示します

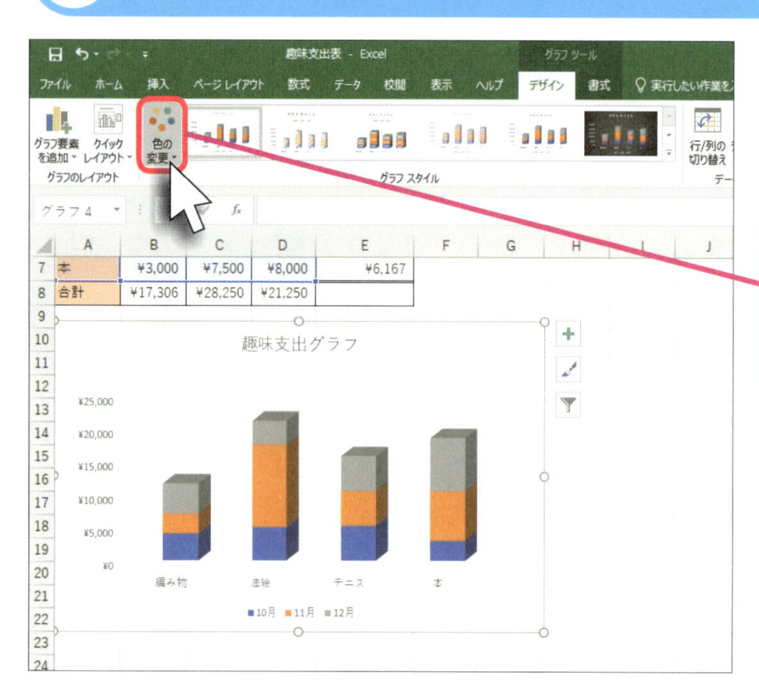

グラフを選択したままで操作します

[色の変更]にマウスポインターを合わせ、そのまま、マウスをクリックします

4 グラフの色の組み合わせを変更します

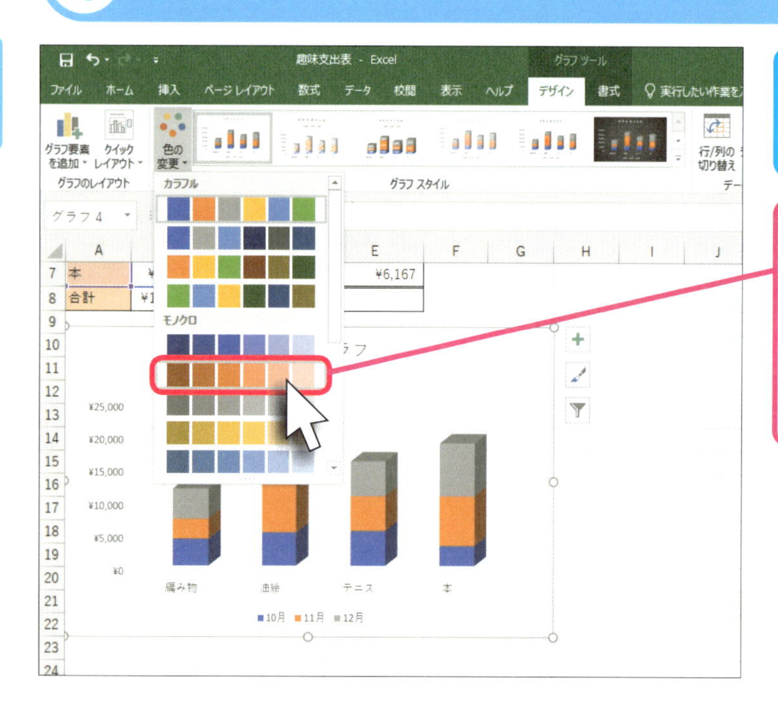

[色の変更] ボタンの一覧が表示されました

[モノクロ パレット 2] にマウスポインターを合わせ、そのまま、マウスをクリックします

見やすいグラフを作ってみよう 第6章

5 グラフの色の組み合わせが変更されました

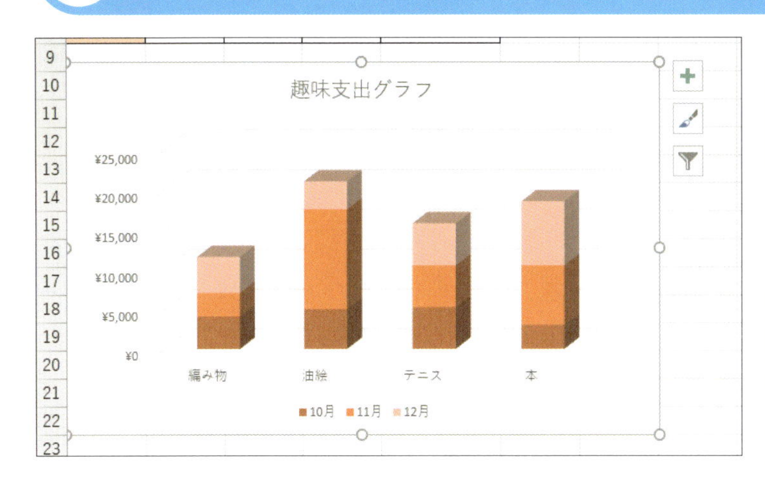

グラフの色が［モノクロ パレット 2］と同じ見ためになりました

ヒント

手順1から同様に操作すれば、グラフの色の組み合わせを後から変更できます。［色の変更］ボタンの一覧には色の組み合わせが17種類ほどあるので、表のデザインやバランスを見ながら設定するいいでしょう。

ヒント

グラフの色合いやデザインをさらに変更したいときは、［色の変更］ボタンの右側にある［グラフスタイル］を利用すると便利です。［グラフスタイル］では、表示される候補をクリックするだけでグラフ全体のイメージを一度に変更できます。

スタイルをクリックして選択します

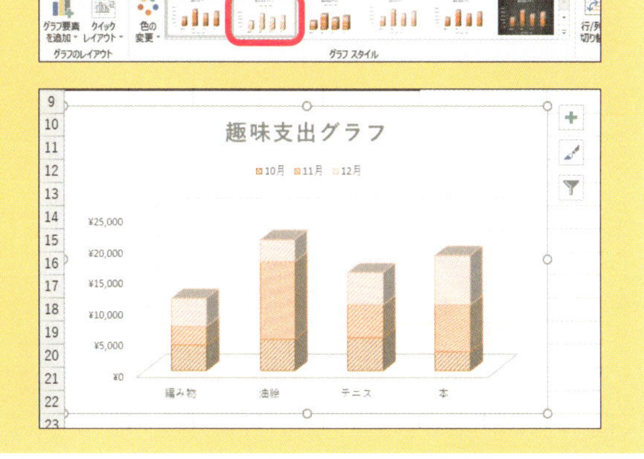

グラフの種類を変更しよう

キーワード グラフの種類の変更

練習用ファイル ▶レッスン36.xlsx

グラフは作成した後でも、種類を自由に変更できます。グラフの種類を変更すると、単に見ためが変わるだけではなく、数字の大小の差を際立たせて、項目ごとの数字を比較しやすくなります。ここでは、3-D積み上げ縦棒グラフを3-D集合縦棒グラフに変更し、各支出の「月ごとの金額」を比較してみましょう。

操作はこれだけ

合わせる  クリック 

[グラフの種類の変更]の画面でグラフを選びます

[グラフの種類の変更]ボタンをクリックします

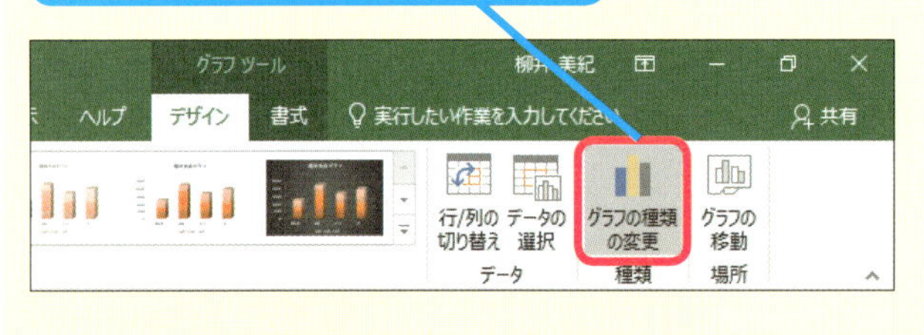

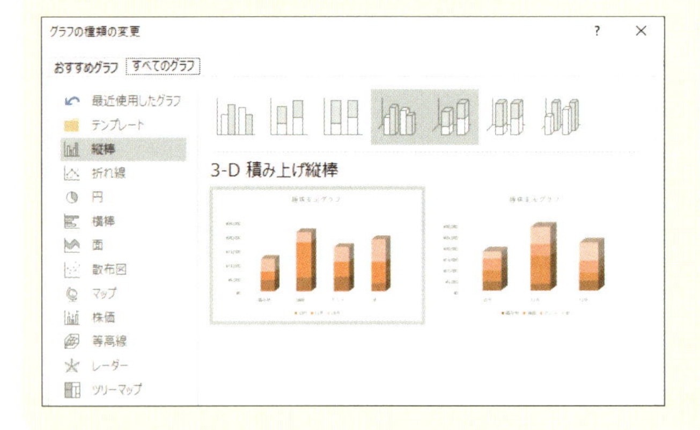

グラフの種類が一覧で表示されます

● グラフの種類の変更

[グラフツール]の[デザイン]タブにある[グラフの種類の変更]ボタンをクリックすると、グラフの種類の一覧が表示されます。リストやアイコンから選択するだけで、簡単にグラフの種類を変更できます。

見やすいグラフを作ってみよう 第6章

① [デザイン] タブが表示されていることを確認します

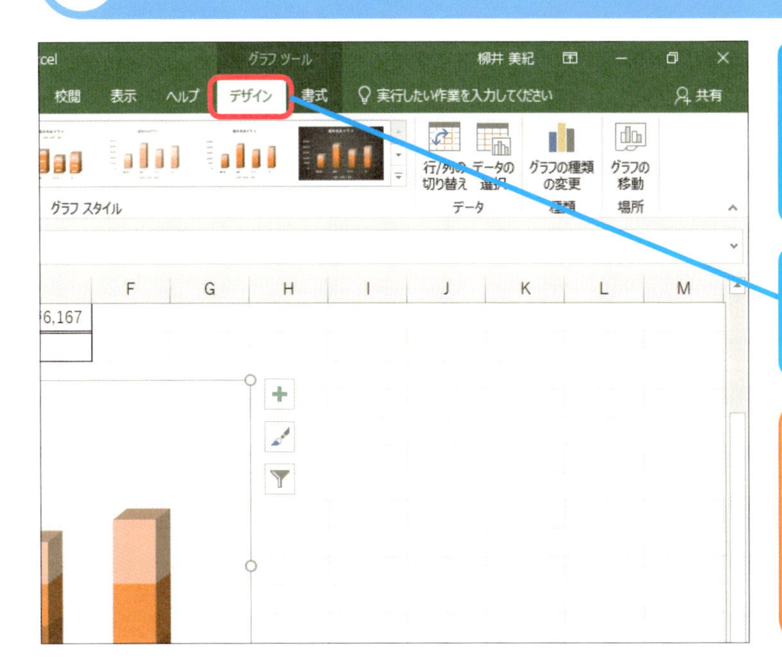

レッスン㉜（167ページ）を参考にグラフを選択しておきます

[デザイン] タブの内容を表示しておきます

注　意
グラフが選択されていないと [グラフツール] - [デザイン] タブが表示されません

② グラフの種類の一覧を表示します

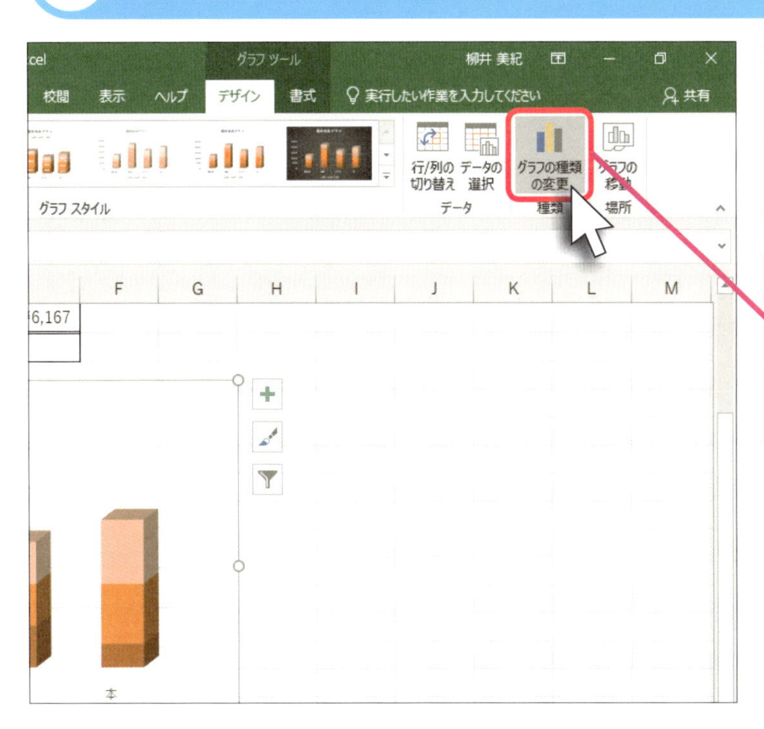

ここでは、グラフの形を [3-D集合縦棒] に変更します

[グラフの種類の変更] に ポインター を合わせ、そのまま、マウスをクリックします

次のページに続く▶▶▶

3 縦棒のグラフの一覧を表示します

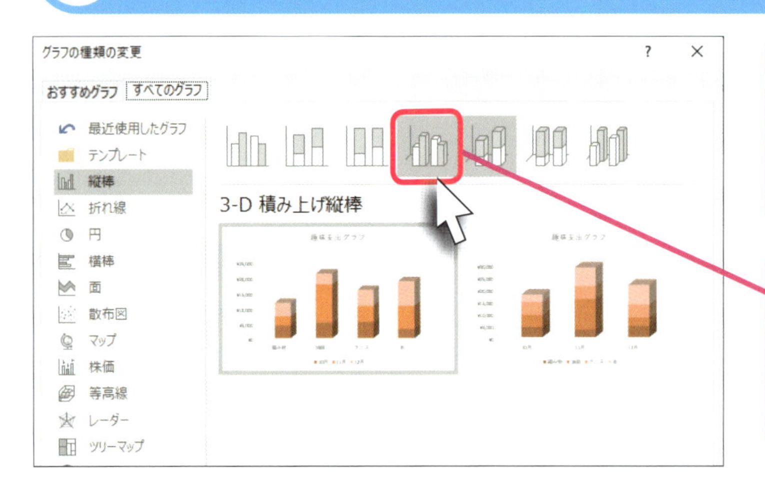

❶ [縦棒] が表示されていることを確認します

❷ [3-D 積み上げ縦棒] に マウスポインター を合わせ、そのまま、マウスをクリック します

4 グラフの種類を選択します

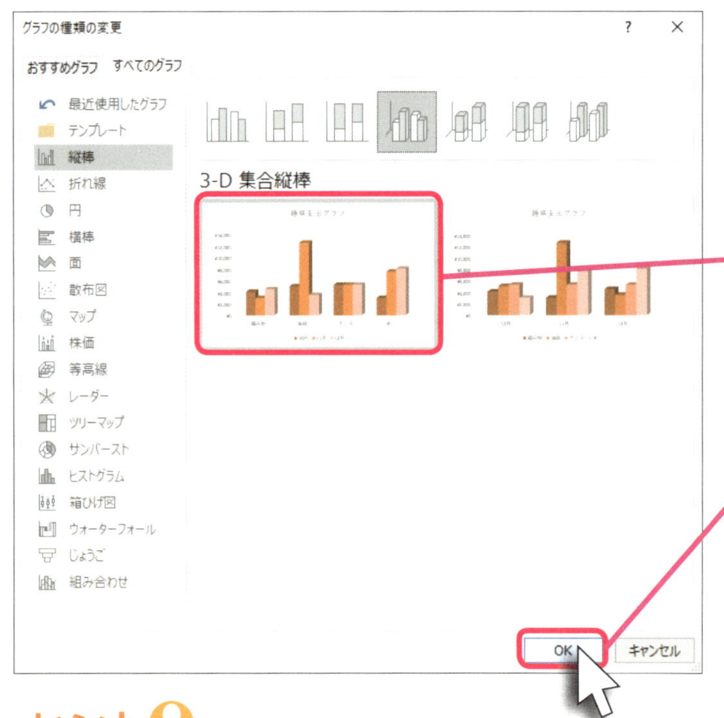

[3-D集合縦棒］のグラフの一覧が表示されました

❶左のグラフが選択されていることを確認します

❷ [OK] に マウスポインター を合わせ、そのまま、マウスをクリック します

ヒント

グラフにマウスポインターを重ねると、大きく表示され、変更後のイメージをはっきりと確認できます。

5 グラフの種類が変更できました

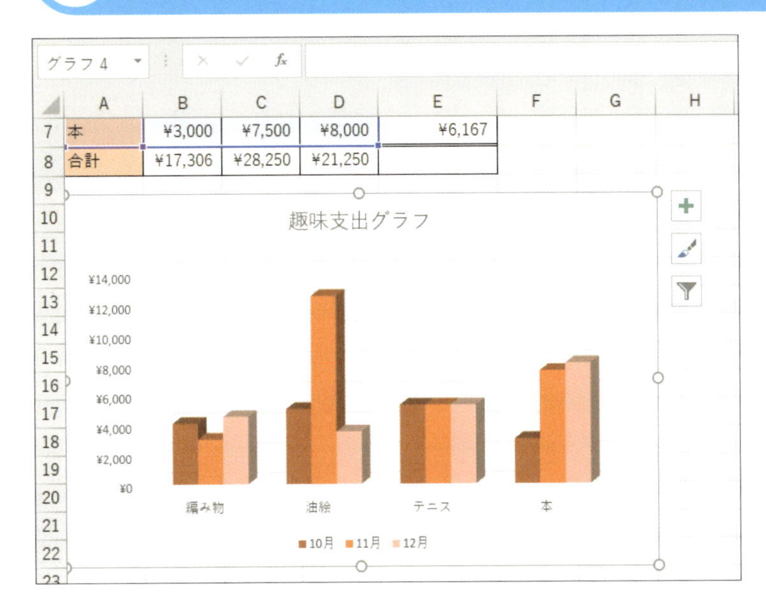

グラフの種類が［3-D集合縦棒］に変更されました

ヒント

［積み上げ縦棒］は、1カ月の合計を比べたり、各費用の割合の推移を比較できます。［3-D集合縦棒］は、月ごとの各費用の大きさを縦棒グラフで比較できます。

6 ブックを上書きで保存します

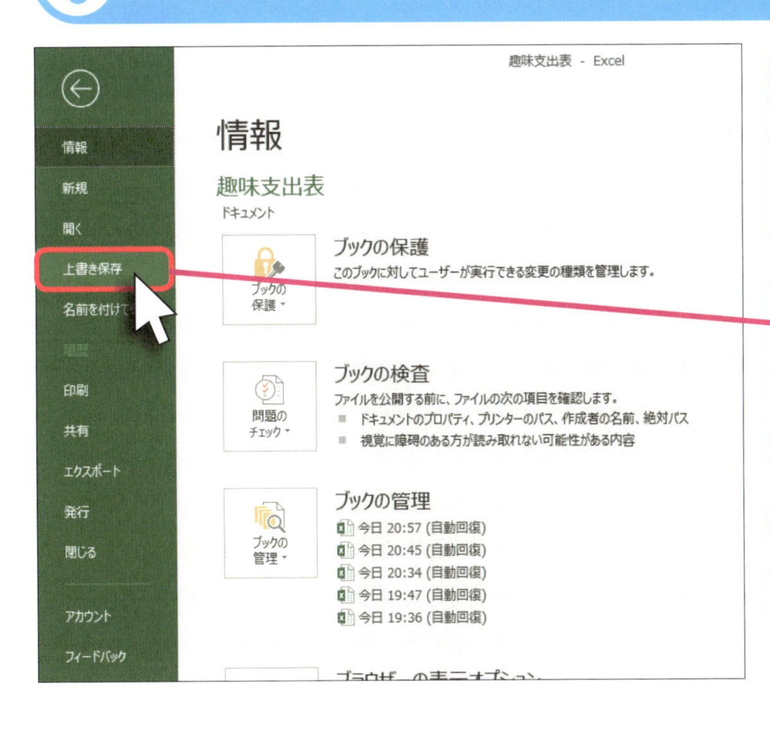

❶ ファイル に を合わせ、そのまま、マウスをクリックします

❷ 上書き保存 に を合わせ、そのまま、マウスをクリックします

レッスン❺（37ページ）を参考にしてエクセルを終了しておきます

終わり

もっとすぐにグラフを作れないの？

A 表を選択してから［クイック分析］ボタンをクリックします

エクセル 2019でセルを選択すると、選択した範囲の右下に［クイック分析］ボタンが表示されます。［クイック分析］ボタンをクリックして表示される［グラフ］タブから基本的な形のグラフを瞬時に作成できます。

	A	B	C	D	E	F
1	月別予算				2019年8月9日	
2						
3		10月	11月	12月	平均	
4	編み物	¥4,056	¥3,000	¥4,500	¥3,852	
5	油絵	¥5,000	¥12,500	¥3,500	¥7,000	
6	テニス	¥5,250	¥5,250	¥5,250	¥5,250	
7	本	¥3,000	¥7,500	¥8,000	¥6,167	
8	合計	¥17,306	¥28,250	¥21,250		
9						
10						
11						
12						

レッスン㉛（163ページ）を参考にして、セル範囲をドラッグしておきます

❶ に を合わせ、そのまま、マウスをクリックします

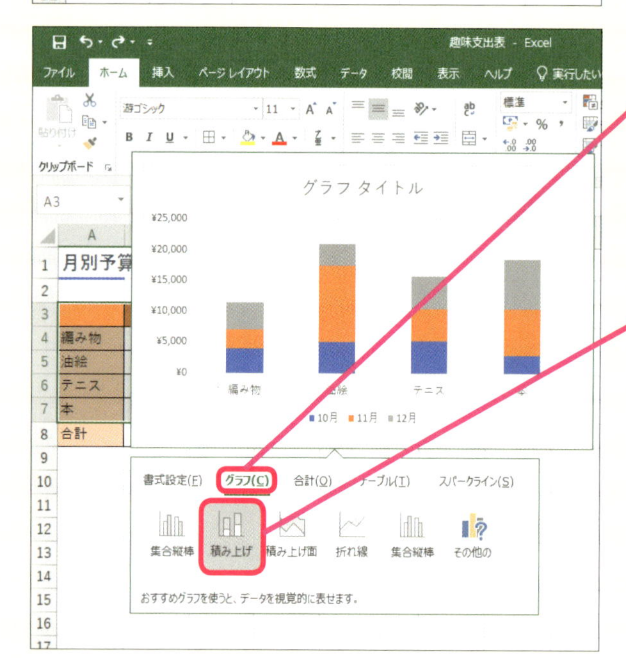

❷ グラフ(C) に を合わせ、そのまま、マウスをクリックします

❸［積み上げ］に を合わせ、そのまま、マウスをクリックします

ワークシートに積み上げ縦棒が挿入されます

見やすいグラフを作ってみよう 第6章

棒グラフを作成したら、1つだけ大きな棒が目立ってしまった

グラフの選択範囲に合計を含めていませんか？

一般的にグラフを作成するときは、表から「見出し」と「数値」のセルを選択します。棒グラフや折れ線グラフを作成するときに、「合計」のセルを選択してしまうと、「データ」としての数字と「データの合計」としての数字が2回表示されることになり、正しい比較ができなくなります。グラフを作成するときのセルの選択には十分注意しましょう。

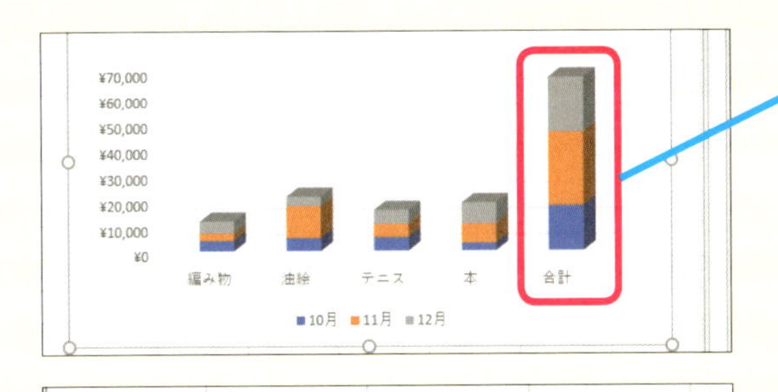

「合計」の棒がほかの項目より大きく、グラフを正しく比較できません

レッスン㉜（167ページ）を参考にしてグラフを選択しておきます

	10月	11月	12月
編み物	¥4,056	¥3,000	¥4,500
油絵	¥5,000	¥12,500	¥3,500
テニス	¥5,250	¥5,250	¥5,250
本	¥3,000	¥7,500	¥8,000
合計	¥17,306	¥28,250	¥21,250

❶■に✥を合わせます

✥の形状が↘に変わります

	10月	11月	12月
編み物	¥4,056	¥3,000	¥4,500
油絵	¥5,000	¥12,500	¥3,500
テニス	¥5,250	¥5,250	¥5,250
本	¥3,000	¥7,500	¥8,000
合計	¥17,306	¥28,250	¥21,250

❷そのまま、上のセルまでマウスをドラッグして、選択範囲から「合計」の行をはずします

グラフの位置をセルにピッタリそろえたい

A あらかじめ設定しておけばいつでも枠線ピッタリにそろえられます

グラフの位置をセルの枠線に合わせて移動するには、[ページレイアウト] タブの [配置] ボタンをクリックし、[枠線に合わせる] を選択します。[枠線に合わせる] に設定した後に、グラフの移動や大きさを変更すると、グラフの四隅がワークシート上の枠線にピタッと重なるようになります。

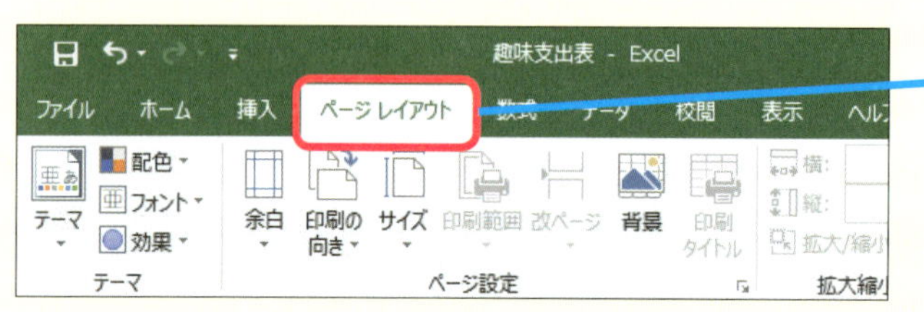

[ページレイアウト] タブの内容を表示しておきます

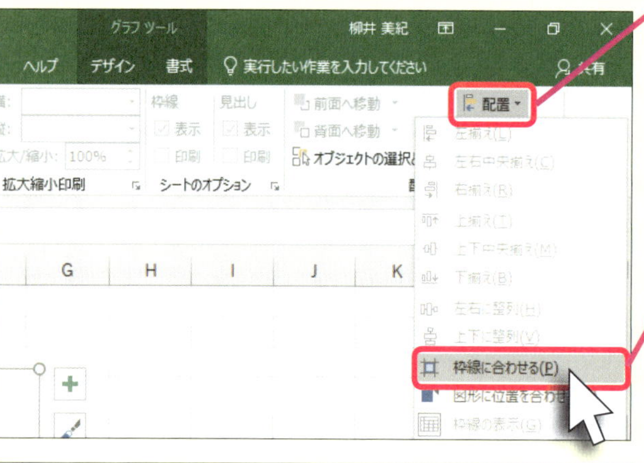

❶ [配置] にマウスポインターを合わせ、そのまま、マウスをクリックします

❷ [枠線に合わせる(P)] にマウスポインターを合わせ、そのまま、マウスをクリックします

グラフの大きさや位置を変更するときに、グラフの四隅が枠線に合わせて移動するようになります

グラフを作るときにどのグラフの種類を選べばいいか分からない

A グラフで何を比較したいかを確認しましょう

縦棒や横棒グラフは、その高さで数の大小を比べます。また、円グラフやドーナツチャートは100%を1つの円として、その中でどの位の割合かを見るためのグラフです。折れ線グラフは、線で時間経過をつなぎ、その値の大小を表示します。それぞれのグラフの特徴を理解して、比較対象がひと目で分かるようなグラフを選びましょう。

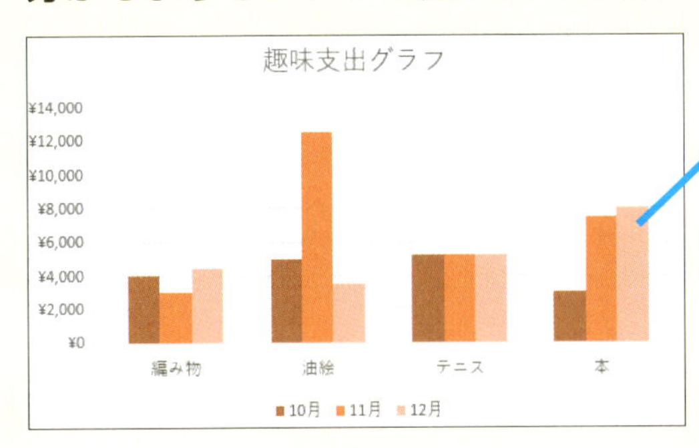

◆棒グラフ
縦棒や横棒グラフは、数の大小を比べるのに向いています

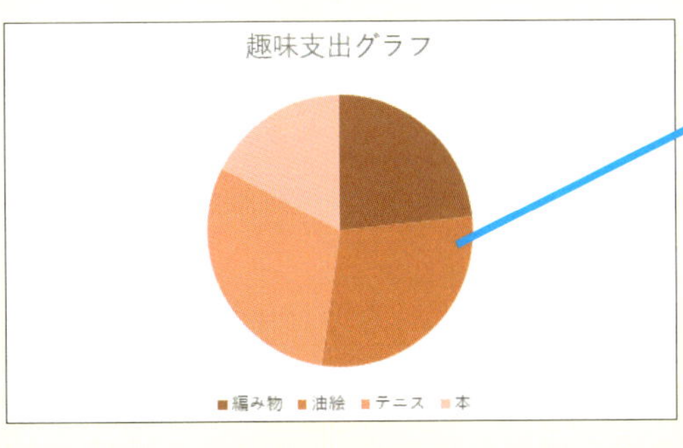

◆円グラフ
円グラフは、100%の中で項目の「割合」を比べるのに向いています

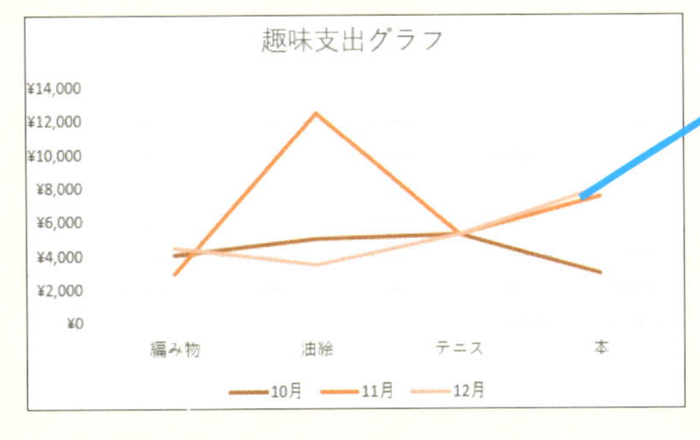

◆折れ線グラフ
折れ線グラフは、横軸の経過と合わせて、数の大小を比べるのに向いています

グラフタイトルがなくなってしまった！

A ［グラフ要素を追加］ボタンでグラフタイトルを追加します

グラフタイトルがないレイアウトを選択したり、グラフタイトルにハンドル（◎）が表示された状態で Delete キーを押したりすると、グラフタイトルが消えてしまいます。そのようなときは、［グラフツール］の［グラフ要素を追加］ボタンをクリックし、以下の手順で操作しましょう。

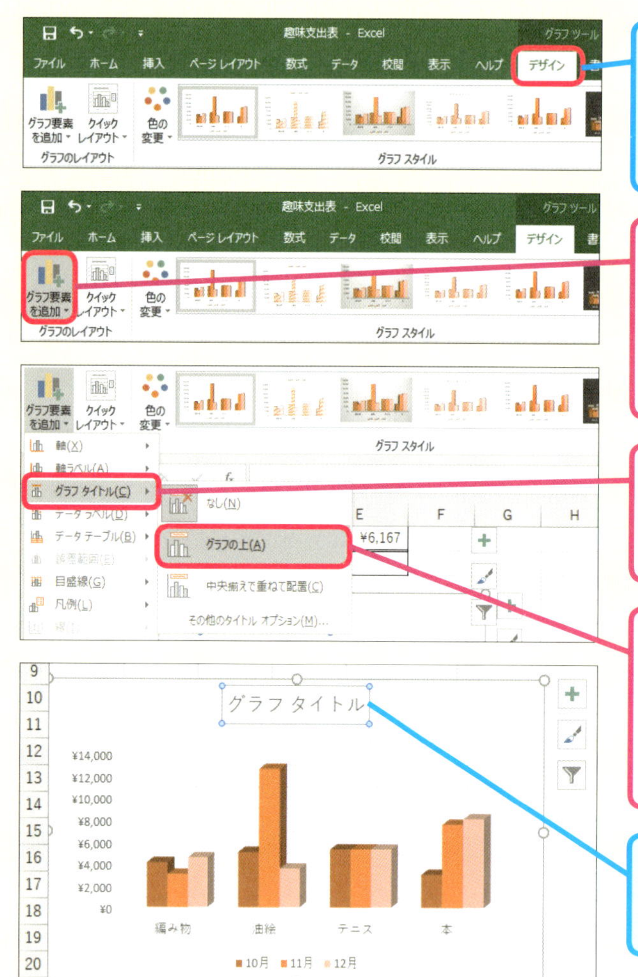

レッスン㉟（175ページ）を参考にして、［デザイン］タブを表示しておきます

❶ ［グラフ要素を追加］に マウスポインターを合わせ、そのまま、マウスをクリックします

❷ ［グラフ タイトル(C)］に マウスポインターを合わせます

❸ ［グラフの上(A)］に マウスポインターを合わせ、そのまま、マウスをクリックします

グラフの上部中央にグラフタイトルが挿入されました

第7章

表やグラフを印刷してみよう

エクセルで作成した表とグラフは、プリンターを使って用紙に印刷できます。この章では、これまでのレッスンで作成した表とグラフを印刷する方法を紹介します。実際に印刷する前に仕上がりのイメージを確認して、1枚の用紙にブックの内容がすべて収まるように印刷する方法をマスターしましょう。

この章の内容

印刷前に仕上がりを確認しよう

キーワード 印刷プレビュー

練習用ファイル ▶ レッスン37.xlsx

表やグラフなど、ブックの内容は簡単に印刷できます。何も設定せずにそのまま印刷すると、画面の見ためと印刷結果が異なってしまう場合があります。実際にブックを用紙に印刷する前に、印刷の仕上がりを確認できる［印刷プレビュー］の機能を利用すれば、用紙を無駄にすることなく、印刷結果を確認できます。

操作はこれだけ

合わせる  クリック 

［印刷］をクリックして表示を確認します

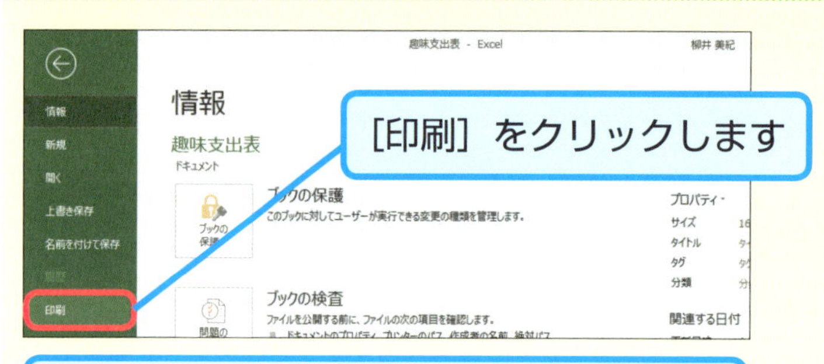

［印刷プレビュー］の画面が表示されます

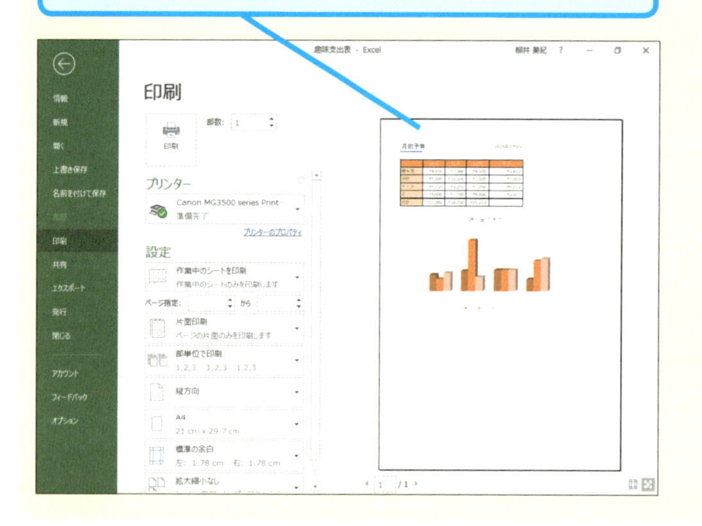

印刷メニューの表示

［ファイル］タブをクリックし、基本操作のメニューで［印刷］をクリックすると、印刷のメニューと、［印刷プレビュー］の画面が表示されます。実際に用紙に印刷する前に、印刷の仕上がりイメージを画面上で確認できます。

表やグラフを印刷してみよう 第7章

1 [ファイル] タブをクリックします

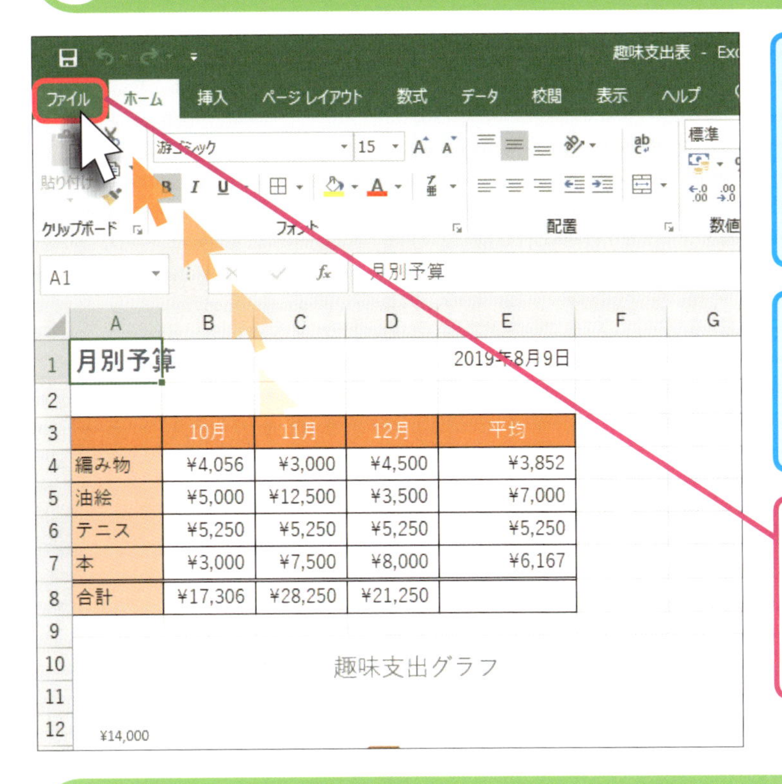

レッスン⓭（81ページ）を参考にして「趣味支出表」のブックを開いておきます

プリンターを使える状態にして、A4の用紙をセットしておきます

ファイル に を合わせ、そのまま、マウスをクリックします

2 印刷のメニューを表示します

印刷 に を合わせます

注意

グラフが選択されているとグラフしか印刷されませんので、表とグラフを印刷するときには、セルA1などをクリックし、グラフが選択されていない状態にします

次のページに続く ▶▶▶

③ 印刷のメニューが表示されました

印刷のメニューと印刷プレビューが表示されました

◆印刷プレビュー

④ 印刷プレビューの画面表示を拡大します

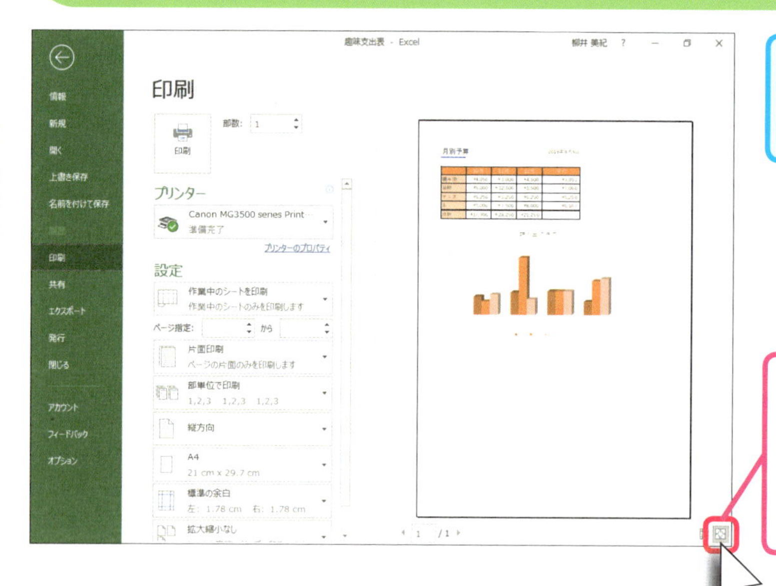

印刷プレビューを拡大します

にを合わせ、そのまま、マウスをクリックします

5 印刷プレビューの画面表示を縮小します

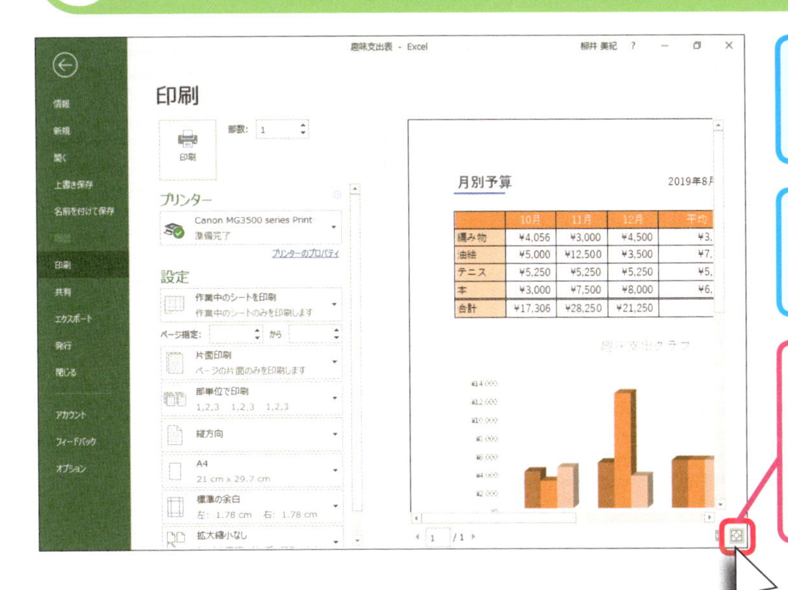

表の左上が拡大表示されました

印刷プレビューを縮小します

[縮小ボタン]に[ポインタ]を合わせ、そのまま、マウスをクリック[マウス]します

6 印刷のメニューを閉じます

ページ全体が表示されました

[←]に[ポインタ]を合わせ、そのまま、マウスをクリック[マウス]します

エクセルの通常画面が表示されます

終わり

用紙の寸法を指定しよう

キーワード 印刷の向き、サイズ　　練習用ファイル ▶レッスン38.xlsx

エクセルで表やグラフを作成した後、実際にブックの内容を用紙に印刷する前には、印刷に使用する用紙の向きやサイズを必ず設定しましょう。このレッスンでは、［ページレイアウト］タブの［ページ設定］グループにあるボタンを利用して、印刷に使用する用紙の向きとサイズを「A4横向き」に設定します。

操作はこれだけ　合わせる  クリック 

［印刷の向き］と［サイズ］をクリックします

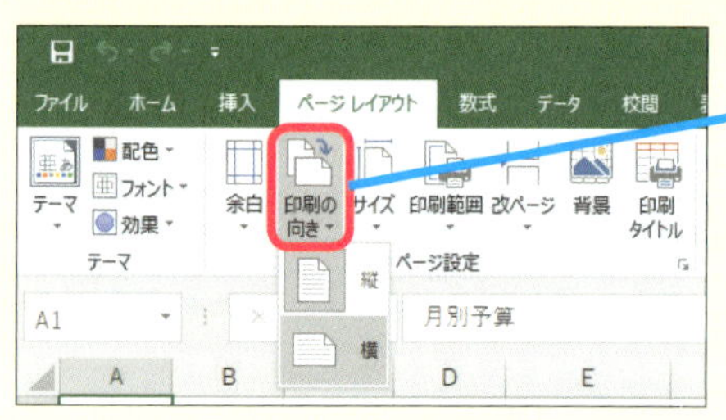

印刷の向きは［印刷の向き］ボタンをクリックして変更します

レター 21.59 cm x 27.94 cm
リーガル 21.59 cm x 35.56 cm
A5 14.8 cm x 21 cm
A4 21 cm x 29.7 cm
B5 18.2 cm x 25.7 cm
KG 10.16 cm x 15.24 cm
5x7 12.7 cm x 17.78 cm
六切 20.32 cm x 25.4 cm
L判 8.9 cm x 12.7 cm
2L判 12.7 cm x 17.8 cm
その他の用紙サイズ(M)...

印刷のサイズは［サイズ］ボタンをクリックして変更します

● 用紙の設定

［ページレイアウト］タブの［ページ設定］項目では、印刷に使用する用紙の向きやサイズなどを設定できます。

ヒント

印刷に使用する用紙の向きとサイズは、ブックごとに設定できます。ブックの内容に合わせて変更しましょう。

注　意

［サイズ］ボタンの一覧は、使用するプリンターによって表示内容が異なります

① リボンの［ページレイアウト］タブを表示します

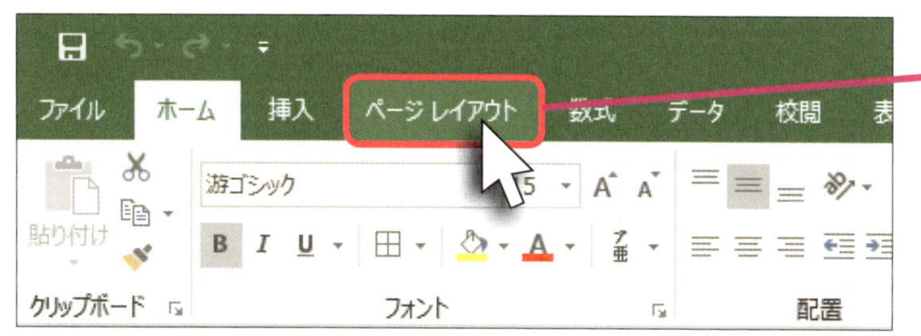

ページ レイアウトに を合わせ、そのまま、マウスをクリック します

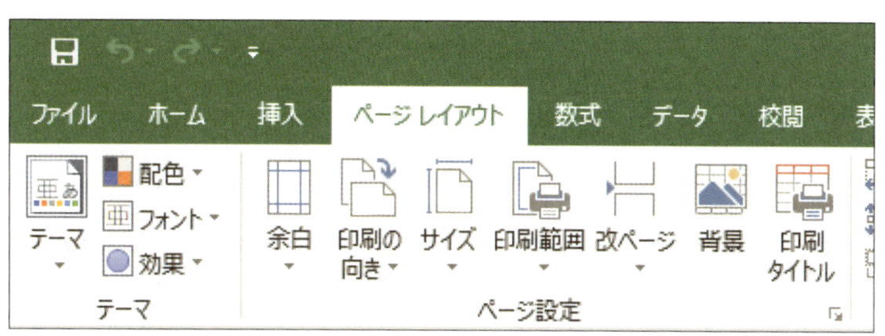

［ページレイアウト］タブの内容が表示されました

② ［印刷の向き］の一覧を表示します

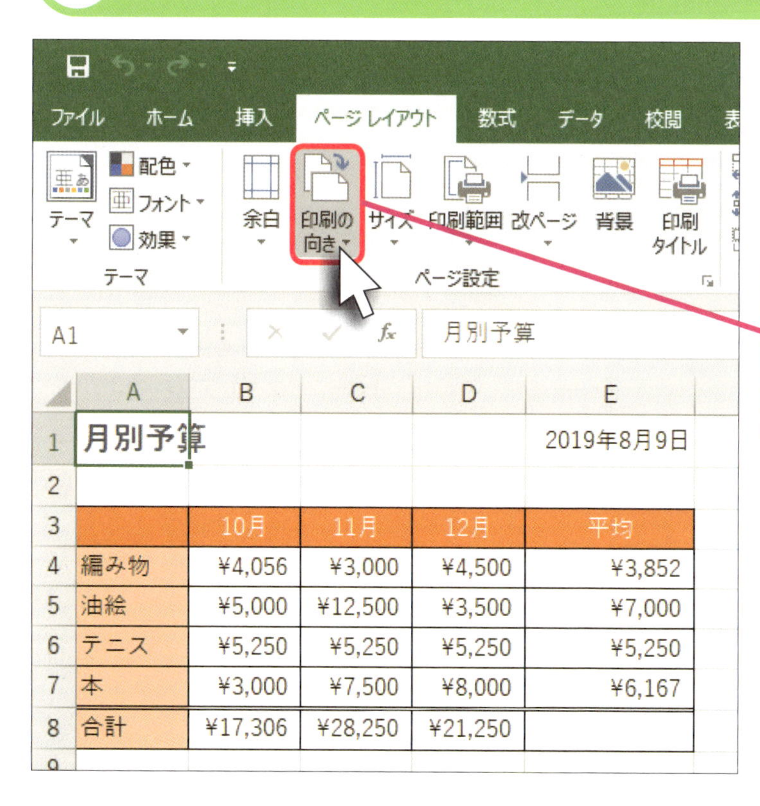

	A	B	C	D	E
1	月別予算				2019年8月9日
2					
3		10月	11月	12月	平均
4	編み物	¥4,056	¥3,000	¥4,500	¥3,852
5	油絵	¥5,000	¥12,500	¥3,500	¥7,000
6	テニス	¥5,250	¥5,250	¥5,250	¥5,250
7	本	¥3,000	¥7,500	¥8,000	¥6,167
8	合計	¥17,306	¥28,250	¥21,250	

ここでは、印刷の向きとサイズを、横向きA4用紙に設定します

印刷の向きに を合わせ、そのまま、マウスをクリック します

次のページに続く ▶▶▶

③ 印刷の向きを選択します

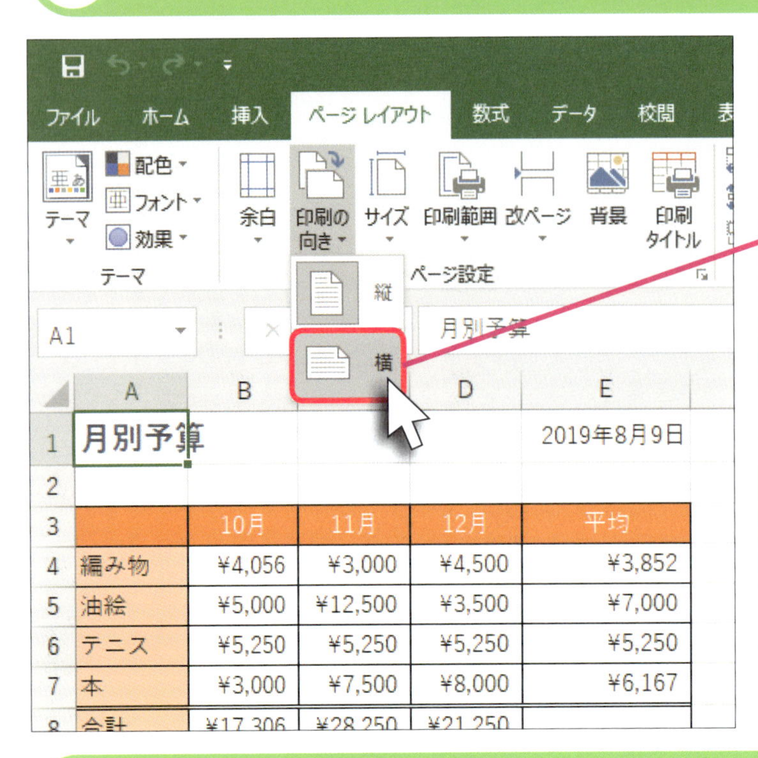

［印刷の向き］の一覧が表示されました

横 に を合わせ、そのまま、マウスをクリックします

ヒント

［印刷の向き］とは、用紙を縦方向に使うのか、横方向に使うのかという設定です。

④ ［サイズ］の一覧を表示します

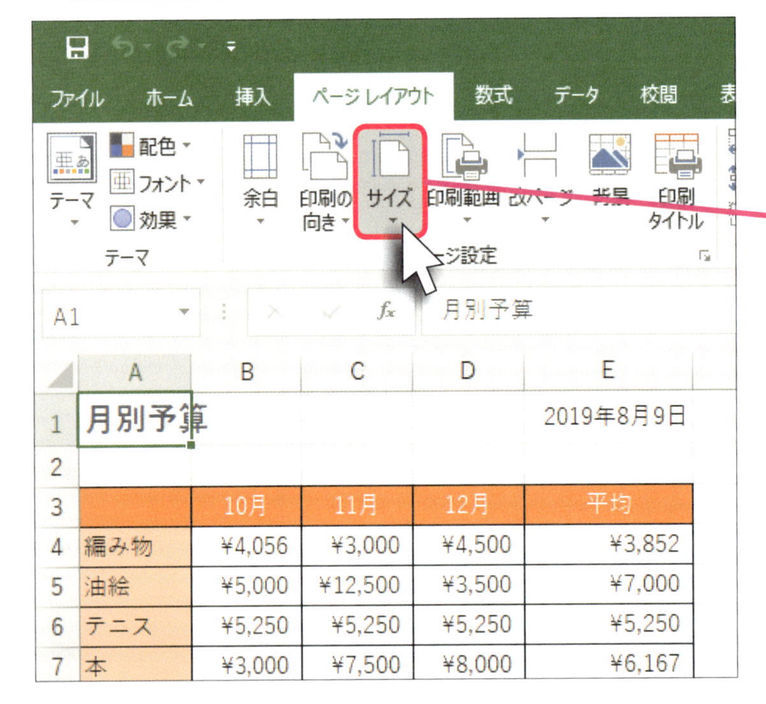

印刷の向きが横に設定されました

サイズ に を合わせ、そのまま、マウスをクリックします

⑤ 印刷のサイズを選択します

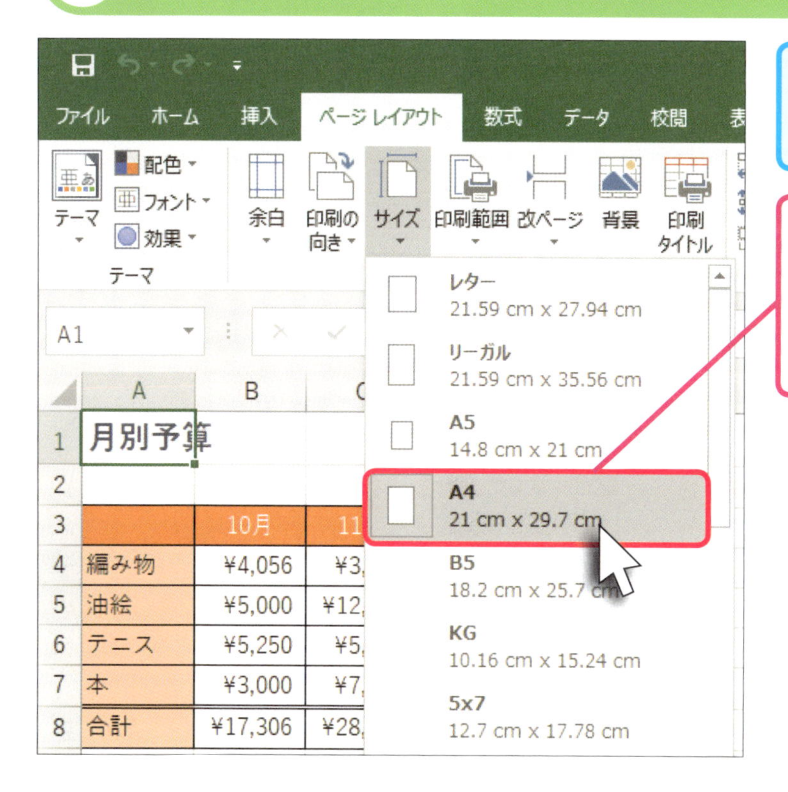

用紙サイズの一覧が表示されました

A4 21 cm x 29.7 cm にを合わせ、そのまま、マウスをクリックします

⑥ 印刷の向きとサイズを設定できました

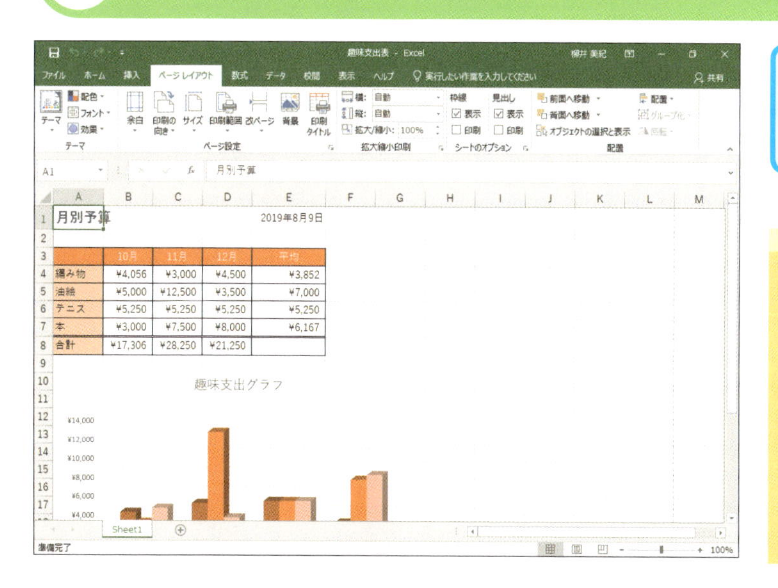

印刷のサイズがA4に設定されました

ヒント!

印刷に関する操作をすると、ブックが印刷される範囲が点線で表示されます。点線で囲まれた部分が1枚の用紙に印刷されます。

レッスン 39

用紙にページ番号を付けよう

キーワード ヘッダー、フッター

練習用ファイル レッスン39.xlsx

エクセルでは、用紙の余白にある上端の領域を「ヘッダー」、用紙の下端の領域を「フッター」と呼びます。ヘッダーやフッターの位置には、ページ番号やファイル名などのさまざまな情報を印刷できます。ここでは、[ページ設定]の画面から、フッターにページ番号を印刷する設定をしてみましょう。

操作はこれだけ

合わせる  クリック 

[ページ設定]項目の右下のボタンをクリックします

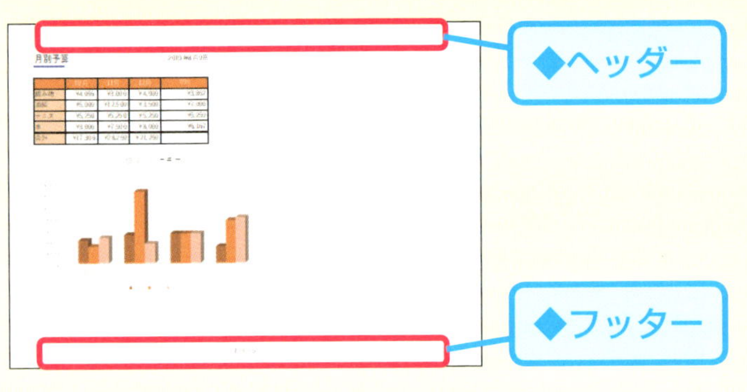

●ヘッダーとフッター

ヘッダーとフッターの領域に、会社名やページ番号などの情報を指定すれば、各ページに印刷できます。

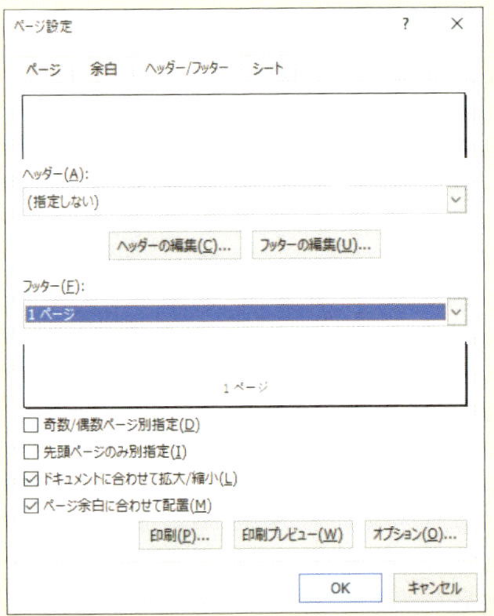

[ヘッダー/フッター]タブでヘッダーとフッターを設定できます

●ページ番号の追加

[ページ設定]の画面の[ヘッダー/フッター]タブで、ヘッダーとフッターに表示する情報を選択できます。

表やグラフを印刷してみよう 第7章

1 [ページ設定]の画面を表示します

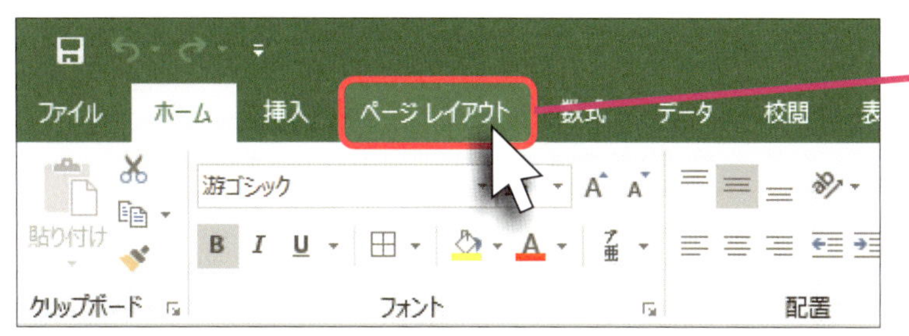

❶ ページ レイアウト に を合わせ、そのまま、マウスをクリックします

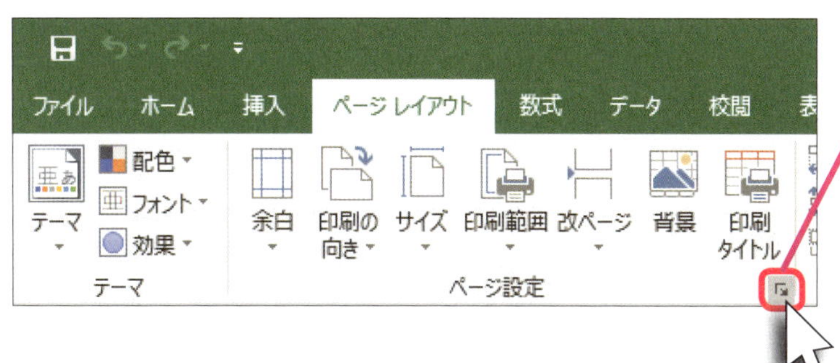

❷ に を合わせ、そのまま、マウスをクリックします

2 [ヘッダー/フッター]タブの内容を表示します

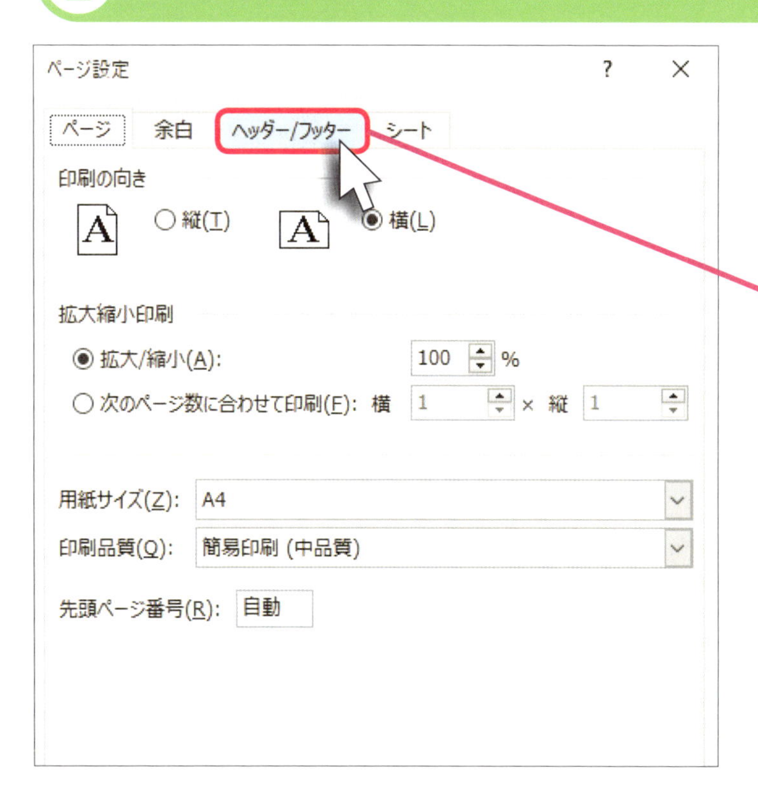

[ページ設定]の画面が表示されました

ヘッダー/フッター に を合わせ、そのまま、マウスをクリックします

次のページに続く▶▶▶

③ フッターのメニューを表示します

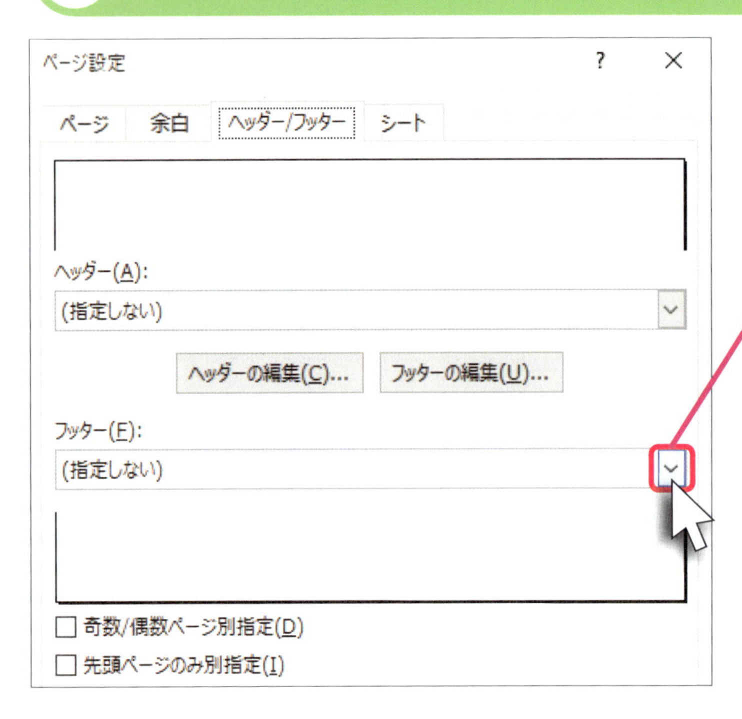

[ヘッダー/フッター]タブの内容が表示されました

![]に を合わせ、そのまま、マウスをクリック します

④ フッターに表示する内容を選択します

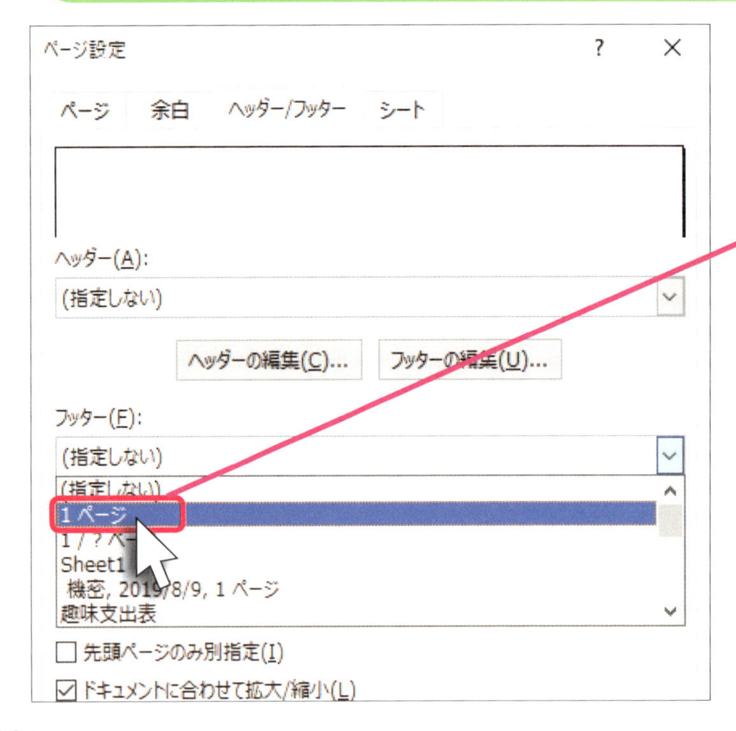

フッターの一覧が表示されました

1 ページ に を合わせ、そのまま、マウスをクリック します

5 [ページ設定] で変更した内容に設定します

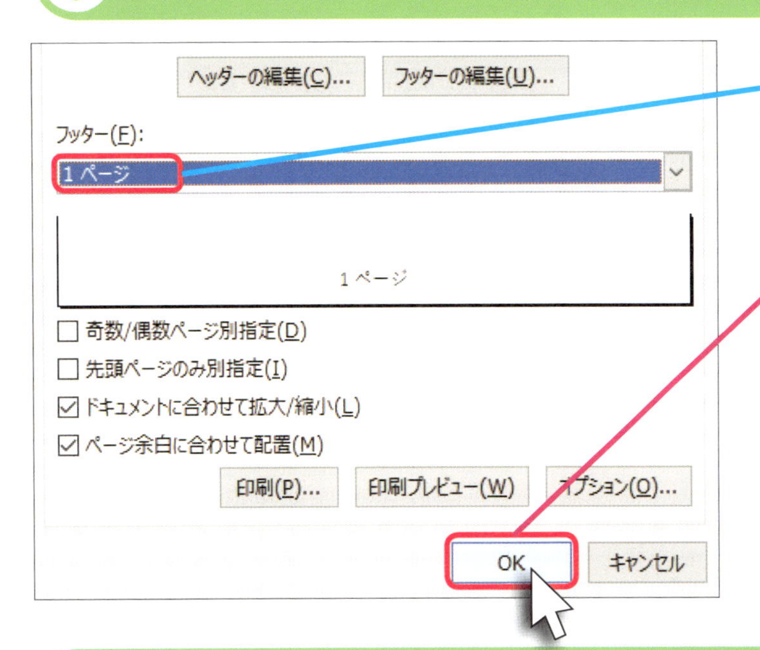

フッターに「1ページ」が選択されました

OK に を合わせ、そのまま、マウスをクリックします

6 印刷の仕上がりを確認します

レッスン㊲（189ページ）を参考にして［印刷プレビュー］の画面を表示しておきます

用紙の下部にページ数が表示されていることを確認します

レッスン㊲（191ページ）を参考にして［印刷プレビュー］の画面を閉じておきます

レッスン 40

用紙いっぱいに印刷しよう

動画で見る

キーワード 拡大縮小印刷

練習用ファイル ▶レッスン40.xlsx

ブックを印刷しようとするとき、表やグラフが用紙からはみ出して印刷されてしまう場合があります。また、反対に表やグラフが小さくて、用紙とのバランスが取れないこともあります。そのようなときは、ブックの内容が用紙1枚ちょうどの大きさに収まるように、拡大・縮小して印刷するようにしましょう。

操作はこれだけ

合わせる  クリック 

[拡大縮小印刷] 項目で拡大率を設定します

[拡大/縮小] 項目で、印刷時の拡大率を変更できます

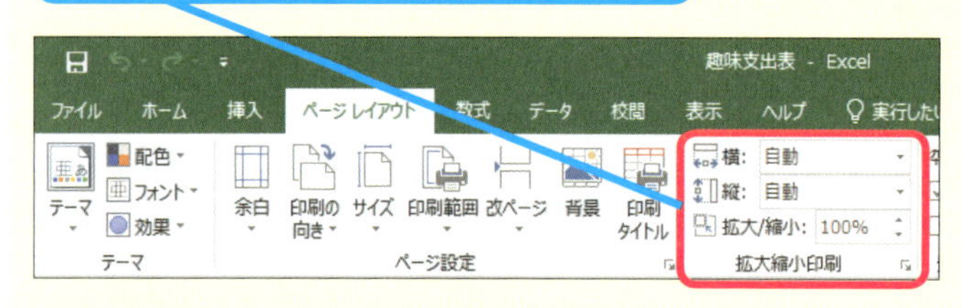

印刷に関する操作をすると、ブックが印刷される範囲が点線で表示されます

● [ページ設定] 画面の表示

[ページレイアウト] タブの [拡大縮小印刷] グループで、印刷の拡大率をパーセントで指定できます。

ヒント

[拡大/縮小] 項目の設定を元に戻すには、[100%] を選択します。

表やグラフを印刷してみよう 第7章

1 拡大率を変更します

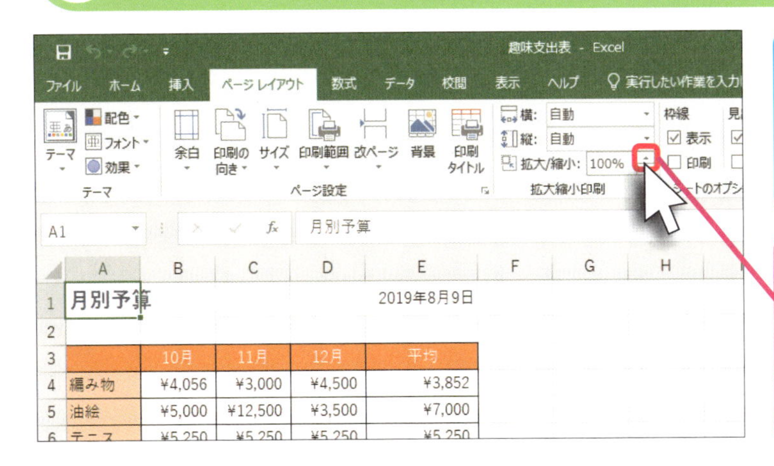

［ページレイアウト］タブの内容を表示しておきます

▲に を合わせ、そのまま、マウスを2回クリックします

2 拡大率が変更されました

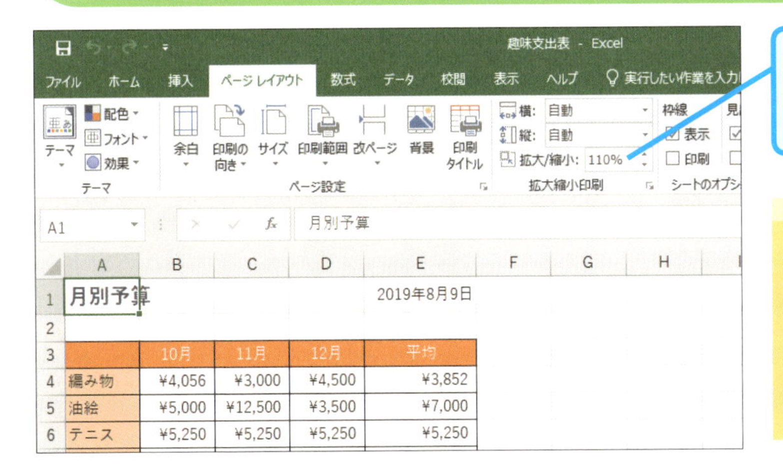

拡大率が［110%］に設定されました

ヒント

▲をクリックすると拡大率が上がり、▼をクリックすると拡大率が下がります。

ヒント

［拡大縮小印刷］グループの［横］と［縦］で［1ページ］を選択すれば、ワークシートの内容が縮小されて1枚の用紙にすべて印刷できます。

ワークシートの内容を1枚の用紙に印刷できます

横: 1ページ
縦: 1ページ

レッスン 41

プリンターで用紙に印刷しよう

動画で見る

キーワード 印刷　　練習用ファイル ▶レッスン41.xlsx

エクセルで表やグラフを印刷するための設定ができたら、いよいよプリンターを使ってブックの内容を用紙に印刷します。印刷を行う前に、パソコンにプリンターをつなげて、プリンターを使えるようにしておきましょう。［ファイル］タブをクリックして表示される基本操作のメニューから簡単に印刷できます。

操作はこれだけ

合わせる 　クリック 

プリンターでブックを用紙に印刷します

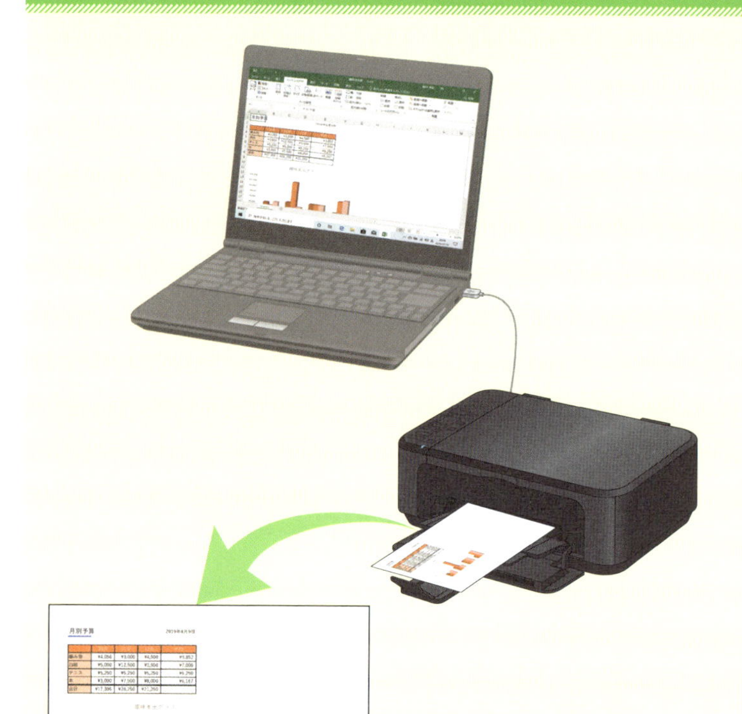

● プリンターの準備

ブックを印刷するには、パソコンにプリンターを接続し、プリンターの給紙部にブックを印刷するための用紙をセットしておきます。

● ブックの印刷

印刷のメニューを表示してから、［印刷］ボタンをクリックします。

注　意

印刷の操作を始める前に、プリンターを使える状態にして、用紙をセットしておきます

表やグラフを印刷してみよう　第7章

1 ブックを上書きで保存します

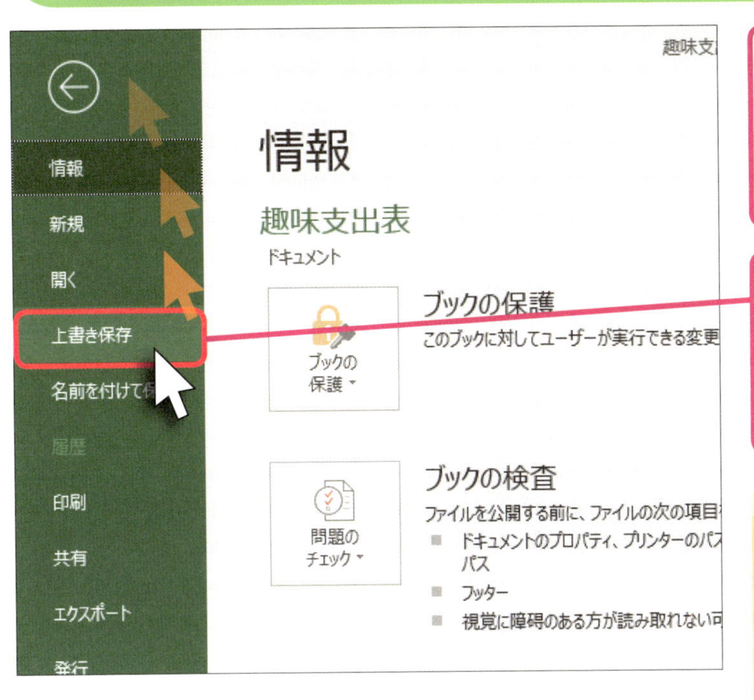

❶ ファイル に を合わせ、そのまま、マウスをクリックします

❷ 上書き保存 に を合わせ、そのまま、マウスをクリックします

ヒント

印刷に関する内容はブックごとに設定されます。印刷前に必ずブックを保存しておきましょう。

2 印刷のメニューを表示します

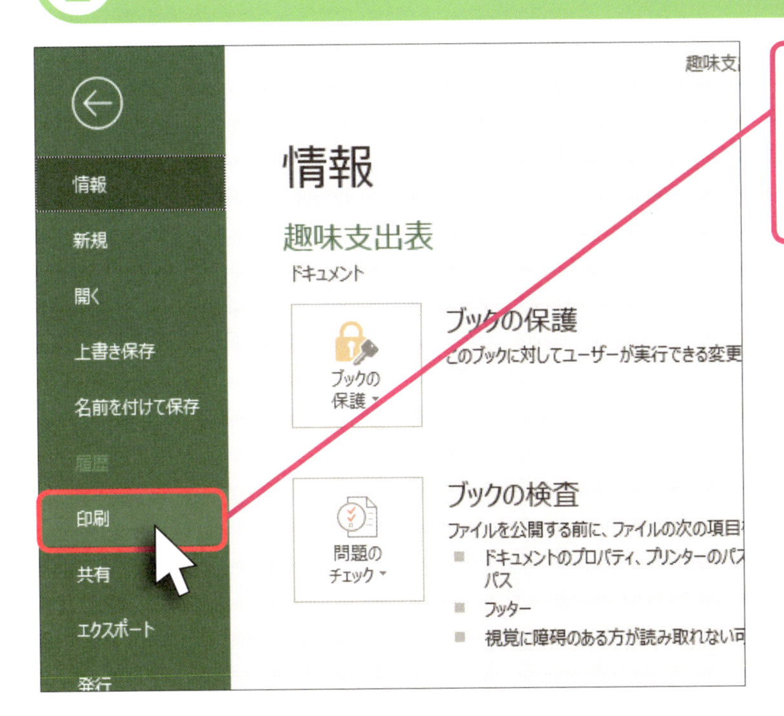

印刷 に を合わせ、そのまま、マウスをクリックします

次のページに続く▶▶▶

③ 印刷を実行します

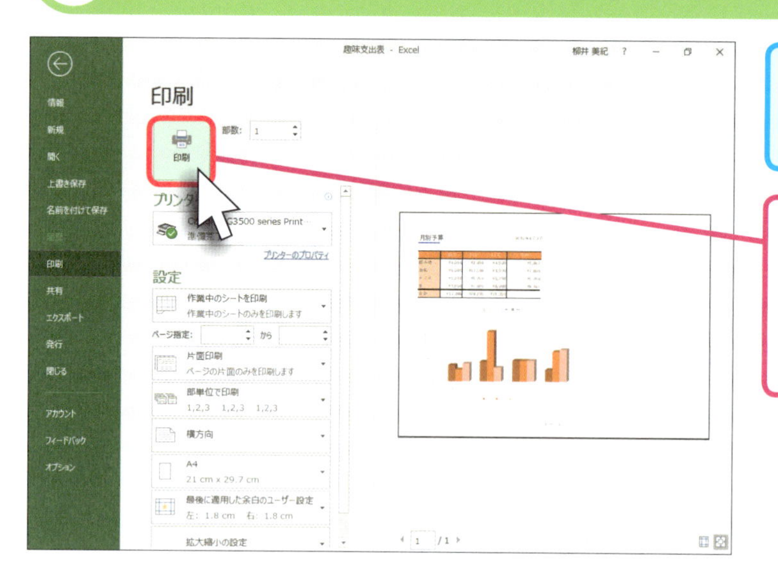

印刷のメニューが表示されました

［印刷］に［マウスポインター］を合わせ、そのまま、マウスをクリック［クリック］します

④ ブックが印刷されました

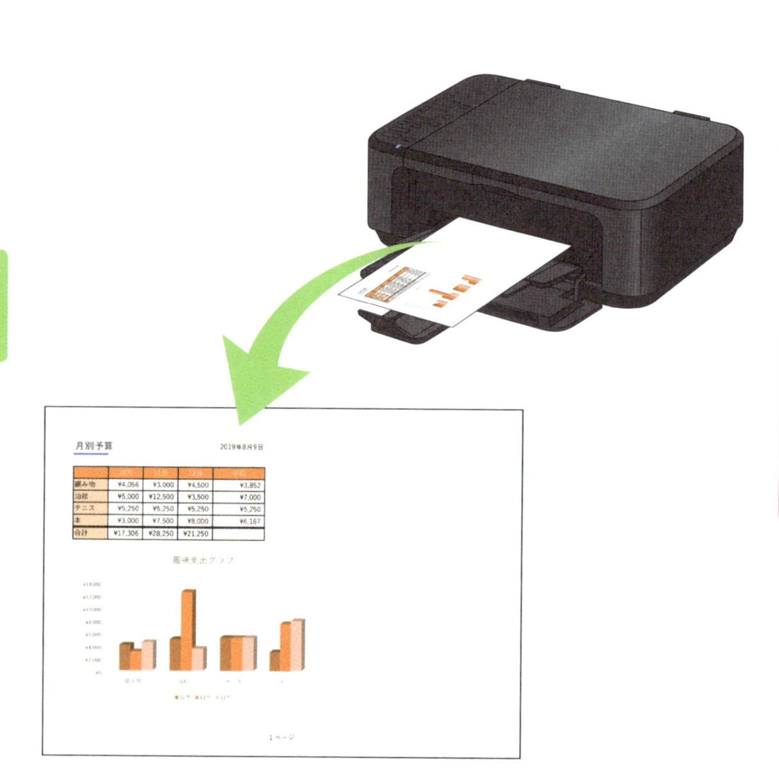

「趣味支出表」のブックが印刷されました

レッスン㊳～㊵（192～201ページ）で設定した用紙の向きとサイズ、フッター、拡大率で印刷されたことを確認します

⑤ エクセルを終了します

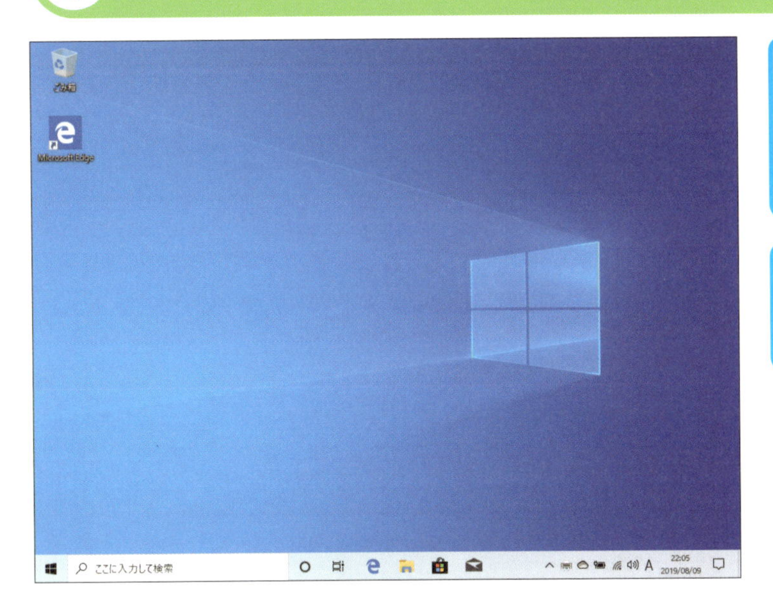

レッスン❺（37ページ）を参考にしてエクセルを終了しておきます

エクセルの画面が閉じました

ヒント

手順３で表示した印刷のメニューでは、印刷に使用するプリンターや、印刷部数の指定、印刷するページの範囲指定など、印刷に関係する設定を変更できます。さらに、画面の下にある［ページ設定］をクリックすれば、［ページ設定］の画面で印刷の向きや拡大縮小印刷のほか、詳細を確認できます。

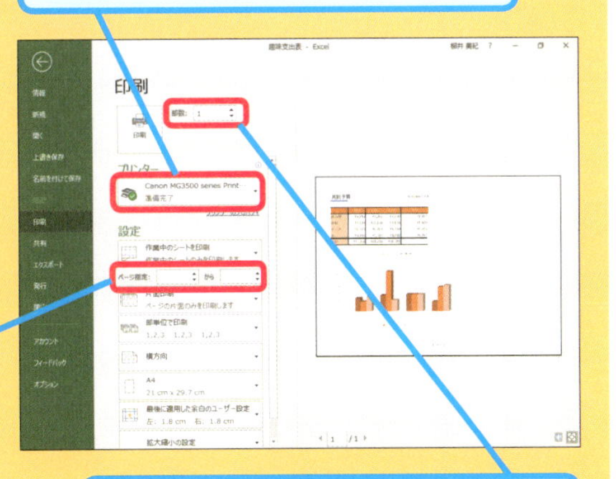

印刷イメージを見ながら編集したい

A ［ページレイアウト］ボタンをクリックすると、印刷イメージを表示しながら編集できます

表やグラフは印刷プレビューを確認するまで、1ページにどのように収まっているか分かりません。［表示］タブの［ページレイアウト］ボタンをクリックすると、セル内を編集できる状態で印刷イメージが表示されます。通常のワークシートの表示に戻したいときは、［標準］ボタンをクリックします。

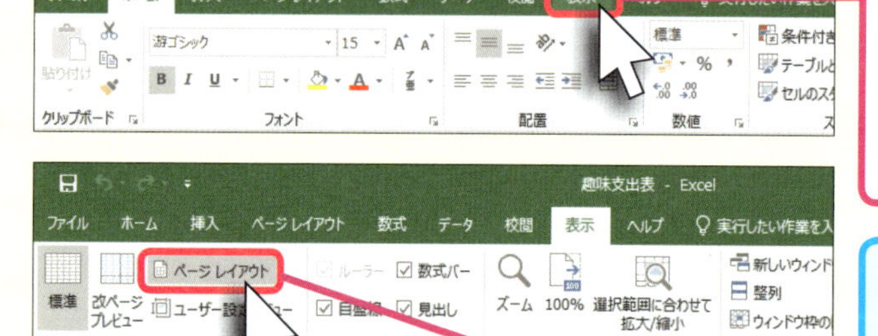

❶ 表示 に を合わせ、そのまま、マウスをクリック します

［表示］タブの内容が表示されました

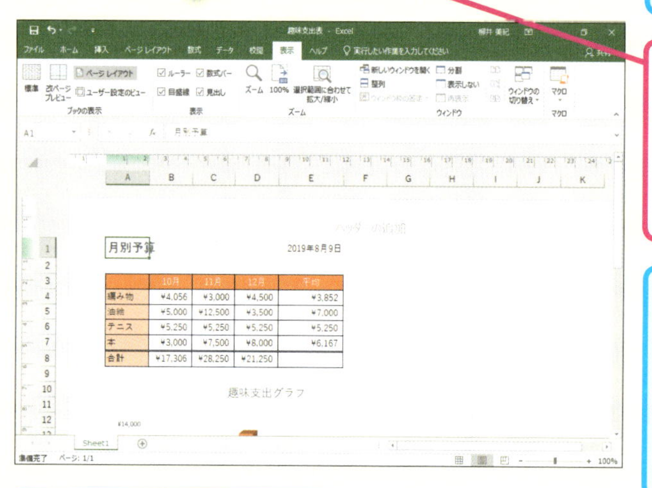

	10月	11月	12月	平均
編み物	¥4,056	¥3,000	¥4,500	¥3,852
油絵	¥5,000	¥12,500	¥3,500	¥7,000
テニス	¥5,250	¥5,250	¥5,250	¥5,250
本	¥3,000	¥7,500	¥8,000	¥6,167
合計	¥17,306	¥28,250	¥21,250	

❷ ページ レイアウト に を合わせ、そのまま、マウスをクリック します

ページレイアウト表示になり、印刷イメージに近い状態で編集ができるようになりました

通常のワークシートの表示に戻すときは、標準 をクリックします

表の一部だけを印刷するにはどうすればいいの？

A 以下の手順で印刷対象を［選択した部分］に設定すればOKです

エクセルでは、用紙に収まる範囲で表やグラフが印刷されます。表の一部分だけを印刷したい場合は、印刷したい範囲を選択しておき、以下の手順で［作業中のシートを印刷］から［選択した部分を印刷］に変更します。

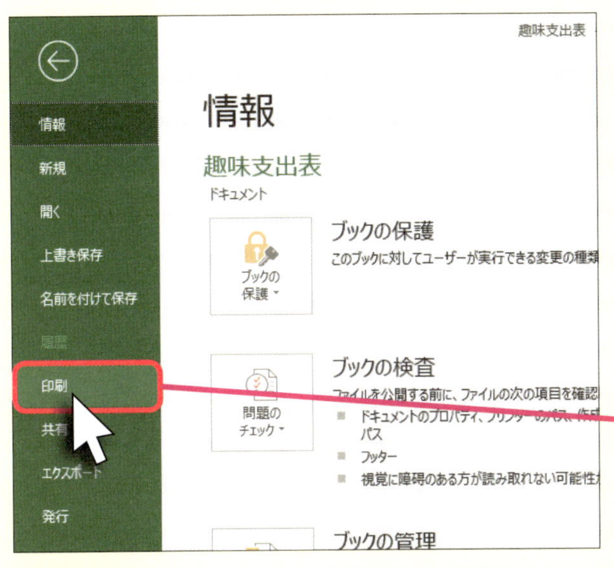

印刷したい範囲をドラッグして選択しておきます

❶ ファイル に を合わせ、そのまま、マウスをクリックします

❷ 印刷 にを合わせ、そのまま、マウスをクリックします

［印刷］の画面が表示されました

❸ 選択した部分を印刷 現在の選択部分のみを印刷します にを合わせ、そのまま、マウスをクリックします

印刷 をクリックすれば、選択した部分だけが印刷されます

表を用紙の中央に印刷したい

A ［ページ設定］の画面の［余白］タブで設定します

エクセルでは、通常用紙の左上に表やグラフが配置されて印刷されます。用紙の横方向（水平方向）や縦方向（垂直方向）中央に配置するには、［ページ設定］ダイアログボックスの［余白］タブから［水平］や［垂直］をクリックしてチェックマークを付けます。

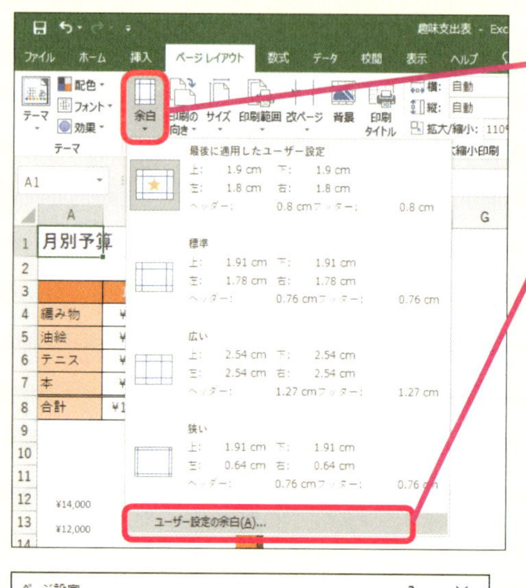

❶ 余白 に を合わせ、そのまま、マウスをクリックします

❷ ユーザー設定の余白(A)... に を合わせ、そのまま、マウスをクリックします

［ページ設定］の画面が表示されました

❸ □水平(Z) をクリックしてチェックマークを付けます

OK をクリックすれば、表やグラフが水平中央に配置されます

表とグラフを印刷したいのに、グラフだけが印刷されてしまった！

A グラフが選択されていると、グラフしか印刷されません。表とグラフの両方を印刷するには、セルをクリックします

グラフが選択されたままで印刷プレビューや印刷を実行すると、グラフしか印刷されません。表とグラフを一緒に印刷するには、ワークシート上のセルをクリックして選択した状態にします。

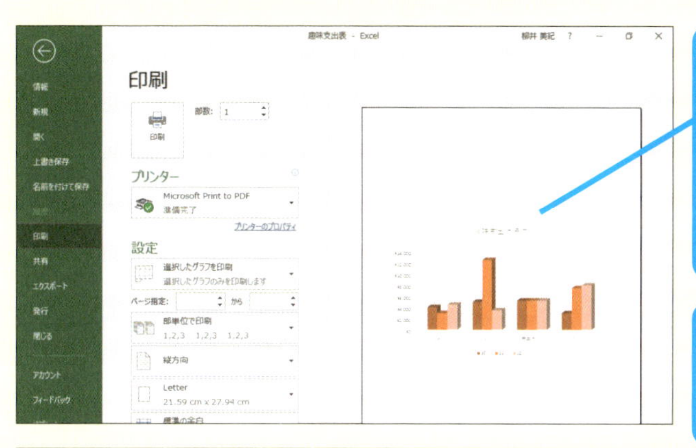

グラフのみが選ばれていると、印刷プレビューにグラフしか表示されません

ここでは、セルA1をクリックします

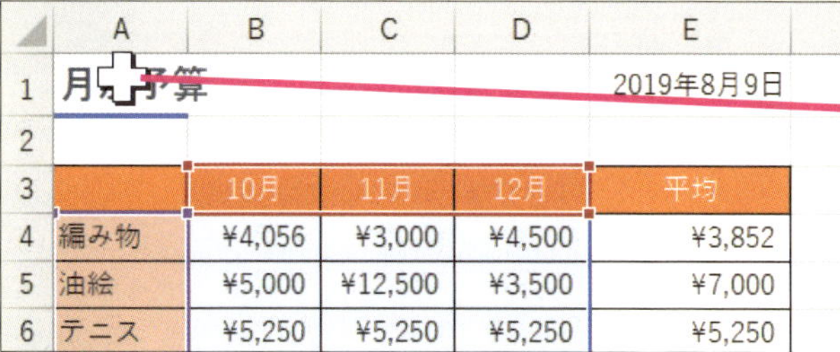

	A	B	C	D	E
1	月予算				2019年8月9日
2					
3		10月	11月	12月	平均
4	編み物	¥4,056	¥3,000	¥4,500	¥3,852
5	油絵	¥5,000	¥12,500	¥3,500	¥7,000
6	テニス	¥5,250	¥5,250	¥5,250	¥5,250

❶セルA1に✚を合わせ、そのまま、マウスをクリックします

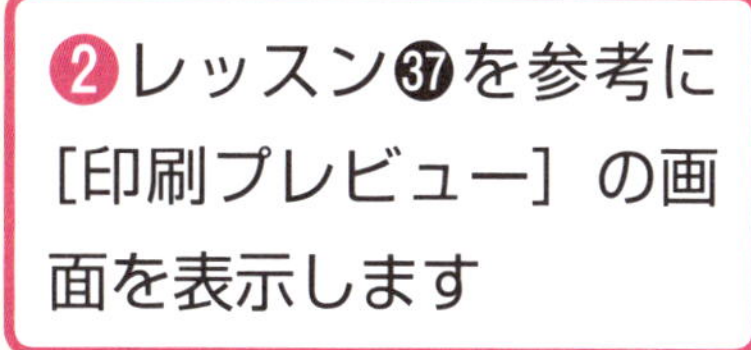

❷レッスン㊲を参考に［印刷プレビュー］の画面を表示します

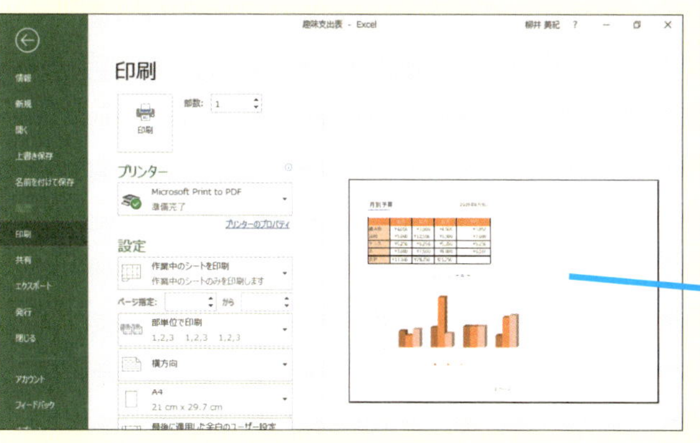

表とグラフが印刷プレビューに表示されました

上下左右の余白を狭めたい

A ［ページレイアウト］タブの［余白］ボタンから調整できます

エクセルの標準設定では、用紙の上下約1.9センチ、左右約1.8センチの幅が余白として設定されています。［ページレイアウト］タブの［余白］ボタンをクリックすると、簡単に余白を広げたり、狭めたりすることができます。

［余白］ボタンで余白の幅を調整できます

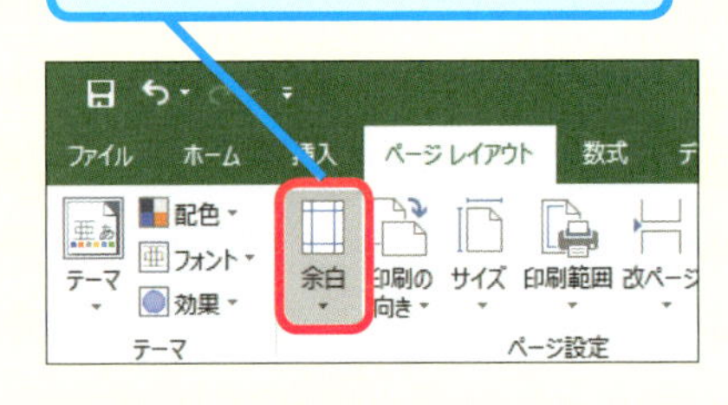

余白の設定	［余白］ボタンの一覧
［標準］の余白	標準 上: 1.91 cm 下: 1.91 cm 左: 1.78 cm 右: 1.78 cm ヘッダー: 0.76 cm フッター: 0.76 cm
［広い］の余白	広い 上: 2.54 cm 下: 2.54 cm 左: 2.54 cm 右: 2.54 cm ヘッダー: 1.27 cm フッター: 1.27 cm
［狭い］の余白	狭い 上: 1.91 cm 下: 1.91 cm 左: 0.64 cm 右: 0.64 cm ヘッダー: 0.76 cm フッター: 0.76 cm

◆［標準］の余白の印刷結果

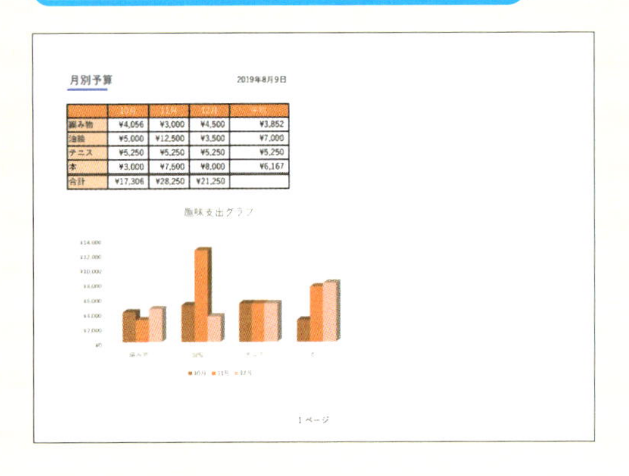

◆［狭い］の余白の印刷結果

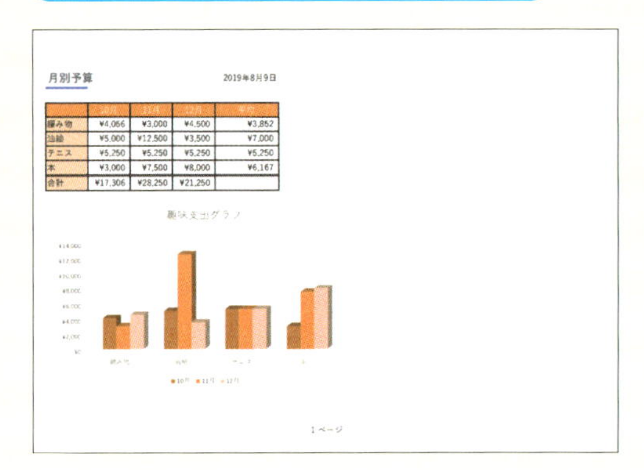

用語集

AVERAGE関数（アベレージ関数）

選択範囲のセルの平均値を求める関数。「=AVERAGE(平均を求めたい範囲)」という数式になる。

➡関数、数式、セル、選択範囲

Microsoft Office（マイクロソフトオフィス）

マイクロソフトが開発している、ワープロや表計算、プレゼンテーションソフトなどのソフトウェアのセットのこと。ワード、エクセル、アウトルックなどが含まれる。

NOW関数（ナウ関数）

現在の日付や時刻をパソコンから求める関数。「=NOW()」という数式になる。()の中には何も入力しない。

➡関数、数式

OneDrive（ワンドライブ）

マイクロソフトが提供しているインターネット上の保存領域。Microsoftアカウントを取得し、Officeにサインインしていれば、ブックをOneDriveに保存でき、ほかのユーザーとブックを共有できる。

➡ブック

SUM関数（サム関数）

選択範囲の合計を求める関数。「=SUM(合計を求めたい範囲)」という数式になる。

➡関数、数式、選択範囲

アイコン

ファイルやフォルダーなどを小さな絵で表したもの。上の画像は、エクセル 2019のブックを表すアイコン。

➡ブック

アクティブセル

ワークシート上で現在選択されている太い枠線に囲まれたセルのこと。文字や数字の入力はアクティブセルに対して行う。

➡セル、ワークシート

アップデート

インターネット経由でエクセルやウィンドウズなどのアプリを最新の状態にすること。セキュリティの面や最新の機能を使うためにも、アプリはアップデートしておくといい。

移動

セルの内容を別のセルに移動する操作。元のセルの内容は消える。

➡セル

印刷プレビュー

印刷する前に、用紙にどのように印刷されるかのイメージを画面で確認できる機能。

上書き保存

保存されているブックを開き、編集などをした後に同じ名前で保存し直す操作。
➡ブック

オートSUM（オートサム）

SUM関数をはじめ、平均や最大値、最小値などの関数を簡単に入力できるボタン。[ホーム]タブと［数式］タブにある。
➡ SUM関数（サム関数）、関数、タブ

オートコンプリート

セルに文字を入力しているとき、同じ列に入力した文字列を探し出し、自動的に入力候補の内容を表示する機能。少ないキー操作でデータを入力できる。
➡セル、入力、列

オートフィル

マウスのドラッグで、セルの内容をコピーしたり連続データを作成できる機能。マウスポインターをアクティブセルの右下に合わせて、マウスポインターの形状が＋（フィルハンドル）になったところでドラッグする。
➡アクティブセル、セル、フィルハンドル、マウスポインター

カーソル

セルにデータを入力しているときや、編集しているときに表示される「|」の記号。
➡セル

拡大縮小印刷

表やグラフの印刷時に、1ページ内にデータを収めたり、拡大して印刷したりできる機能。
➡グラフ

関数

よく使う計算や複雑な計算、数値の個数を数えるなどの処理を簡単にできるようにしたもの。複数のセルの合計や平均を求めるとき、いちいち「+」や「*」の演算子でセルをつながなくても、SUM（サム）やAVERAGE（アベレージ）などの関数と選択範囲を指定するだけで計算できる。
➡ AVERAGE関数（アベレージ関数）、SUM関数（サム関数）、セル、選択範囲

行

ワークシートの横方向の並びのこと。画面の一番左側に「行番号」が表示されている。
➡列、ワークシート

切り取り

セルの内容を移動すること。選択範囲を選択して切り取りし、別のセルに貼り付けして移動できる。切り取られるセルは、上の画面のように点滅線で囲まれる。
➡移動、セル、選択範囲、貼り付け

クイックアクセスツールバー

タイトルバーの左端にあるツールバー。標準の設定では、[上書き保存]［元に戻す］［やり直し］のボタンが表示されている。
➡上書き保存、タイトルバー、元に戻す

［クイック分析］ボタン

セルを範囲選択すると右下に表示されるボタン。選択した値が自動的に分析され、グラフや計算式を簡単に挿入できる。
➡グラフ、セル

グラフ

表の数字データを、棒や線などで視覚化したもの。エクセルは、表を簡単にグラフ化できる。

グラフエリア

グラフ全体を選択できる領域。グラフ内にマウスポインターを合わせると、ヒントが表示されるが、グラフ領域の背景部分に合わせると「グラフエリア」が表示されやすい。

➡グラフ、マウスポインター

グラフスタイル

グラフの棒や円、背景などの色の組み合わせやがセットになったデザインの集まり。「グラフの見ため」をまとめて変更できる。グラフを選択して、[グラフツール]の[デザイン]タブから選択できる。

➡グラフ、タブ

罫線

縦横のセルの境界線に沿って、線を引いて表を見やすくできる線のこと。格子や下二重罫線など、さまざまな種類がある。

➡セル

コピー

セルの内容を別のセルに複写できる機能。同じ内容を複数回貼り付けできる。切り取りと違って、元のセルの内容は残る。

➡切り取り、セル、貼り付け

四則演算

足し算は「+」、引き算は「−」、掛け算は「×」、割り算は「÷」の演算子を利用した計算のこと。エクセルでは、「×」を「*」、「÷」を「/」で表す(いずれも半角文字)。

終了

パソコンや画面上に表示しているソフトウェアを終わらせること。

書式

セルやセルの中にある数字や文字を装飾できるもの。文字の色や文字の大きさ、罫線などのセルの見ためのこと。

➡罫線、セル

数式

セルに入力して、数字や記号などを利用した式のこと。エクセルでは、必ず数式の先頭に半角文字の「=」(イコール)を付ける。

➡セル

数式バー

リボンの下に表示される、セルに入力された内容や数式を確認するための領域。

➡数式、セル、リボン

ズームスライダー

エクセルの画面の拡大や縮小表示ができる領域のこと。エクセルの画面右下にあり、[縮小]ボタン(➖)をクリックすると画面の縮小、[拡大]ボタン(➕)をクリックすると画面が拡大される。

スタート画面

エクセルの起動直後に表示される画面で、ブックの新規作成や直前に使ったブックを簡単に開くことができる。

➡ブック

セル

ワークシート上にある、マス目のこと。セル1つにまとまった数字や文字、数式を入力する。セルに入力したデータから計算やグラフの作成ができる。

➡アクティブセル、グラフ、数式、セル、ワークシート

セルのスタイル

セルの色や文字の色、罫線などを初めから組み合わせた書式の集まり。クリックするだけでセルや表全体の見栄えを簡単に変更できる。

➡罫線、書式、セル

選択範囲

複数のセルを選択した範囲のこと。セルをコピーする、セルに書式を設定する、表からグラフを作るといったときに、「セルのどこの範囲を対象にするか」を設定する。マウスでセルをドラッグして選択範囲を決められる。

➡グラフ、コピー、書式、セル

操作アシスト

リボン上の「実行したい作業を入力してください」と表示されている領域。ここにキーワードを入力してメニューを表示したり、ヘルプで操作を調べたりできる。

➡リボン

タイトルバー

エクセル 2019で画面の最上部にあるタイトル（ブック名）が表示される領域。タイトルバーの右側には［閉じる］ボタン（✕）や［元に戻す（縮小）］ボタン（🗗）などが表示されている。

➡ブック

タブ

リボンにあるボタンや設定項目が集まった固まりのこと。［ファイル］や［ホーム］［挿入］など、画面上部にグループ分けされた「見出し」をクリックして切り替えることで、それぞれの機能を利用できる。

➡リボン

デスクトップ

エクセルの終了後に表示される画面。画面左下の［スタート］ボタンから、パソコンにインストールされているアプリを起動したり、パソコンの設定なども行える。

テンプレート

あらかじめ骨組みが作られた「ひな形」のこと。テンプレートを加工すれば、用途に合った表やグラフを作成できる。

➡グラフ

名前ボックス

数式バーの左側にあり、アクティブセルのセル番号が表示される領域。どこがアクティブセルになっているかがひと目で分かる。

➡アクティブセル、数式バー

名前を付けて保存

ブックに新しい名前を付けてパソコンなどに保存すること。

➡ブック

入力

セルやグラフタイトルなどに数字や文字を入れていくこと。セルに日本語を入力するときは、変換の確定とセル内にデータを確定させるために Enter キーを2回押す。
➡グラフ、セル

配置

セル内の数字や文字の表示位置を指定すること。通常、数字は右、文字は左に配置される。見出しは中央にそろえるなど、後からセル内の配置を調整できる。
➡セル

貼り付け

リボンから［コピー］や［切り取り］を実行したときに、別のセルにその内容を移す操作。
➡切り取り、コピー、セル、リボン

ハンドル

グラフや画像、図形の選択時に、その周囲に表示される8つの白いつまみ。グラフや図形などを選択すると、必ず周囲にハンドルが付く。どこを選択して操作対象にしているかを確認するときにハンドルの確認が重要。
➡グラフ

開く

保存したブックをエクセルの画面上に呼び出す操作。
➡ブック

［ファイル］タブ

エクセルのファイル関連の操作がまとまっているタブ。クリックすると、ファイルの新規作成や保存、印刷などをまとめて操作できる。
➡印刷、タブ

フィルハンドル

アクティブセルにすると、セルの右下に表示される小さな■。アクティブセルに月や曜日などが入った状態で、フィルハンドルにマウスポインターを合わせ、＋になったらドラッグすることで連続データを作成できる。また、連続データにならない場合はコピーとなる。
➡アクティブセル、コピー、セル、
マウスポインター

ブック

エクセルでデータを保存できるファイルのこと。

フッター

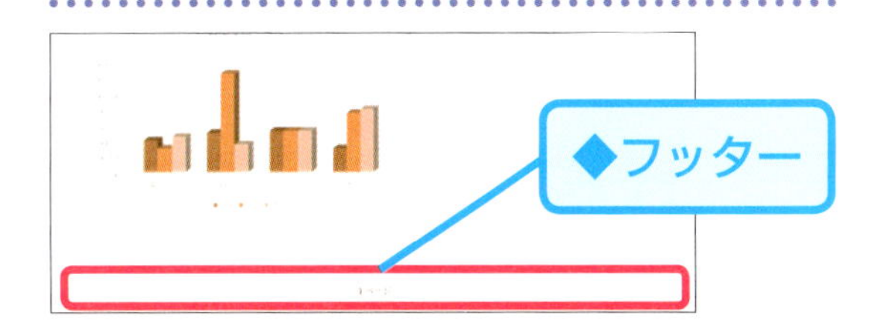

表やグラフを印刷するときに、各ページの下部にページ数やシート名、日付などの情報を表示できる専用の領域。
➡グラフ

ページレイアウトビュー

印刷イメージを確認しながら、ワークシートの編集が行える表示モード。
➡ワークシート

用語集

ヘッダー

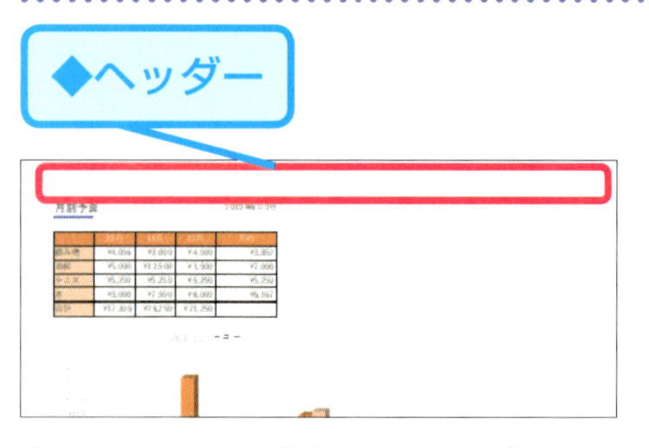

表やグラフを印刷するときに、各ページの上部にページ数やシート名、日付などの情報を表示できる専用の領域。画像も挿入できるので、会社のロゴなどを各ページに印刷できる。

➡グラフ

編集モード

セルに入力した数字や文字を修正するモード。数式バーやセルの中をクリックするとカーソル（|）が表示され、編集モードの状態となる。編集モードの状態でセルの中の数字や文字の追加・削除ができる。

➡カーソル、数式バー、セル、入力

マウスポインター

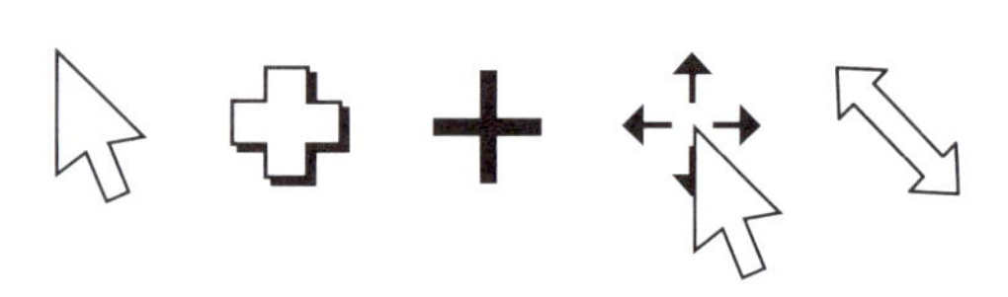

エクセルの操作画面に表示される矢印や十字の形をしたマーク。エクセルでは、操作内容によってマウスポインターの形状が変わるので、マウスポインターの形状の変化に注意しながら操作する。特にセル上にあるマウスポインターやオートフィルを実行するときのマウスポインターが重要。

➡オートフィル、セル

元に戻す

直前に実行した操作を順番に元に戻す機能。

リボン

エクセルの画面上部に表示される領域。よく使う機能や操作の固まりが［タブ］ごとに整理され、ボタンや機能の項目から目的の操作を簡単に実行できる。

➡タブ

列

ワークシートの縦方向の並びのこと。数式バーの下に「列番号」が表示されている。

➡行、ワークシート

ワークシート

エクセルを起動すると表示される、縦横の線に区切られた画面。エクセル 2019には、1つのワークシートに縦1,048,576行、横16,384列のセルがある。

➡セル

索　引

アルファベット

ア

カ

サ

タ

ナ

索引

索引

できるサポートのご案内

本書の記載内容について、無料で質問を受け付けております。受付方法は、電話、FAX、ホームページ、封書の4つです。「できるサポート」は「できるシリーズ」だけのサービスです。お気軽にご利用ください。なお、以下の質問内容はサポートの範囲外となります。あらかじめご了承ください。

サポート範囲外のケース

①**書籍の内容以外のご質問**（書籍に記載されていない手順や操作については回答できない場合があります）

②**対象外書籍のご質問**（裏表紙に書籍サポート番号がないできるシリーズ書籍は、サポートの範囲外です）

③**ハードウェアやソフトウェアの不具合に関するご質問**
（お客さまがお使いのパソコンやソフトウェア自体の不具合に関しては、適切な回答ができない場合があります）

④**インターネットやメール接続に関するご質問**（パソコンをインターネットに接続するための機器設定やメールの設定に関しては、ご利用のプロバイダーや接続事業者にお問い合わせください）

問い合わせ方法

電 話（受付時間：月曜日～金曜日 ※土日祝休み 午前10時～午後6時まで）

0570-000-078

電話では、**右記①～⑤**の情報をお伺いします。なお、サポートサービスは無料ですが、**通話料はお客さま負担**となります。対応品質向上のため、通話を録音させていただくことをご了承ください。
また、午前中や休日明けは、お問い合わせが混み合う場合があります。
※ 一部の携帯電話や IP 電話からはご利用いただけません

FAX（受付時間：24時間）

0570-000-079

A4 サイズの用紙に**右記①～⑧**までの情報を記入して送信してください。国際電話や携帯電話、一部の IP 電話は利用できません。

ホームページ（受付時間：24時間）

https://book.impress.co.jp/support/dekiru/

上記の URL にアクセスし、専用のフォームに質問事項をご記入ください。なお、お問い合わせの返信メールが届かない場合、迷惑メールフォルダーに仕分けされていないかをご確認ください。

封 書

〒101-0051
東京都千代田区神田神保町一丁目105番地
株式会社インプレス できるサポート質問受付係

封書の場合、**右記①～⑦**までの情報を記載してください。なお、封書の場合は郵便事情により、回答に数日かかる場合もあります。

受付時に確認させていただく主な内容

①**書籍名**
『できるゼロからはじめるエクセル2019超入門』

②**書籍サポート番号→500741**
※本書の裏表紙（カバー）に記載されています。

③**質問内容（ページ数・レッスン番号）**

メモ欄

④**ご利用のパソコンメーカー、機種名、使用OS**

メモ欄

⑤**お客さまのお名前**

⑥**お客さまの電話番号**

⑦**ご住所**

⑧**FAX番号**

⑨**メールアドレス**

本書を読み終えた方へ
できるシリーズのご案内

※1:当社調べ　※2:大手書店チェーン調べ

スマートフォン／タブレット関連書籍

できるゼロからはじめるAndroidタブレット超入門

法林岳之・清水理史＆できるシリーズ編集部
定価：本体1,280円＋税

GoogleアカウントやWi-Fi、インターネット、メールといった基本を丁寧に解説。大画面を生かした楽しい使い方や便利な使い方も分かる。幅広い機種に対応!

できるゼロからはじめるAndroidスマートフォン超入門 改訂3版

法林岳之・清水理史＆できるシリーズ編集部
定価：本体1,280円＋税

戸惑いがちな基本設定を丁寧に解説! LINEなどの人気アプリや旅行などがもっと楽しくなるお薦めアプリもわかります。巻末には困ったときに役立つQ&Aも収録。

できるゼロからはじめるAndroidスマートフォン超入門 活用ガイドブック

法林岳之・清水理史＆できるシリーズ編集部
定価：本体1,380円＋税

「Androidスマホの基本はOK!」そんな人におすすめしたい1冊。定番アプリから楽しみ方が広がる注目アプリまで、一歩進んだスマホの活用方法が満載!

できるiPhone XS/XS Max/XR パーフェクトブック 困った!&便利ワザ大全

リブロワークス
定価：本体1,300円＋税

全面ディスプレイで操作方法が一新。はじめてiPhoneを使う人も、新しく買い替えた人も、「困った!」はこの1冊で解決。

できるゼロからはじめるiPhone XS/XS Max/XR超入門

法林岳之・白根雅彦＆できるシリーズ編集部
定価：本体1,280円＋税

iPhone入門書の決定版。大きな画面と文字で、電話、ネット、メール、写真などの使い方を丁寧に解説。

できるゼロからはじめるiPad超入門 [改訂新版] iPad/Air/mini/Pro対応

法林岳之・白根雅彦＆できるシリーズ編集部
定価：本体1,280円＋税

大きな画面と文字で読みやすい、いちばんやさしいiPadの入門書。最新機種を含めたすべてのiPadに対応!

Windows関連書籍

できるゼロからはじめるパソコン超入門 ウィンドウズ 10対応 令和改訂版

法林岳之＆できるシリーズ編集部
定価：1,000円＋税

大きな画面と大きな文字で、パソコンに触ったことがなくても迷わず操作を身に付けられる!

できるWindows 10 改訂4版

法林岳之・一ヶ谷兼乃・清水理史＆できるシリーズ編集部
定価：1,000円＋税

新機能と便利な操作をくまなく紹介。用語集とQ&A、無料電話サポート付きで困ったときでも安心!

読者アンケートにご協力ください！

https://book.impress.co.jp/books/1119101058

このたびは「できるシリーズ」をご購入いただき、ありがとうございます。
本書はWebサイトにおいて皆さまのご意見・ご感想を承っております。
気になったことやお気に召さなかった点、役に立った点など、
皆さまからのご意見・ご感想をお聞かせいただき、
今後の商品企画・制作に生かしていきたいと考えています。
お手数ですが以下の方法で読者アンケートにご回答ください。
ご協力いただいた方には抽選で毎月プレゼントをお送りします！

※プレゼントの内容については、「CLUB Impress」のWebサイト（https://book.impress.co.jp/）をご確認ください。

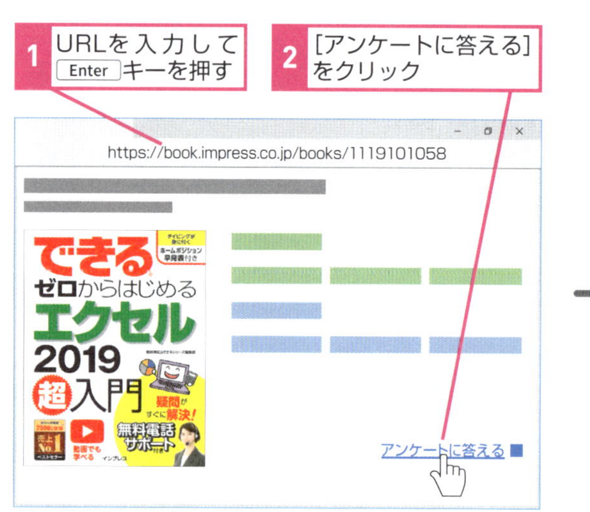

※Webサイトのデザインやレイアウトは変更になる場合があります。

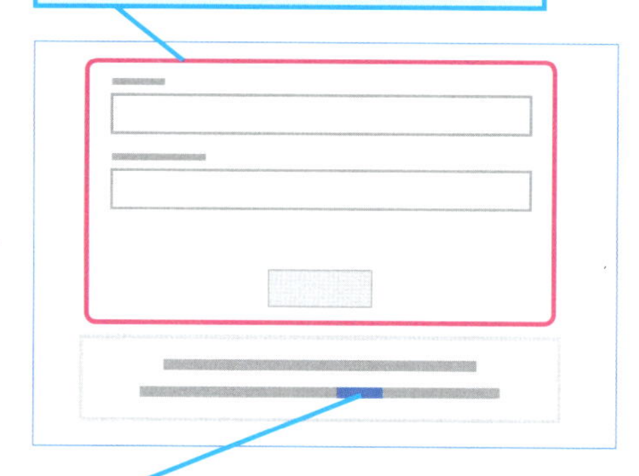

本書のご感想をぜひお寄せください　https://book.impress.co.jp/books/1119101058

「アンケートに答える」をクリックしてアンケートにご協力ください。アンケート回答者の中から、抽選で**商品券（1万円分）**や**図書カード（1,000円分）**などを毎月プレゼント。当選は賞品の発送をもって代えさせていただきます。はじめての方は、「CLUB Impress」へご登録（無料）いただく必要があります。

読者登録サービス　CLUB Impress　登録カンタン 費用も無料！
アンケートやレビューでプレゼントが当たる！

■著者
柳井美紀（やない　みき）

有限会社オフィス ユーリ代表。パソコン関連書籍の企画・編集・執筆を担当するテクニカルライター兼パソコンインストラクターとして活躍中。パソコンとのかかわりは、1990年、航空会社の入社後にシステム部に配属されて以来、20年以上。MS-DOSをはじめ、WindowsはVer3.1、Excel 4.0、Word 2.0からWindows 10、Office 2019などの最新版に至るまで指導を続けている。主な著書に『できるゼロからはじめるエクセル超入門 Excel 2016対応』『できるポケット＋ USBメモリー 改訂版 Windows 8 & 7対応』『できるコミPo ！ 公式ガイド』（インプレス）など多数。

●Office YOU-LI（オフィス ユーリ）ホームページ
http://www.you-li.co.jp/

STAFF

本文オリジナルデザイン	川戸明子
シリーズロゴデザイン	山岡デザイン事務所<yamaoka@mail.yama.co.jp>
カバーデザイン	阿部　修（G-Co.Inc.）
カバーイラスト	高橋結花
カバーモデル写真	PIXTA
本文フォーマット&デザイン	町田有美
本文イメージイラスト	町田有美
本文イラスト	松原ふみこ・福地祐子
DTP制作	町田有美・田中麻衣子
編集協力	今井　孝
デザイン制作室	今津幸弘<imazu@impress.co.jp>
	鈴木　薫<suzu-kao@impress.co.jp>
制作担当デスク	柏倉真理子<kasiwa-m@impress.co.jp>
編集制作	高木大地
編集	進藤　寛<shindo@impress.co.jp>
編集長	藤原泰之<fujiwara@impress.co.jp>
オリジナルコンセプト	山下憲治

本書は、できるサポート対応書籍です。本書の内容に関するご質問は、220ページに記載しております「できるサポートのご案内」をよくお読みのうえ、お問い合わせください。
なお、本書発行後に仕様が変更されたソフトウェアやサービスの内容などに関するご質問にはお答えできない場合があります。該当書籍の奥付に記載されている初版発行日から3年が経過した場合、もしくは該当書籍で紹介している製品やサービスについて提供会社によるサポートが終了した場合は、ご質問にお答えしかねる場合があります。また、以下のご質問にはお答えできませんのでご了承ください。
・書籍に掲載している手順以外のご質問
・ハードウェア、ソフトウェア、サービス自体の不具合に関するご質問
・本書で紹介していないツールの使い方や操作に関するご質問
本書の利用によって生じる直接的または間接的被害について、著者ならびに弊社では一切の責任を負いかねます。あらかじめご了承ください。

■落丁・乱丁本などの問い合わせ先
TEL　03-6837-5016　FAX　03-6837-5023
service@impress.co.jp
受付時間　10:00 ～ 12:00 ／ 13:00 ～ 17:30
（土日・祝祭日を除く）
●古書店で購入されたものについてはお取り替えできません。

■書店／販売店の窓口
株式会社インプレス 受注センター
TEL　048-449-8040　FAX　048-449-8041

株式会社インプレス 出版営業部
TEL　03-6837-4635

できるゼロからはじめるエクセル2019超入門

2019年9月21日　初版発行

著　者　柳井美紀&できるシリーズ編集部

発行人　小川 亨

編集人　高橋隆志

発行所　株式会社インプレス
〒101-0051　東京都千代田区神田神保町一丁目105番地
ホームページ　https://book.impress.co.jp/

印刷所　株式会社廣済堂
ISBN978-4-295-00741-8 C3055
Printed in Japan

できる シリーズ 25th ANNIVERSARY